物联网应用系统开发

主　编　张　波　焦　媛
副主编　才　智　孔　峰（企业）　张永芹

北京理工大学出版社
BEIJING INSTITUTE OF TECHNOLOGY PRESS

内容简介

本书是“人工智能物联网系统集成开发”系列教材之一，包含“认识物联网应用系统与ThingsBoard安装配置”“设备连接配置”“数据可视化操作”“数据处理”“设备连接与操作”“IoT数据分析”“设计实现环境监控系统”，旨在帮助学生熟悉典型物联网应用系统开发的流程，掌握典型的开发和调试工具，锻炼和培养学生初步的物联网应用系统开发能力。

图书在版编目(CIP)数据

物联网应用系统开发 / 张波,焦媛主编. -- 北京：北京理工大学出版社,2024.4

ISBN 978-7-5763-3860-7

Ⅰ.①物… Ⅱ.①张…②焦… Ⅲ.①物联网-系统开发-高等学校-教材 Ⅳ.①TP393.4②TP18

中国国家版本馆CIP数据核字(2024)第083444号

责任编辑： 陈莉华　　**文案编辑：** 李海燕
责任校对： 周瑞红　　**责任印制：** 施胜娟

出版发行 / 北京理工大学出版社有限责任公司
社　　址 / 北京市丰台区四合庄路6号
邮　　编 / 100070
电　　话 / (010) 68914026 (教材售后服务热线)
(010) 68944437 (课件资源服务热线)
网　　址 / http://www.bitpress.com.cn

版 印 次 / 2024年4月第1版第1次印刷
印　　刷 / 涿州市京南印刷厂
开　　本 / 787 mm×1092 mm　1/16
印　　张 / 17.5
字　　数 / 408千字
定　　价 / 84.00元

前言

物联网指“万物相连的互联网”，是在互联网基础上延伸和扩展的网络，它将各种信息传感设备与互联网结合起来而形成一个巨大网络，实现在任何时间、任何地点，人、机、物的互联互通，是信息科技产业的第三次革命。物联网能将特定空间环境中的所有物体连接起来，进行拟人化信息感知和协同交互，而且具备自我学习、处理、决策和控制的行为能力，从而完成智能化生产和服务。当前，物联网正在推动人类社会从“信息化”向“智能化”转变，促进信息科技与产业发生巨大变化。

本教材基于ThingsBoard和ESP8266、STM32等典型嵌入式平台实现物联网应用系统的开发，项目驱动任务引导，首先对物联网应用系统和软硬件平台与开发工具进行描述，并给出物联网应用系统的设计方法，然后从工程实战出发，依次详细描述环境安装配置、设备接入、数据可视化功能实现、数据处理、设备连接与操作、数据分析，最后讲解一个完整的物联网应用系统项目实例的开发实现。通过本教材，读者除了可以掌握ThingsBoard的常用操作，还可以掌握ESP8266、STM32等典型嵌入式平台在物联网应用系统中的应用开发技能。

本教材共分7个项目，项目1认识物联网应用系统并进行ThingsBoard环境的安装和配置；项目2基于物联网常用协议实现设备接入ThingsBoard平台；项目3对接入的信息进行可视化设计；项目4基于ThingsBoard自带的低代码开发工具实现接入数据验证、计算、转换、判断报警等基础处理；项目5基于ESP8266、STM32等典型嵌入式平台实现物联网设备的连接与操作；项目6基于ThingsBoard自带的低代码开发工具实现物联网接入数据汇总、预测等高阶分析处理；项目7基于环境监测这一物联网典型应用系统，将前述内容融会贯通，同时针对实际应用需要，重点讲解基于网关实现数据接入的内容。

通过上述一系列项目任务的实践，让学生逐步掌握物联网应用系统开发典型工具、常用平台的使用和典型应用案例的开发实施，让读者对典型物联网应用系统的开发过程有一个全面的了解。

本教材可作为工程技术人员进行物联网系统项目应用与开发的参考用书，也可作为高等院校物联网、电子、计算机、自动化等专业相关课程的教材。

目录

项目 1

认识物联网应用系统与 ThingsBoard 安装配置

【学习导读】

本节介绍物联网应用系统开发的典型架构，并对开源物联网平台 ThingsBoard 进行介绍，讲解物联网应用系统的典型开发平台和框架，对开发环境的安装配置方法进行讲解。

【学习目标】

(1) 了解和掌握物联网应用系统的典型架构。
(2) 了解经典的物联网应用系统开源平台 ThingsBoard 的架构和框架。
(3) 掌握物联网开源平台 ThingsBoard 的安装配置方法。
(4) 具备跟踪专业技术发展和探求更新知识的自学能力。

【相关知识/预备知识】

一、物联网应用系统典型架构

物联网（Internet of Things，IoT）起源于传媒领域，是信息科技产业的第三次革命。物联网是指通过信息传感设备，按约定的协议，将任何物体与网络相连接，物体通过信息传播媒介进行信息交换和通信，以实现智能化识别、定位、跟踪、监管等功能。

物联网有着广泛的用途，涉及智能交通、环境保护、公共安全、平安家居、智能消防、工业监测、老人护理、健康监护、农业种植、水系监测、物资溯源等。但是，不论哪种应用，物联网应用系统的架构是统一的。物联网应用系统典型架构如图 1－1 所示。

物联网包括感知层、网络层和应用层。其中：

感知层负责采集物理世界的信息，它是物联网的皮肤和五官。该层的技术和设备包括二维码标签和识读器、RFID 标签和读写器、摄像头、GPS、传感器、终端、传感器网络等，主要用于识别物体和采集信息，相当于人体结构中皮肤和五官的作用。

网络层负责信息的传输，它是物联网的神经中枢和大脑。该层的技术和设备包括通信与

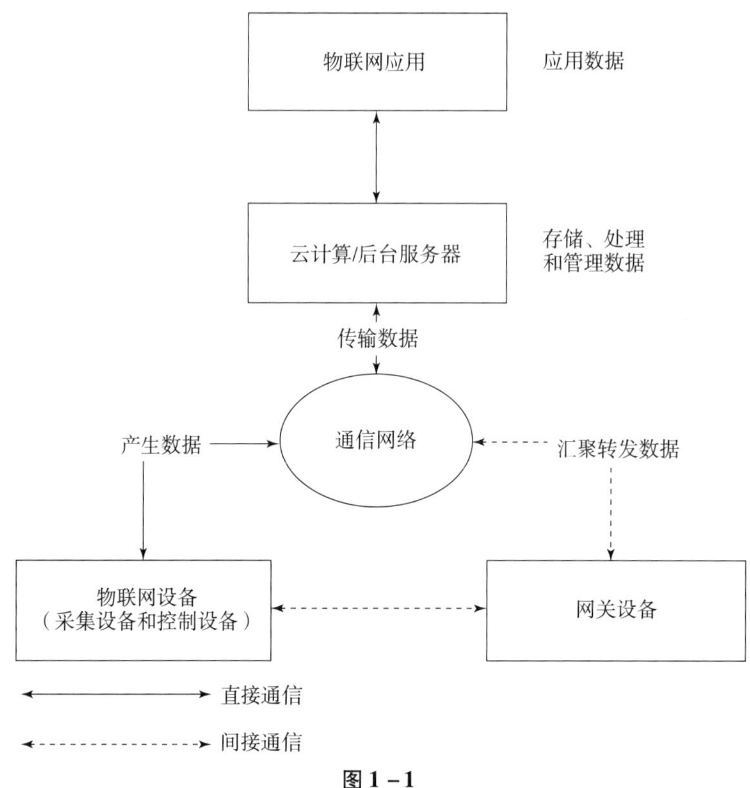

图 1－1

互联网的融合网络、网络管理中心等。它主要用于将感知层获取的信息进行传递，相当于人体结构中的神经中枢。

应用层负责信息的应用处理，需与行业需求结合，它是物联网的大脑。该层的技术和设备包括信息中心和智能处理中心等。它主要用于将感知层获取的信息进行处理，相当于人体结构中的大脑。

二、ThingsBoard 平台

ThingsBoard 简介

ThingsBoard 是一个开源物联网平台，具有数据收集、处理、可视化展示以及设备管理等功能，支持基于 MQTT、CoAP 和 HTTP 物联网行业常用协议实现设备连接以及与第三方系统的互联交互，支持采用内置小部件和仪表板模板或自定义方式对数据进行可视化处理和展示，支持云和本地两种部署模式，为物联网工程设计和实施人员提供了完整、成熟的物联网云平台或本地解决方案，支持使用自定义的部件和规则引擎节点添加定制化业务功能，可作为物联网（IoT）应用系统的基础架构，用于快速开发、管理和扩展物联网应用系统程序。ThingsBoard 平台的系统架构和关键组件与接口示意如图 1－2 所示。

其中：

①传输功能组件提供了相关传输协议的 API 接口，支持基于 MQTT、HTTP 和 CoAP 协议传输数据。其中，MQTT 传输支持基于网关的操作，实现多个设备或传感器基于网关统一接

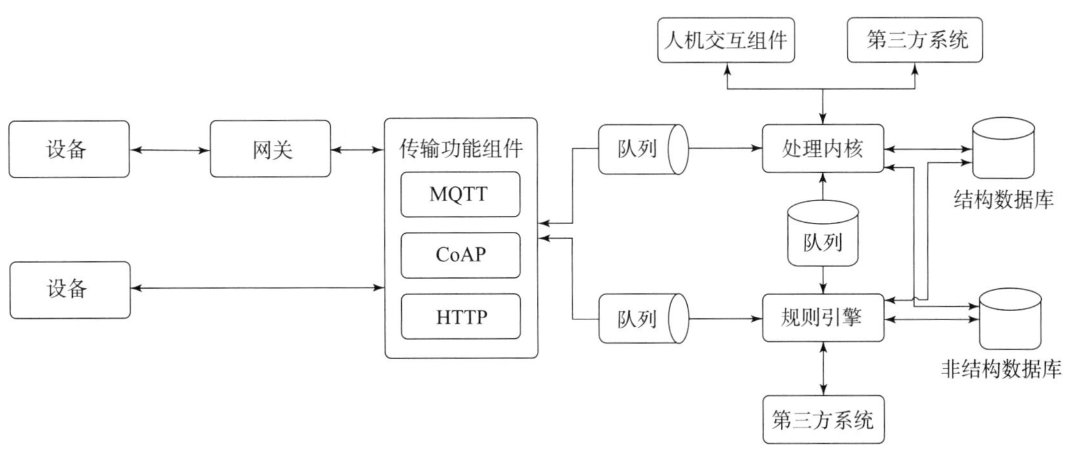

图 1－2

入处理平台。传输组件在接收到消息后，将消息解析并推送至消息队列，经消息队列确认后，再传递给负责处理的设备。

②核心功能组件负责处理平台的 REST API 调用和 WebSocket 订阅，存储业务与设备有关的会话，监测设备的连接状态。

③规则引擎组件是系统的关键，负责处理传入平台的消息信息，从队列中订阅数据、处理消息和确认信息，支持基于多种策略对业务执行顺序或消息处理以及消息确认的标准进行控制，支持共享和隔离两种运行模式，其中，在共享模式下，规则引擎处理多个租户的消息，在隔离模式下，规则引擎处理特定租户的消息。

④ThingsBoard Web UI 组件提供了一个轻量级组件，支持静态 Web UI 内容的承载和采集数据的可视化处理。

⑤消息队列组件提供了 Kafka、RabbitMQ、AWS SQS、Azure 服务总线和 Google 发布订阅等多种消息队列。在 ThingsBoard 中，基于消息队列实现 ThingsBoard 各组件之间的通信交互，从而实现对消息可靠传递和自动负载平衡的支持。

⑥本地部署与云部署，ThingsBoard 支持本地部署和云部署两种模式，可以在没有互联网访问的专用网络中运行，也可以在 AWS、Azure、GCE 和私有数据中心的生产环境中运行。

⑦数据库支持，ThingsBoard 使用数据库存储采集数据、设备、资产、客户和仪表板等信息，建议使用 PostgreSQL 数据库。在物联网应用系统中，时间序列数据是主要的信息源之一，基于提高数据处理效率的目的，ThingsBoard 支持混合数据库的使用，从而对时序数据进行定制化存储，主要包括两种配置：

a. PostgreSQL + Cassandra 模式：实体存储在 PostgreSQL 数据库中，时间序列数据存储在 Cassandra 数据库中。

b. PostgreSQL + TimescaleDB 模式：实体存储在 PostgreSQL 数据库中，时间序列数据存储在 TimescaleDB 数据库中。

【项目实例】ThingsBoard 的安装

本节旨在实现开发环境中虚拟机、操作系统、低代码开发平台 ThingsBoard 的安装。

任务 1　虚拟机及操作系统安装

本任务以 VMware Workstation 17 和 Linux 操作系统的安装为例，旨在完成开发平台运行环境的虚拟机和操作系统的安装。

虚拟机及操作系统安装

步骤 1：安装虚拟机软件（以 VMware Workstation 17 为例）

首先，双击 exe 安装包，在如图 1－3 所示的安装向导界面中单击“下一步”按钮，开始安装的进程。在出现的最终用户许可协议界面中，选中“我接受许可协议中的条款”单选按钮，然后继续单击“下一步”按钮。

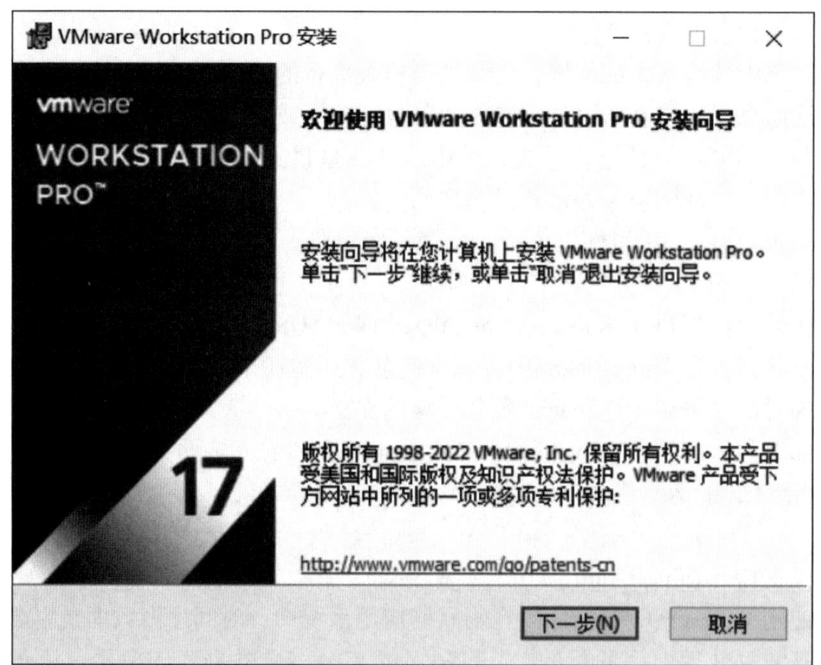

图 1－3

其次，在如图 1－4 所示的界面中自定义安装地址，单击“更改”按钮，选择虚拟机安装的位置。

最后，在出现的界面中保持默认选择，一直单击“下一步”按钮，出现如图 1－5 所示的界面后，在该界面单击“安装”按钮，开始虚拟机软件的安装。

出现如图 1－6 所示的界面时，说明虚拟机已经被成功安装。

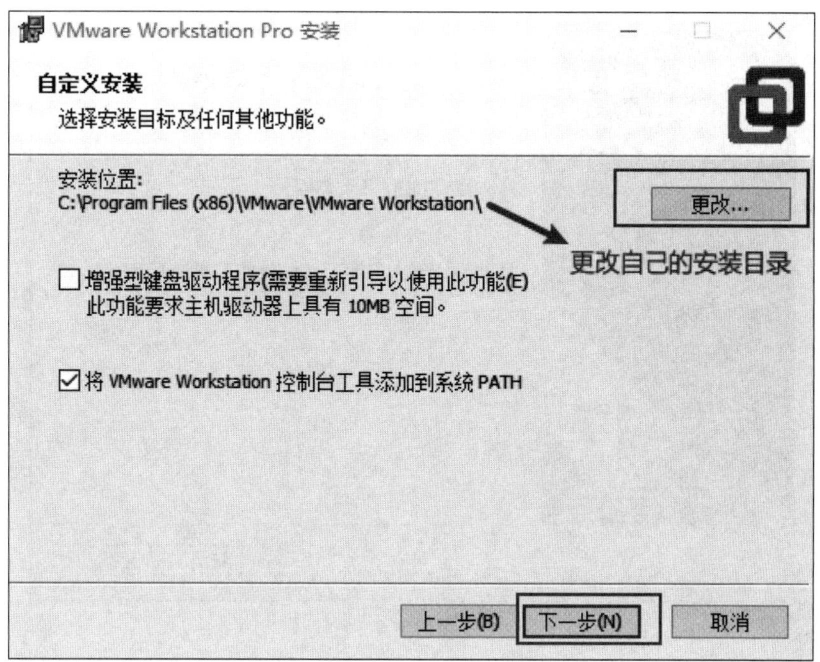

图1-4

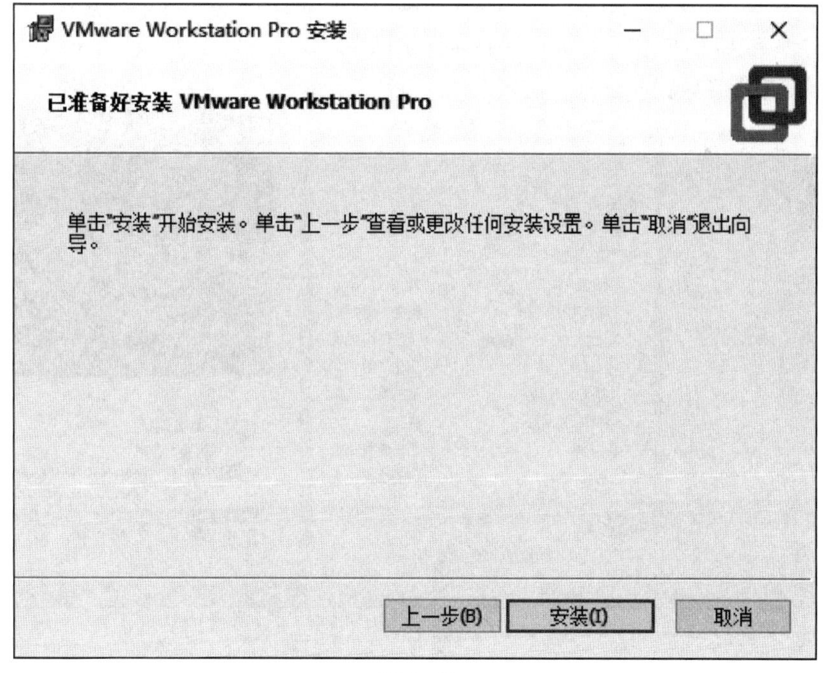

图1-5

完成安装后，重新打开 VMware Workstation 软件，界面显示如图1-7所示，当前，没有任何虚拟机配置，可以通过加载虚拟机镜像或者操作系统镜像的方式创建虚拟机。

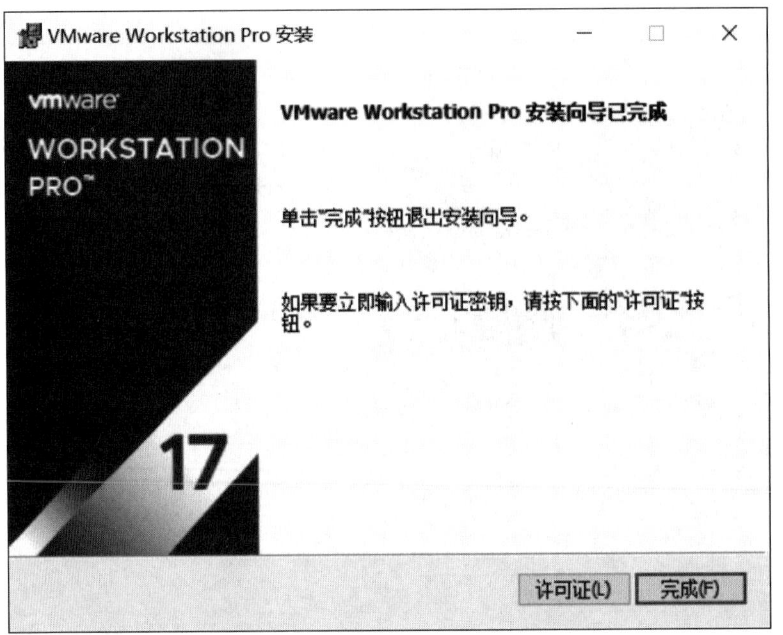

图 1－6

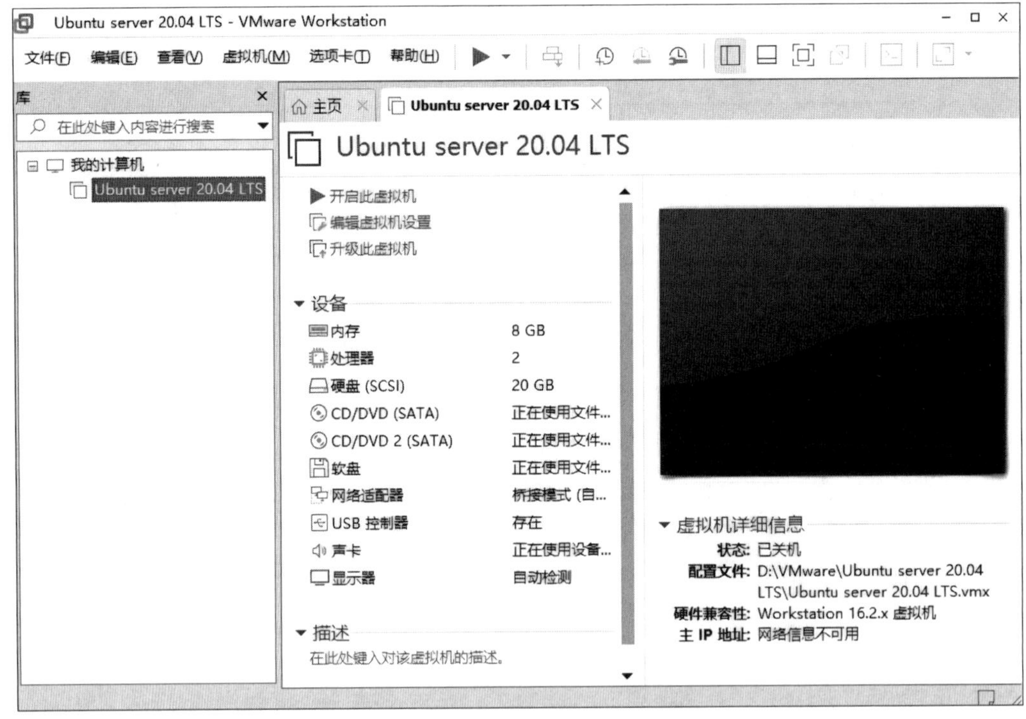

图 1－7

步骤 2：创建一个新的虚拟机

在如图 1－8 所示的 VMware Workstation 主页中，单击“创建新的虚拟机”按钮，在如图 1－9 所示的“新建虚拟机向导”弹窗页面中，选择“自定义”选项，然后单击“下一步”按钮；在后续出现的处理器配置界面（见图 1－10）中进行硬件兼容性、操作系统安装、虚拟机命名、虚拟机安装位置、虚拟机处理器性能、虚拟机内存、网络连接、控制器、硬盘类型和虚拟磁盘创建的配置操作，其中，网络类型根据实际情况选择，可以选择“桥接网络”或“使用网络地址转换 NAT”，本书的示例选择“使用桥接网络”，其余配置属性选择默认推荐的选项。完成各步操作后，在如图 1－11 所示的界面中单击“完成”按钮，即完成虚拟机的创建。

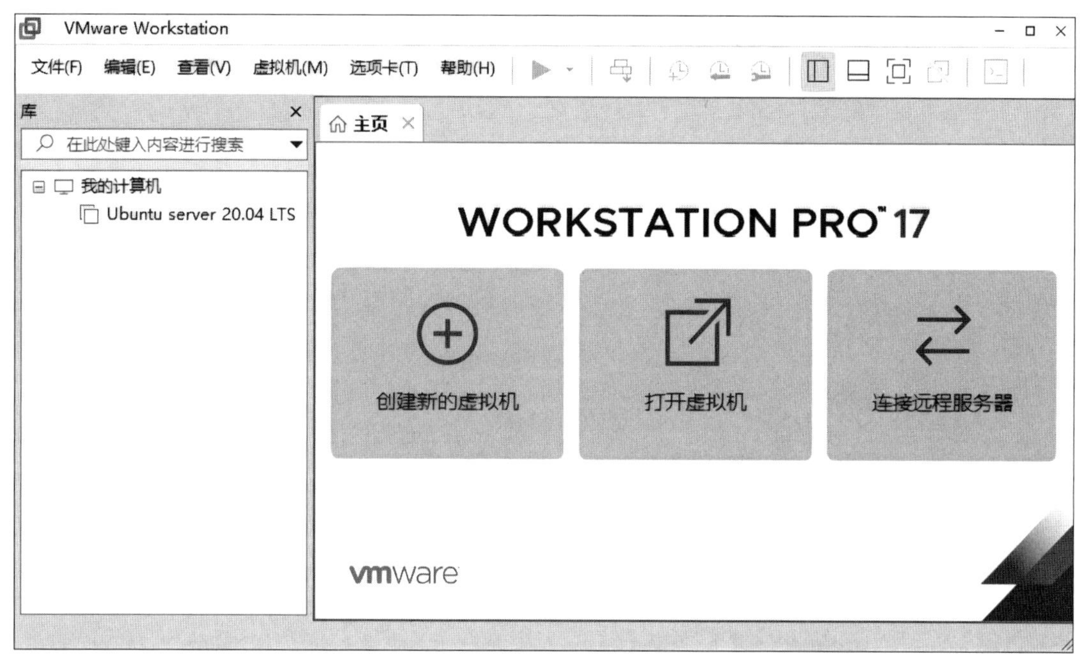

图 1－8

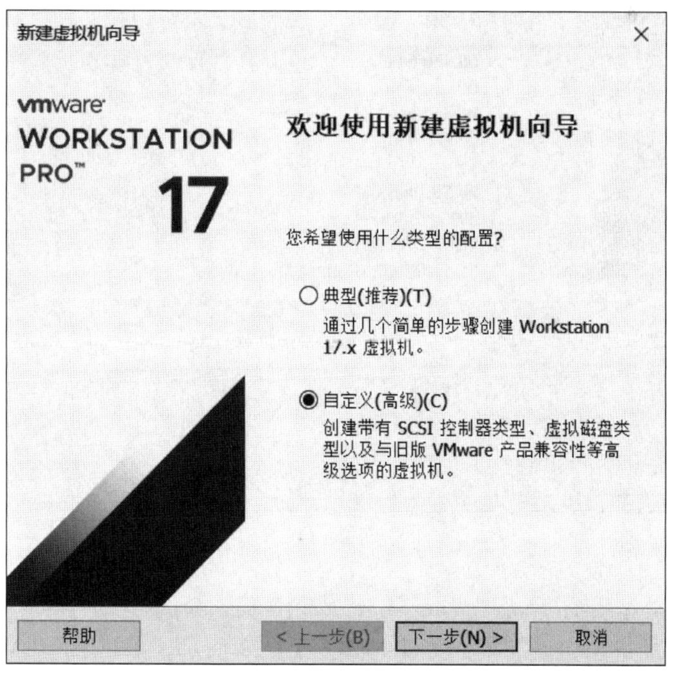

图 1－9

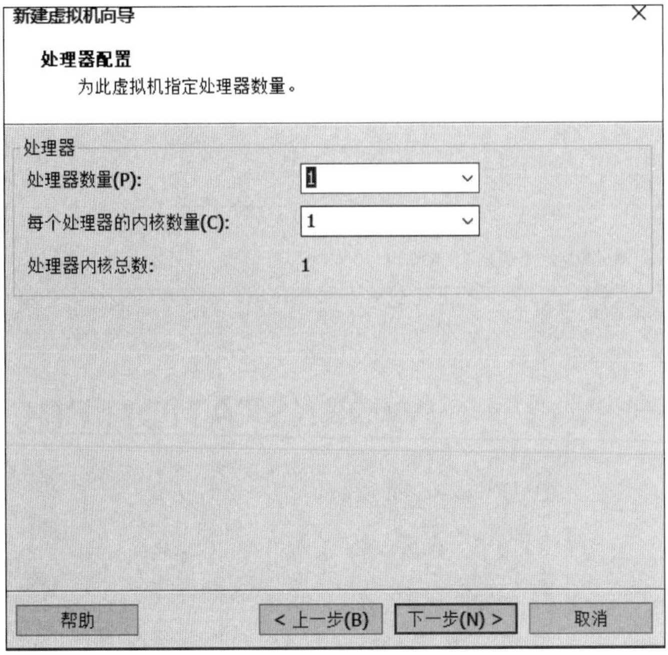

图 1 – 10

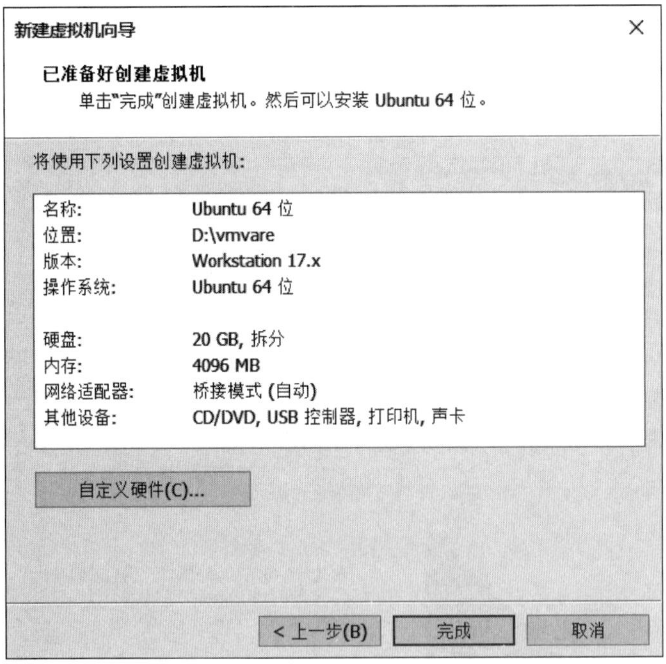

图 1 – 11

步骤 3：安装操作系统（以 Ubuntu Server 22.10 LTS 为例）

单击上述创建的虚拟机设备处的光驱，如图 1 – 12 所示，单击 CD/DVD（SATA）设备，勾选“使用 ISO 映像文件”单选按钮，并指定 Ubuntu 的 ISO 映像文件的位置，然后单击

“确定”按钮；加载完映像后如图 1－13 所示。

图 1－12

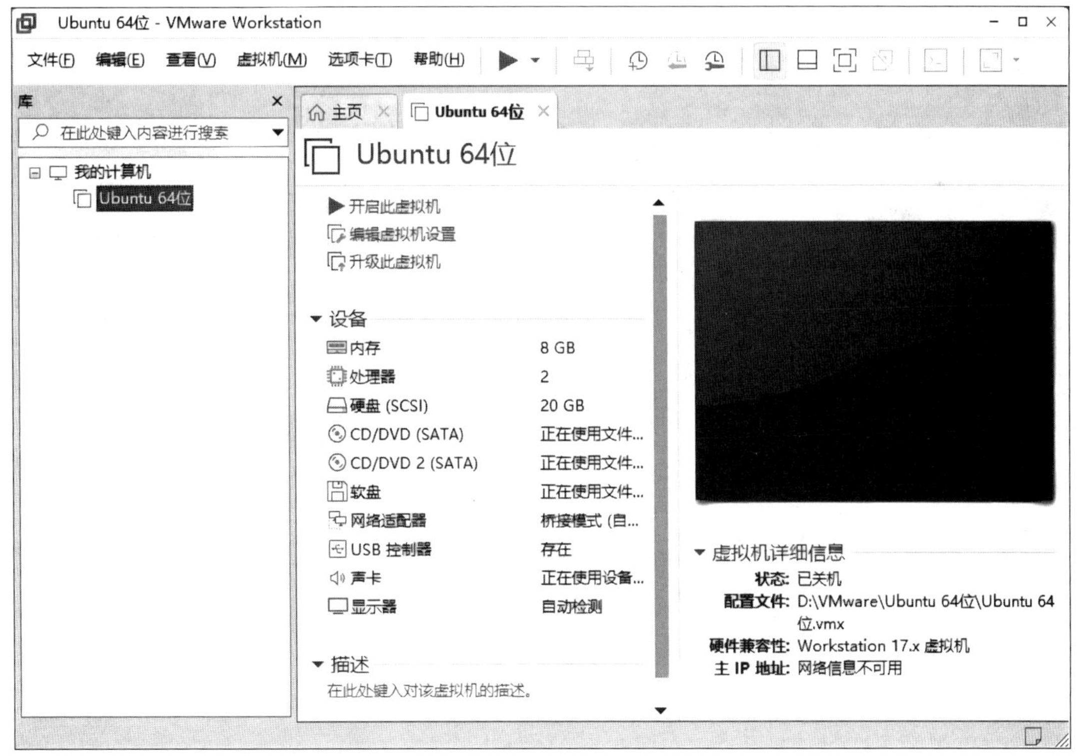

图 1－13

单击“开启此虚拟机”按钮，等待磁盘镜像检测完成，显示信息如图 1－14 所示。

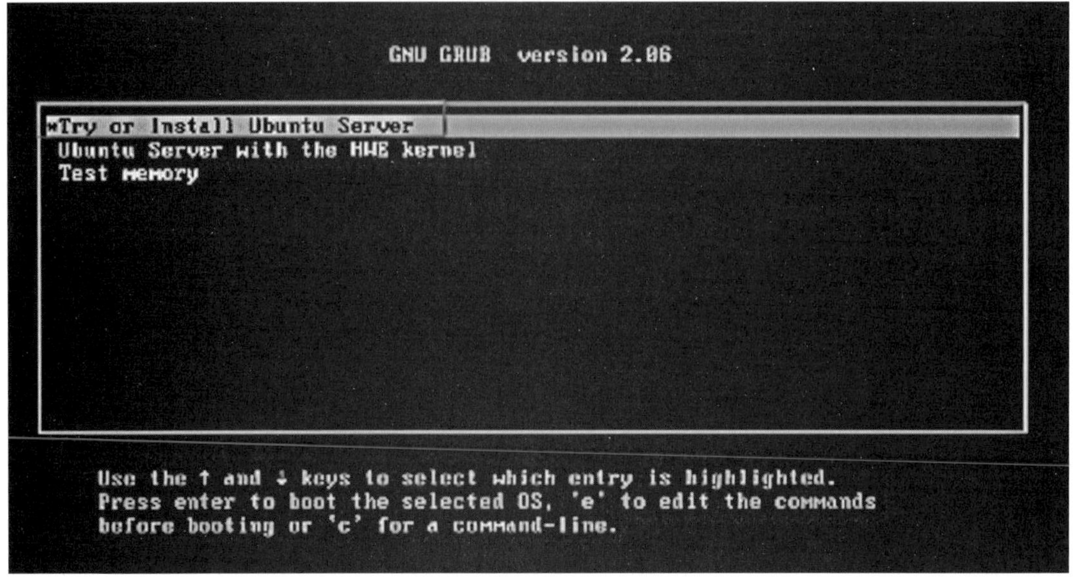

图 1－14

完成磁盘检测后，在安装语言选择界面中选择“English”，按回车键选定，显示信息如图 1－15 所示。键盘布局选择默认的“English”，按回车键确定。

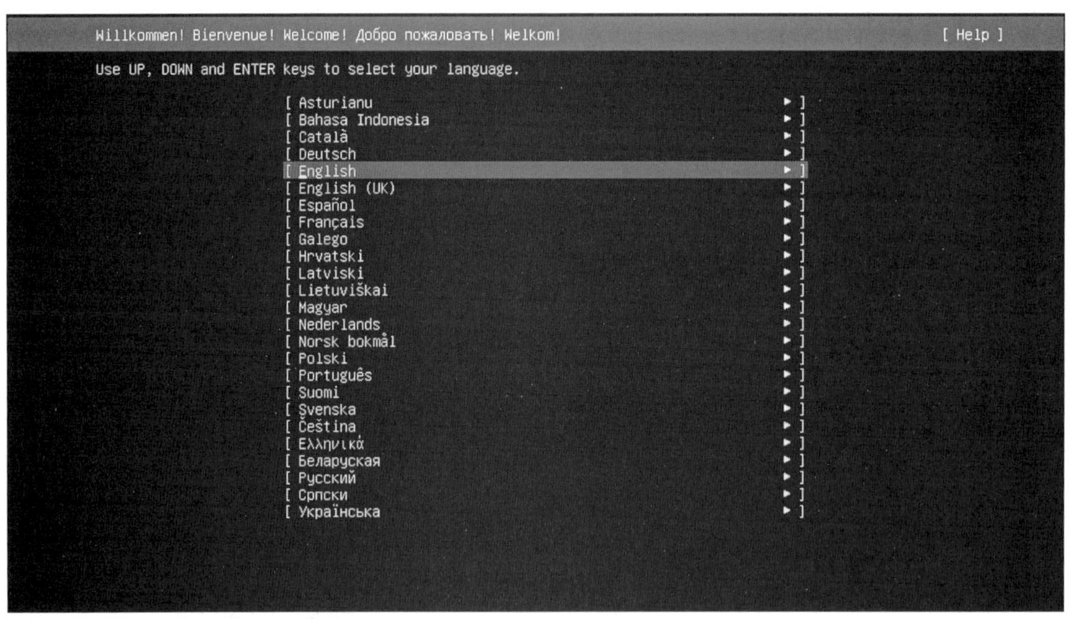

图 1－15

在如图 1－16 所示的更新源选择界面中，选择“continue without updating”选项，按回车键确定。

在如图 1－17 所示界面中，选择安装类型，默认“ubuntu server”，按回车键确定。

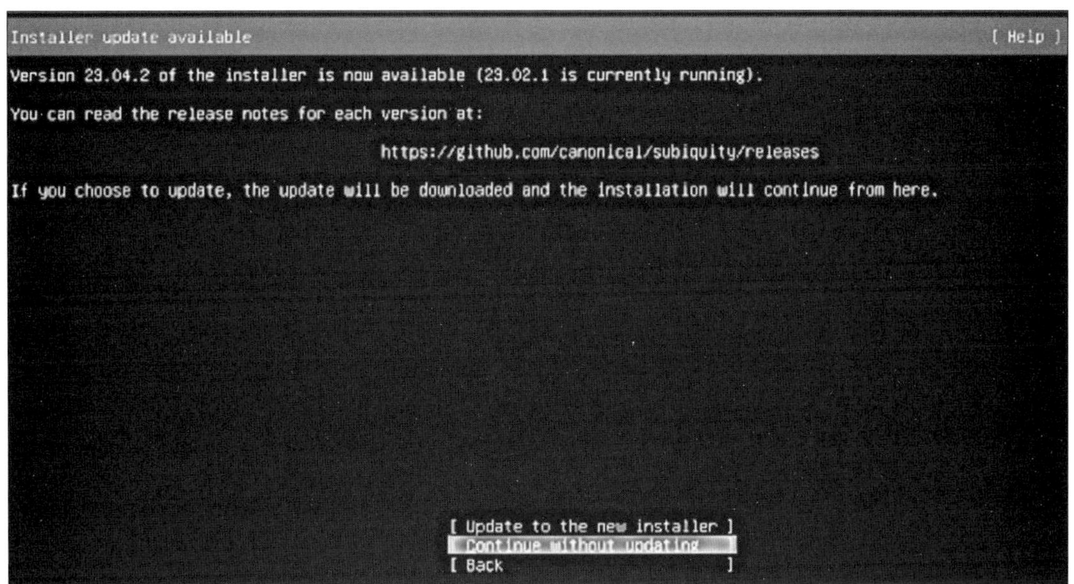

图 1－16

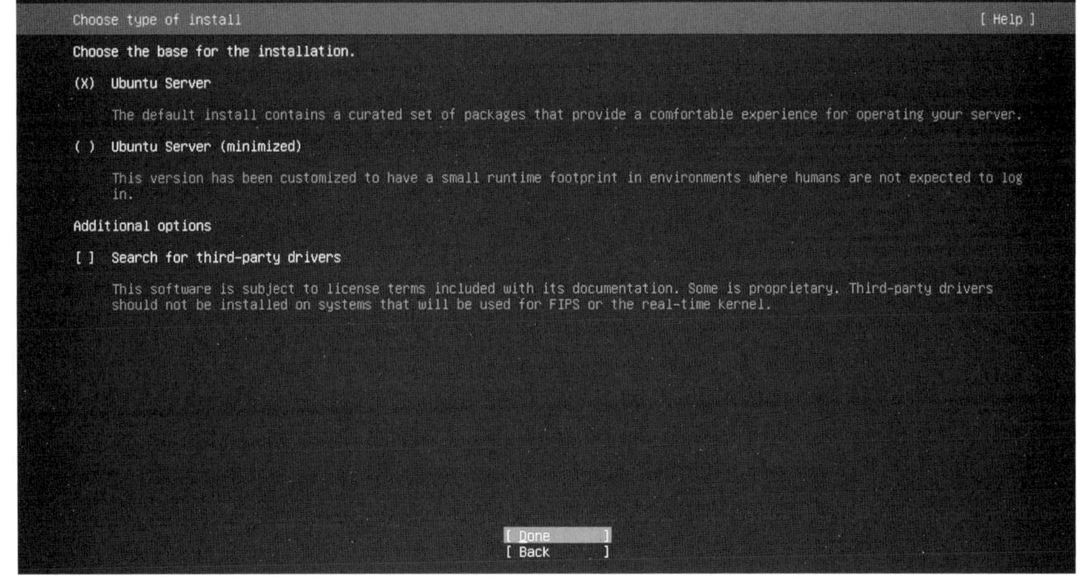

图 1－17

设置网卡 IP，这里先使用默认的 IP 地址，待安装完操作系统后再根据需求进行配置，显示信息如图 1－18 所示。

设置代理服务器，默认为空即可，显示信息如图 1－19 所示。

设置镜像源，默认的是 ubuntu 官网源，按回车键确认即可，可以先选择阿里或清华的镜像源，显示信息如图 1－20 所示。

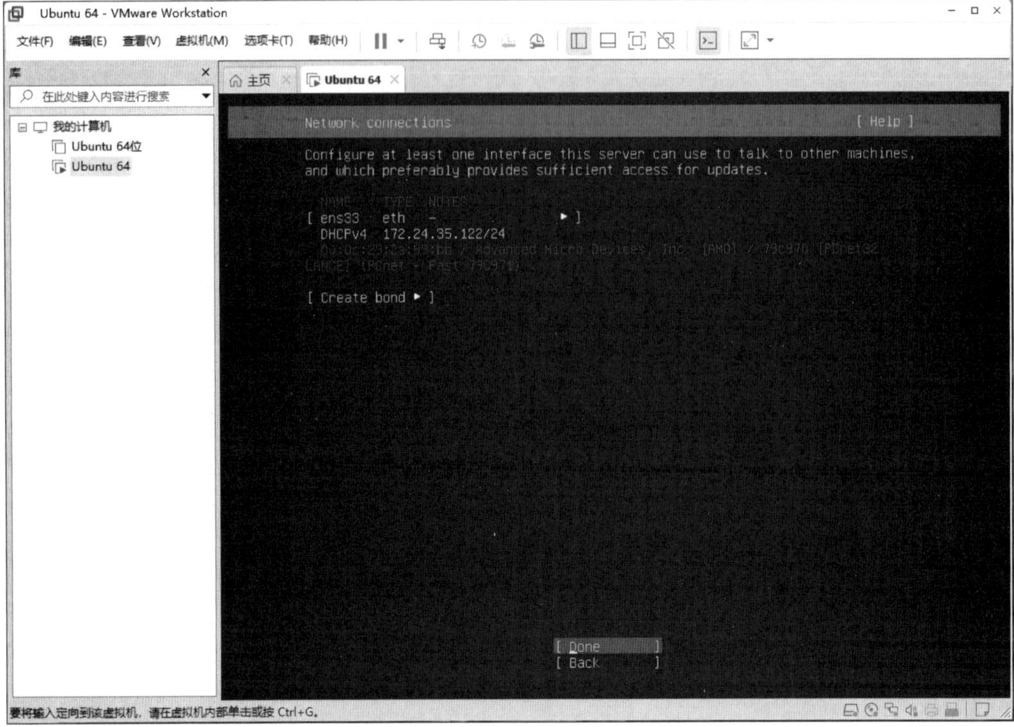
Ubuntu 64 - VMware Workstation
文件(F) 编辑(E) 查看(V) 虚拟机(M) 选项卡(T) 帮助(H)
库
在此处键入内容进行搜索
我的计算机
Ubuntu 64位
Ubuntu 64
主页
Ubuntu 64
Network connections
[Help]
Configure at least one interface this server can use to talk to other machines, and which preferably provides sufficient access for updates.
[ens33 eth - ▸]
DHCPv4 172.24.35.122/24
[Create bond ▸]
[Done]
[Back]
要将输入定向到该虚拟机，请在虚拟机内部单击或按 Ctrl+G。

图 1－18

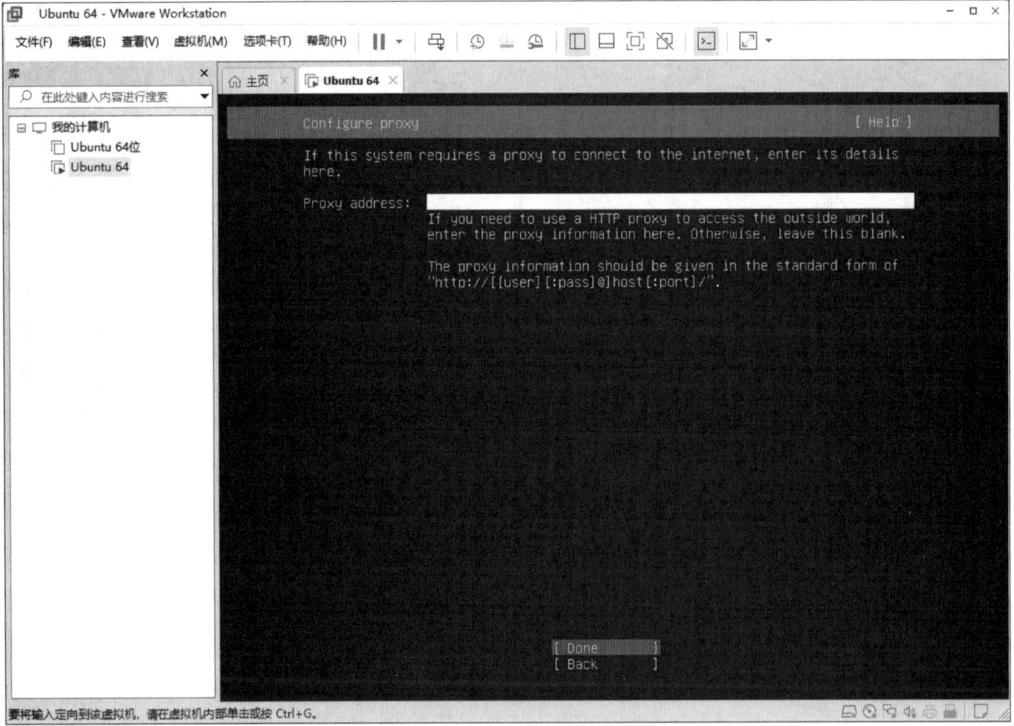
Ubuntu 64 - VMware Workstation
文件(F) 编辑(E) 查看(V) 虚拟机(M) 选项卡(T) 帮助(H)
库
在此处键入内容进行搜索
我的计算机
Ubuntu 64位
Ubuntu 64
主页
Ubuntu 64
Configure proxy
[Help]
If this system requires a proxy to connect to the internet, enter its details here.
Proxy address:
If you need to use a HTTP proxy to access the outside world, enter the proxy information here. Otherwise, leave this blank.
The proxy information should be given in the standard form of "http://[[user][:pass]@]host[:port]/".
[Done]
[Back]
要将输入定向到该虚拟机，请在虚拟机内部单击或按 Ctrl+G。

图 1－19

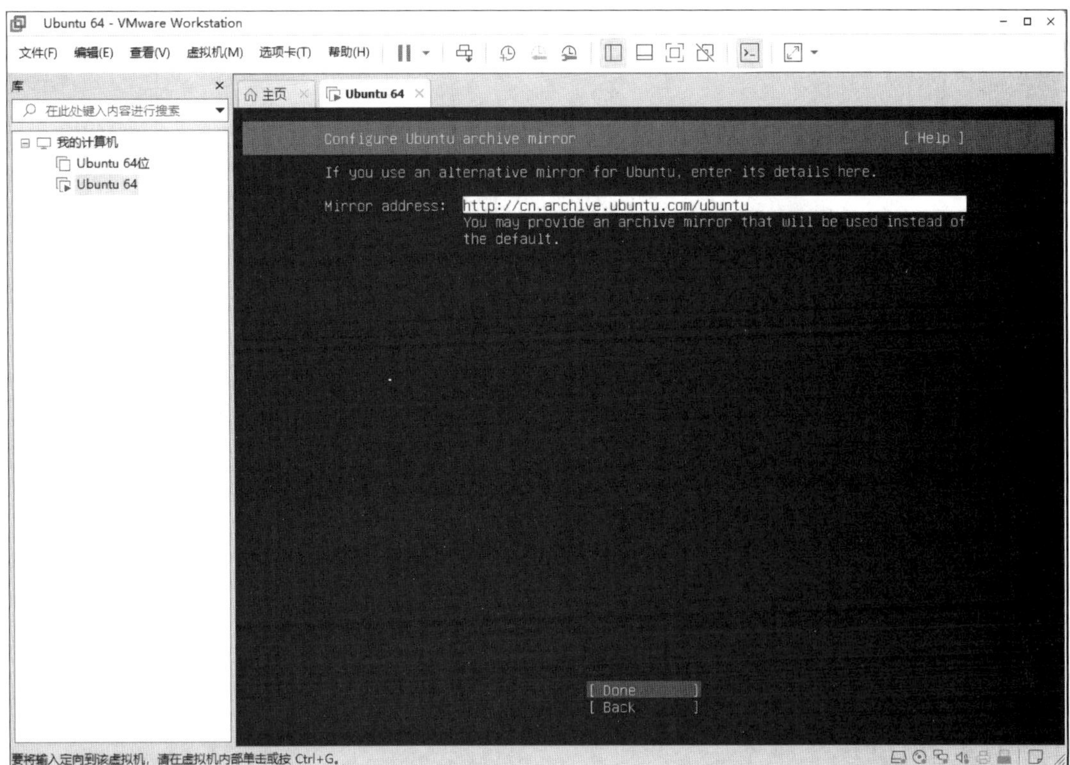

图 1-20

在如图 1-21 所示界面中设置磁盘分区，如果没有特殊需求，则保持默认选项，按回车键确认即可。

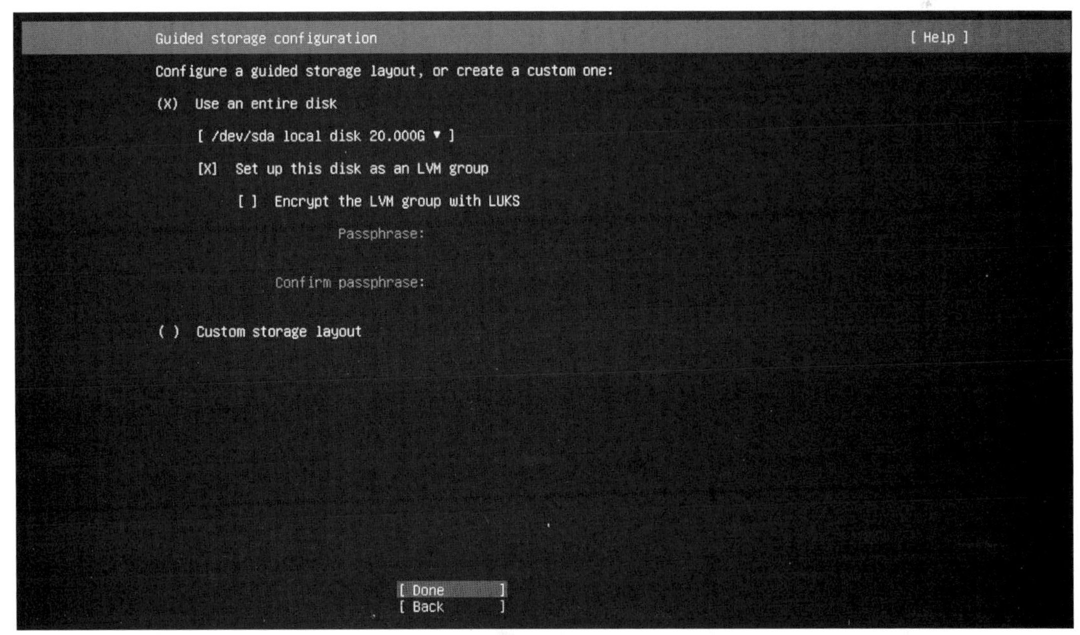

图 1-21

确认磁盘自动分区情况，默认即可，按回车键进入下一步。如果有需求则调整，显示信息如图 1－22 所示。

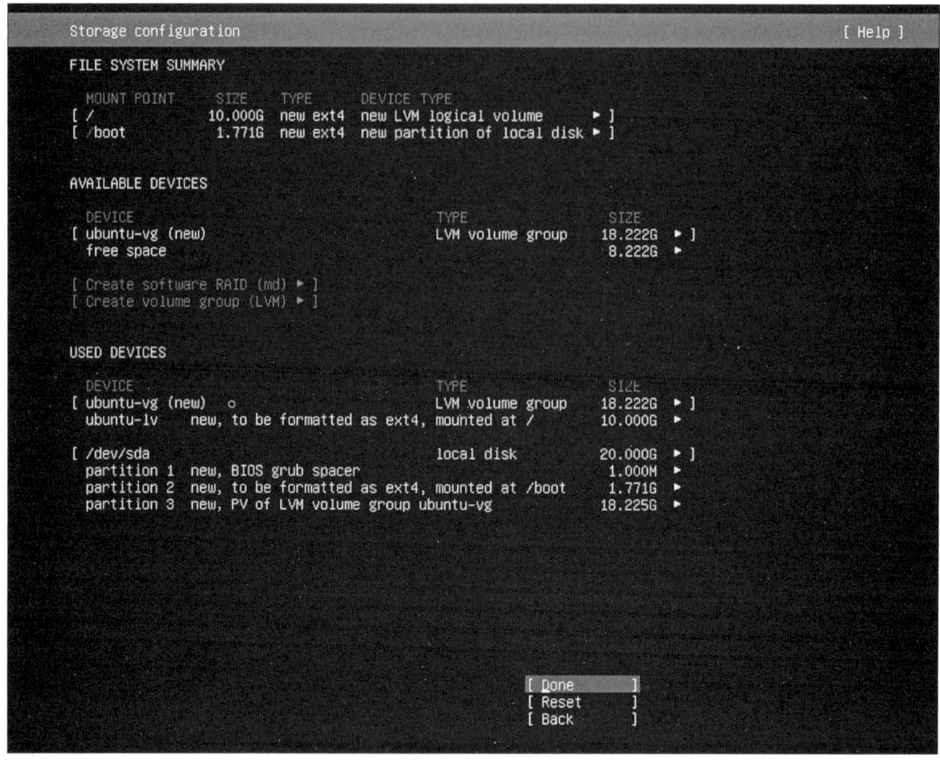

图 1－22

在如图 1－23 所示弹窗中选择“continue”选项。

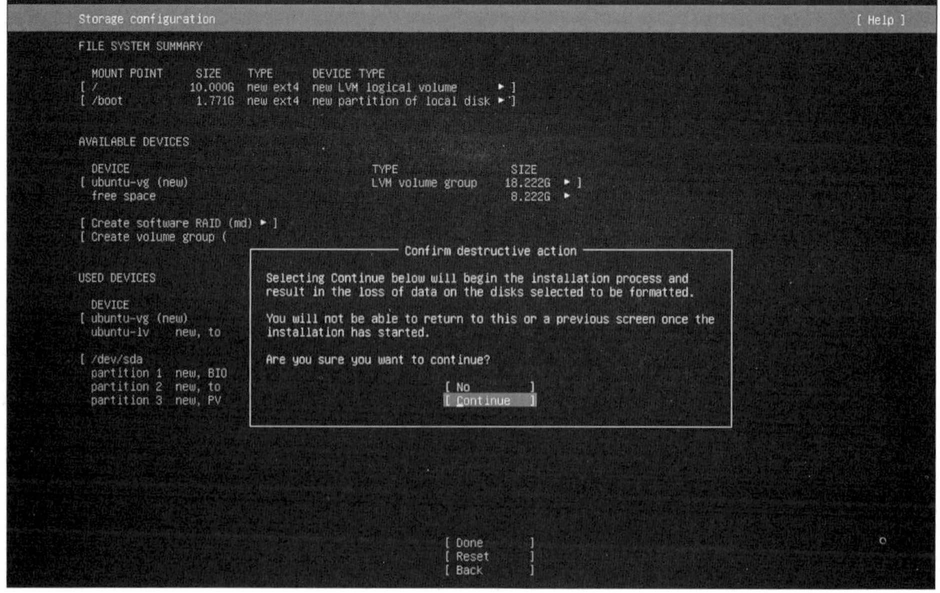

图 1－23

在如图 1 – 24 所示界面中进行登录用户名和密码的设置，在该界面输入名字、密码等数据，然后继续。虚拟机的密码一般用“123456”或者“a142536”即可（外部服务器不要用这种弱密码），单击“Done”按钮进入下一步。

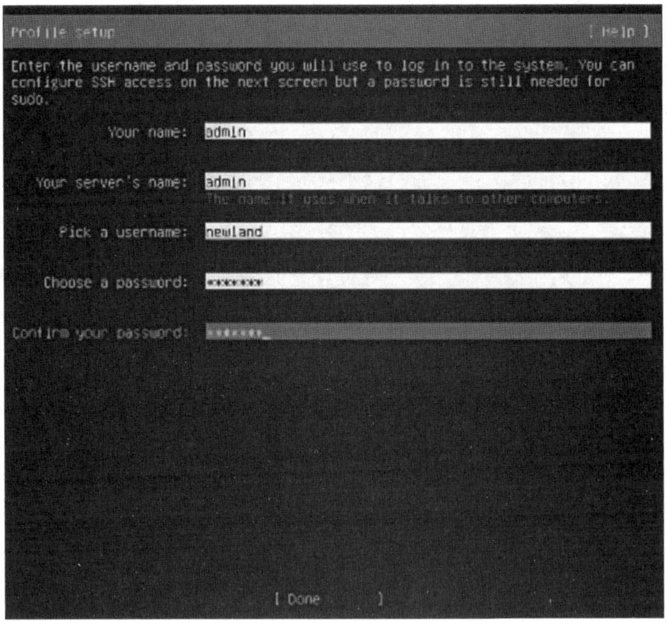

图 1 – 24

在如图 1 – 25 所示的界面中设置远程登录服务选项 SSH，这里按空格键，开启 SSH，然后按上下键切换到“Done”按钮，单击继续，然后等待系统安装，系统安装过程界面如图 1 – 26 所示。

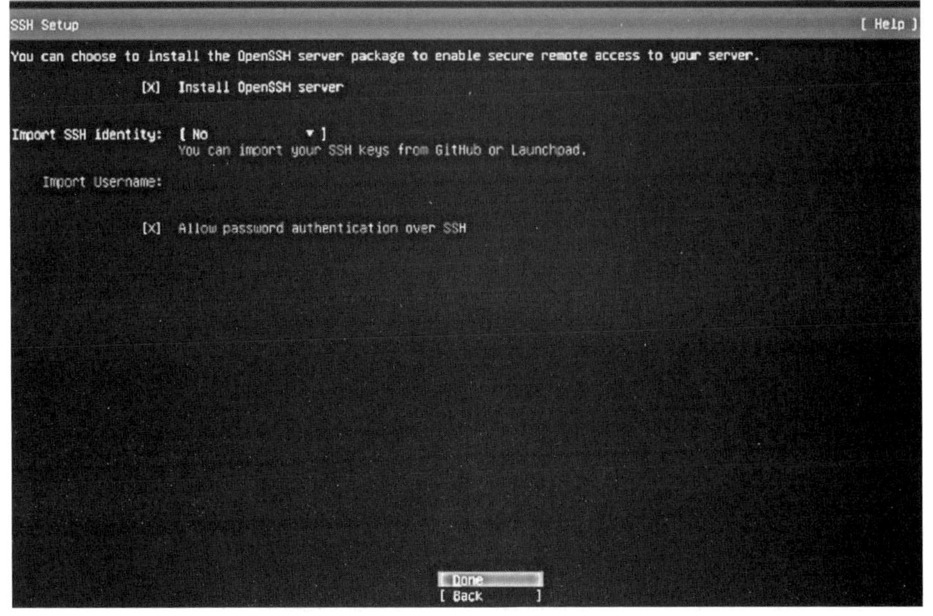

图 1 – 25

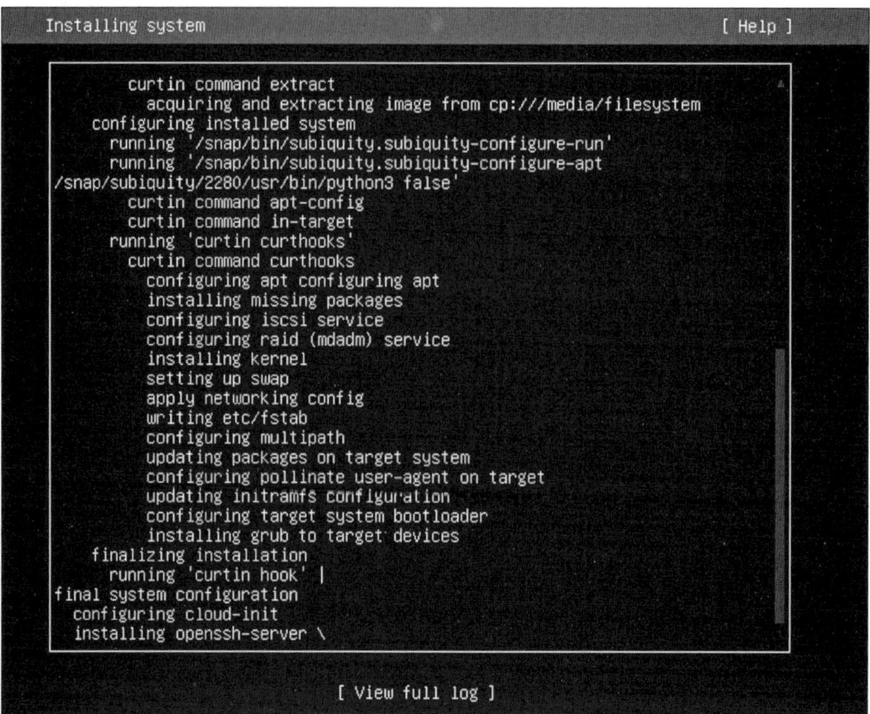

图 1 – 26

安装成功后，在如图 1 – 27 所示界面中选择“Reboot Now”选项，重启虚拟机。

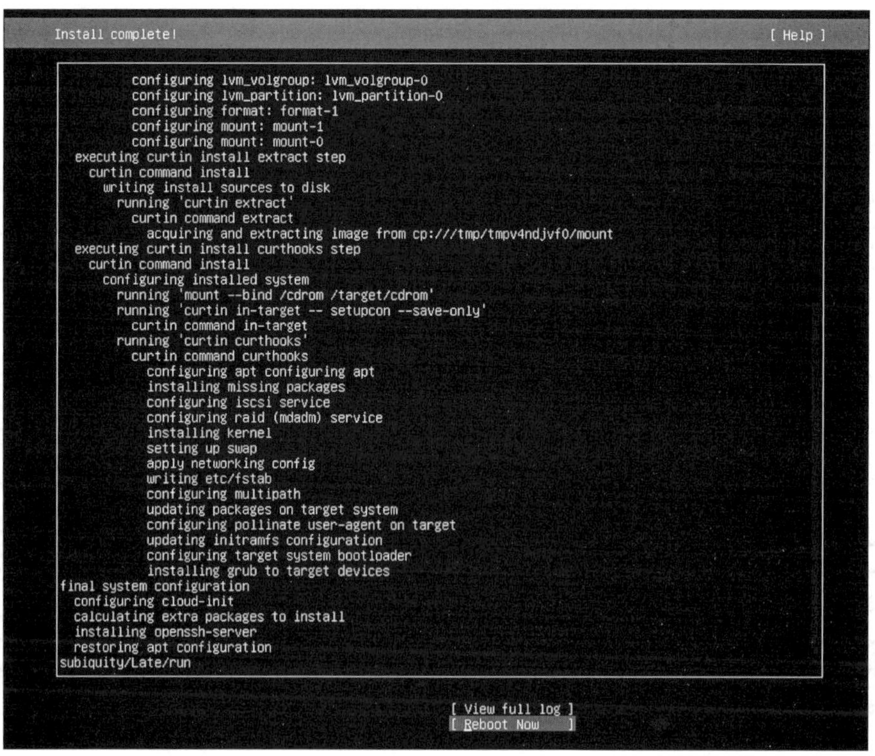

图 1 – 27

系统成功安装后，进入如图 1－28 所示的系统登录界面，在此界面输入前述步骤设置的用户名和密码后，登录系统，出现如图 1－29 所示界面，说明系统已正确安装并可使用。

```
Ubuntu 22.04.2 LTS admin tty1

admin login: _
```

图 1－28

```
admin login: admin
Password:

Login incorrect
admin login: newland
Password:
Welcome to Ubuntu 22.04.2 LTS (GNU/Linux 5.15.0-60-generic x86_64)

 * Documentation:  https://help.ubuntu.com
 * Management:     https://landscape.canonical.com
 * Support:        https://ubuntu.com/advantage

  System information as of Wed Jun 28 03:07:29 PM UTC 2023

  System load: 0.04541015625     Memory usage: 9%   Processes:       231
  Usage of /:  27.2% of 9.75GB   Swap usage:   0%   Users logged in: 0

Expanded Security Maintenance for Applications is not enabled.

0 updates can be applied immediately.

Enable ESM Apps to receive additional future security updates.
See https://ubuntu.com/esm or run: sudo pro status



The programs included with the Ubuntu system are free software;
the exact distribution terms for each program are described in the
individual files in /usr/share/doc/*/copyright.

Ubuntu comes with ABSOLUTELY NO WARRANTY, to the extent permitted by
applicable law.

To run a command as administrator (user "root"), use "sudo <command>".
See "man sudo_root" for details.

newland@admin:~$
```

图 1－29

步骤 4：系统设置

配置静态 IP，输入下述命令打开配置文件，修改网络配置信息。

```
$ sudo vi/etc/netplan/00 - installer - config. yaml
```

在其中找到对应的网卡进行修改，输入如图 1 - 30 所示的内容。

```
# This is the network config written by 'subiquity'
network:
  ethernets:
    ens33:
      dhcp4: no
      dhcp6: no
      addresses: [192.168.11.12/24]
      gateway4: 192.168.11.1
      nameservers:
              addresses: [114.114.114.114,8.8.8.8]
  version: 2
```

图 1 - 30

配置完成后，按键盘的“Esc”键，输入“：wq”保存并退出，执行下述命令让配置直接生效。

```
$ sudo netplan apply
```

完成配置文件修改和生效后，通过“ip add”和 ping 命令测试网络是否正常，出现如图 1 - 31 和图 1 - 32 所示的信息，说明网络功能正常。

```
ahao@ahao:~$ ip add
1: lo: <LOOPBACK,UP,LOWER_UP> mtu 65536 qdisc noqueue state UNKNOWN group default qlen 1000
    link/loopback 00:00:00:00:00:00 brd 00:00:00:00:00:00
    inet 127.0.0.1/8 scope host lo
       valid_lft forever preferred_lft forever
    inet6 ::1/128 scope host
       valid_lft forever preferred_lft forever
2: ens33: <BROADCAST,MULTICAST,UP,LOWER_UP> mtu 1500 qdisc fq_codel state UP group default qlen 1000
    link/ether 00:0c:29:27:ac:86 brd ff:ff:ff:ff:ff:ff
    inet 192.168.11.12/24 brd 192.168.11.255 scope global ens33
       valid_lft forever preferred_lft forever
    inet6 fe80::20c:29ff:fe27:ac86/64 scope link
       valid_lft forever preferred_lft forever
ahao@ahao:~$ _
```

图 1 - 31

```
ahao@ahao:~$ ping -c4 baidu.com
PING baidu.com (39.156.69.79) 56(84) bytes of data.
64 bytes from 39.156.69.79 (39.156.69.79): icmp_seq=1 ttl=49 time=48.3 ms
64 bytes from 39.156.69.79 (39.156.69.79): icmp_seq=2 ttl=49 time=49.9 ms
64 bytes from 39.156.69.79 (39.156.69.79): icmp_seq=3 ttl=49 time=51.3 ms
64 bytes from 39.156.69.79 (39.156.69.79): icmp_seq=4 ttl=49 time=48.0 ms

--- baidu.com ping statistics ---
4 packets transmitted, 4 received, 0% packet loss, time 3006ms
rtt min/avg/max/mdev = 47.966/49.376/51.289/1.332 ms
ahao@ahao:~$
```

图 1 - 32

完成 IP 地址配置后，安装并配置 SSH 服务，输入下述指令，验证是否安装 SSH 服务。

```
# ps -e |grep ssh
```

如果返回为空，说明 SSH 没有安装，运行下述指令，安装 SSH 服务。

```
$sudo apt -get install -y openssh -server
```

安装完成后，配置 SSH 服务和端口，输入下述命令，打开配置文件，修改文件，打开 SSH 的服务端口，修改前和修改后的界面分别如图 1 -33 和图 1 -34 所示。

```
$sudo vi/etc/ssh/sshd_config
```

```
# OpenSSH is to specify options with their default value where
# possible, but leave them commented.  Uncommented options override the
# default value.

Include /etc/ssh/sshd_config.d/*.conf

#Port 22
#AddressFamily any
#ListenAddress 0.0.0.0
#ListenAddress ::

#HostKey /etc/ssh/ssh_host_rsa_key
#HostKey /etc/ssh/ssh_host_ecdsa_key
#HostKey /etc/ssh/ssh_host_ed25519_key

# Ciphers and keying
#RekeyLimit default none

# Logging
#SyslogFacility AUTH
#LogLevel INFO

# Authentication:

#LoginGraceTime 2m
#PermitRootLogin prohibit-password
#StrictModes yes
#MaxAuthTries 6
#MaxSessions 10

#PubkeyAuthentication yes

# Expect .ssh/authorized_keys2 to be disregarded by default in future.
#AuthorizedKeysFile     .ssh/authorized_keys .ssh/authorized_keys2

#AuthorizedPrincipalsFile none
-- INSERT --
```

图 1 -33

修改后，按键盘的 “Esc” 键，输入 “: wq”，保存并退出，输入下述指令，重启 SSH 服务生效配置。

```
$ sudo service ssh restart
```

```
# OpenSSH is to specify options with their default value where
# possible, but leave them commented.  Uncommented options override the
# default value.

Include /etc/ssh/sshd_config.d/*.conf

Port 22
#AddressFamily any
#ListenAddress 0.0.0.0
#ListenAddress ::

#HostKey /etc/ssh/ssh_host_rsa_key
#HostKey /etc/ssh/ssh_host_ecdsa_key
#HostKey /etc/ssh/ssh_host_ed25519_key

# Ciphers and keying
#RekeyLimit default none
```

图 1－34

最后测试远程是否成功，出现如图 1－35 所示界面的显示内容，表明 SSH 服务配置成功。

```
Copyright (c) 2020 NetSarang Computer, Inc. All rights reserved.

Type `help' to learn how to use Xshell prompt.
[C:\~]$

Connecting to 192.168.1.113:22...
Connection established.
To escape to local shell, press 'Ctrl+Alt+]'.

Welcome to Ubuntu 22.04.2 LTS (GNU/Linux 5.15.0-60-generic x86_64)

 * Documentation:  https://help.ubuntu.com
 * Management:     https://landscape.canonical.com
 * Support:        https://ubuntu.com/advantage

  System information as of Wed Jun 28 04:06:32 PM UTC 2023

  System load:  0.92431640625     Processes:               232
  Usage of /:   28.2% of 9.75GB   Users logged in:         0
  Memory usage: 9%                IPv4 address for ens33: 192.168.1.113
  Swap usage:   0%


 * Introducing Expanded Security Maintenance for Applications.
   Receive updates to over 25,000 software packages with your
   Ubuntu Pro subscription. Free for personal use.

     https://ubuntu.com/pro

Expanded Security Maintenance for Applications is not enabled.

0 updates can be applied immediately.

Enable ESM Apps to receive additional future security updates.
See https://ubuntu.com/esm or run: sudo pro status

Failed to connect to https://changelogs.ubuntu.com/meta-release-lts. Check your Int
ernet connection or proxy settings


Last login: Wed Jun 28 08:15:13 2023 from 192.168.1.105
newland@admin:~$
```

图 1－35

任务2　ThingsBoard 的安装

ThingsBoard 物联网低代码开发平台安装

本任务以 Ubuntu Server 22.10 LTS 为例，实现物联网应用系统开发的典型工具 ThingsBoard 平台的安装。

步骤1：安装 java11（JDK）

在控制台输入命令，通过网络安装 ThingsBoard 运行所需 JDK 的安装，输入命令参考以下内容。

```
sudo apt update
sudo apt install openjdk-11-jre-headless
```

安装完成后，使用以下命令配置当前 JDK 版本为默认版本。

```
sudo update-alternatives --config java
```

最后，使用以下命令检测安装是否成功。

```
java -version
```

输入如图 1-36 所示信息后，表示系统 JDK 环境安装配置成功。

```
root@zhangbo:/home/zhangbo# java -version
openjdk version "11.0.13" 2021-10-19
OpenJDK Runtime Environment (build 11.0.13+8-Ubuntu-0ubuntu1.21.10)
OpenJDK 64-Bit Server VM (build 11.0.13+8-Ubuntu-0ubuntu1.21.10, mixed mode, sharing)
root@zhangbo:/home/zhangbo#
```

图 1-36

步骤2：安装 ThingsBoard 服务

通过网络下载安装包，命令如下：

```
wget https://github.com/thingsboard/thingsboard/releases/download/v3.3.2/thingsboard-3.3.2.deb
```

安装服务，命令如下：

```
sudo dpkg -i thingsboard-3.3.2.deb
```

步骤3：安装数据库服务

可以根据项目需要选择 ThingsBoard 配套的数据库方式，包括 PostgreSQL、SQL 和 hybrid，本项目选择 PostgreSQL 数据库方式。

首先，导入存储的秘钥，命令如下：

```
wget --quiet -O - https://www.postgresql.org/media/keys/ACCC4CF8.asc |sudo apt-key add -
```

然后，将存储的内容导入本地系统，命令如下：

```
RELEASE = $(lsb_release -cs)
echo "deb http://apt.postgresql.org/pub/repos/apt/ ${RELEASE}" - pg-
dg main |sudo tee/etc/apt/sources.list.d/pgdg.list
```

接着，安装 PostgreSQL 服务，命令如下：

```
sudo apt -y install postgresql -13
```

最后，启动 PostgreSQL 服务，命令如下：

```
sudo service postgresql start
```

步骤 4：配置数据库的用户和密码

成功安装数据库后，需要设置 ThingsBoard 登录和使用数据库所需的用户名和密码。

首先，以超级用户权限启动 Postgresql，并设置用户名为“postgres”，命令如下：

```
sudo su - postgres psql
```

这里，“postgres”是用户名，可以根据需要自行设计。

其次，设置密码，命令如下：

```
\password
```

再次，退出设置模式，命令如下：

```
\q
```

最后，在成功设置用户名和密码后，按“Ctrl + D”键返回主用户控制台，用刚才设置的用户名连接到数据库后，创建 ThingsBoard 的数据库，命令如下：

```
psql  -U postgres  -d postgres  -h 127.0.0.1 -W
CREATE DATABASE thingsboard;
\q
```

其中，“thingsboard”是用于 ThingsBoard 服务使用的具体数据表，可以根据需要自行设计名称。

步骤 5：配置 ThingsBoard 的数据库服务

使用下述命令打开 ThingsBoard 的配置文件。

```
sudo nano/etc/thingsboard/conf/thingsboard.conf
```

编辑 ThingsBoard 的配置文件，将文件中“PUT_YOUR_POSTGRESQL_PASSWORD_HERE”的部分替换为刚才设置的用户密码。

```
# DB Configuration
export DATABASE_ENTITIES_TYPE = sql
export DATABASE_TS_TYPE = sql
```

```
export SPRING_JPA_DATABASE_PLATFORM=org.hibernate.dialect.PostgreSQLDialect
export SPRING_DRIVER_CLASS_NAME=org.postgresql.Driver
export SPRING_DATASOURCE_URL=jdbc:postgresql://localhost:5432/thingsboard
export SPRING_DATASOURCE_USERNAME=postgres
export SPRING_DATASOURCE_PASSWORD=PUT_YOUR_POSTGRESQL_PASSWORD_HERE
export SPRING_DATASOURCE_MAXIMUM_POOL_SIZE=5
# Specify partitioning size for timestamp key-value storage. Allowed values:DAYS,MONTHS,YEARS,INDEFINITE.
export SQL_POSTGRES_TS_KV_PARTITIONING=MONTHS
```

步骤6：安装和选择消息队列服务

首先，根据项目需要选择一种消息中间件来代理各服务之前的通信，不同消息中间的适用场景如下：

①Kafka：适用于本地和私有云部署的场景，可以在独立于云服务供应商生产环境中使用。

②RabbitMQ：在负载较少的场景中，建议使用此方式。

③AWS SQS：适用于在AWS上使用ThingsBoard的场景。

④Google 发布/订阅：适用于在Google Cloud上部署ThingsBoard的场景。

⑤Azure服务总线：适用于在Azure上部署ThingsBoard的场景。

⑥Confluent云：基于Kafka的完全托管的事件流平台。

本项目选择Kafka作为消息队列服务。

选择好消息队列服务后，由于Kafka使用Zookeeper，因此，首先安装Zookeeper服务器，命令如下：

```
sudo apt-get install zookeeper
```

也可以先下载安装文件，解压后再选择本地安装，命令如下：

```
wget http://dlcdn.apache.org/zookeeper/zookeeper-3.7.0/apache-zookeeper-3.7.0-bin.tar.gz
gunzip -d apache zookper-3.7.0-bin.tar.gz
sudo apt-get install zookeeper
```

完成Zookeeper服务器的安装后，安装Kafka，下载安装文件后，解压后再选择本地安装，命令如下：

```
wget http://dlcdn.apache.org/kafka/3.0.0/kafka_2.13-3.0.0.tgz
tar xzf kafka_2.13-3.0.0.tgz
sudo mv kafka_2.13-3.0.0/usr/local/kafka
```

完成上述安装后，设置Zookeeper启动服务，创建一个Zookeeper系统文件，命令如下：

```
sudo nano/etc/systemd/system/zookeeper.service
```

并在创建的 Zookeeper 系统文件中添加以下内容：

```
[Unit]
Description=Apache Zookeeper server
Documentation=http://zookeeper.apache.org
Requires=network.target remote-fs.target
After=network.target remote-fs.target

[Service]
Type=simple
ExecStart=/usr/local/kafka/bin/zookeeper-server-start.sh/usr/local/kafka/config/zookeeper.properties
ExecStop=/usr/local/kafka/bin/zookeeper-server-stop.sh
Restart=on-abnormal

[Install]
WantedBy=multi-user.target
```

其次，设置 Kafka 启动服务，先创建一个 Kafka 系统文件，命令如下：

```
sudo nano/etc/systemd/system/kafka.service
```

并在创建的 Kafka 系统文件中添加以下内容：

```
[Unit]
Description=Apache Kafka Server
Documentation=http://kafka.apache.org/documentation.html
Requires=zookeeper.service

[Service]
Type=simple
Environment="JAVA_HOME=PUT_YOUR_JAVA_PATH"
ExecStart=/usr/local/kafka/bin/kafka-server-start.sh/usr/local/kafka/config/server.properties
ExecStop=/usr/local/kafka/bin/kafka-server-stop.sh

[Install]
WantedBy=multi-user.target
```

其中，用系统中安装的 Java 环境变量替换“PUT_YOUR_JAVA_PATH”，默认路径是“/usr/lib/jvm/java-1.8.0-openjdk-xxx”。

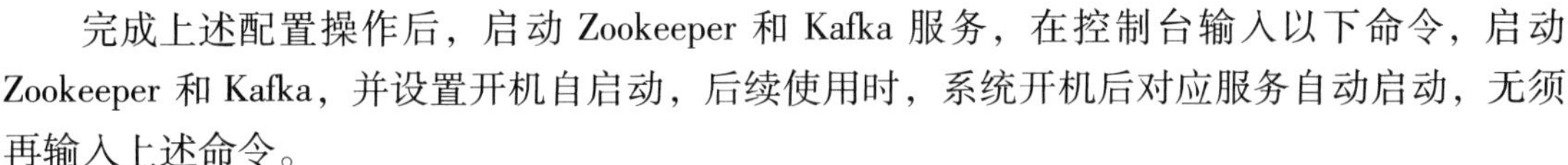

完成上述配置操作后，启动 Zookeeper 和 Kafka 服务，在控制台输入以下命令，启动 Zookeeper 和 Kafka，并设置开机自启动，后续使用时，系统开机后对应服务自动启动，无须再输入上述命令。

```
sudo systemctl start zookeeper
sudo systemctl start kafka
```

最后，配置 ThingsBoard 的消息队列服务，编辑 ThingsBoard 配置文件，输入以下命令，打开配置文件。

```
sudo nano/etc/thingsboard/conf/thingsboard.conf
```

在配置文件中添加下面内容，将“localhost:9092”替换成真实的 Kafka 服务器地址。

```
export TB_QUEUE_TYPE=kafka
export TB_KAFKA_SERVERS=localhost:9092
```

步骤 7：运行 ThingsBoard 安装脚本，并启动服务

成功安装 ThingsBoard 服务，并完成数据库配置后，执行以下安装脚本，安装 ThingsBoard。

```
sudo/usr/share/thingsboard/bin/install/install.sh --loadDemo
```

完成安装后，执行以下命令启动 ThingsBoard。

```
sudo service thingsboard start
```

启动 ThingsBoard 后，在宿主机上通过浏览器使用以下链接打开 ThingsBoard 的 Web UI。

```
http://localhost:8080/
```

其中“localhost”为安装 ThingsBoard 服务的虚拟机/实体机的 IP 地址，如果 ThingsBoard 被成功安装，将看到如图 1-37 所示的登录界面。可使用以下默认凭据登录并进行相应操作。

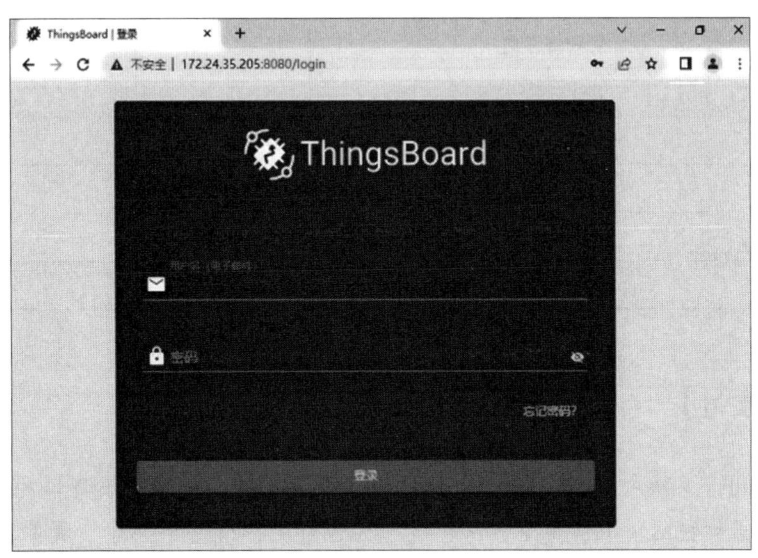

图 1-37

①系统管理员：sysadmin@ thingsboard. org/sysadmin。
②租户管理员：tenant@ thingsboard. org/tenant。
③客户：customer@ thingsboard. org/customer。

【项目小结】

本项目讲解了物联网应用系统的典型架构，介绍了开源物联网开发平台 ThingsBoard，并对基于该平台的物联网应用系统开发环境的安装配置方法进行讲解和训练。

【项目评价】

项目评价表如表 1 - 1 所示。

表 1 - 1 项目评价表

评价类型	赋分	序号	评价指标	分值	得分			
					自评	组评	师评	拓展评价
职业能力	60	1	软件版本选择正确	10				
		2	软件安装正确	10				
		3	软件配置正确	10				
		4	软件运行正确	10				
		5	数据库配置正确	10				
		6	消息队列中间件选择正确	10				
职业素养	20	1	课前预习	10				
		2	遵守纪律	5				
		3	编程规范性	5				
劳动素养	10	1	工作过程记录	5				
		2	保持环境整洁卫生	5				
思政素养	10	1	完成思政素材学习	5				
		2	团结协作	5				
合计				100				

【巩固练习】

（1）在 Centos 系统中完成基于 ThingsBoard 的物联网应用系统开发环境的安装配置。

（2）拟基于物联网技术实现对机房环境的远程监测，请基于下述软硬件资源进行选型，并完成物联网应用系统开发环境的部署：

硬件计算资源：i7CPU 的电脑主机，Raspberry Pi 4B；

操作系统：Ubuntu server 20 Lts，Windows 10；

其他软件：VMware Workstations 17，ThingsBoard 系列安装包，My SQL，TDengine，SQL Lite。

项目 2

设备连接配置

【学习导读】

本节以水表设备的监控为例，讲解 ThingsBoard 平台设备连接的基础配置操作，分别基于物联网应用系统中常用的 HTTP、MQTT 和 CoAP 协议，实现设备与 ThingsBoard 平台的连接。主要内容包括 ThingsBoard 平台的设备接入配置操作、常用通信传输协议软件的安装配置及使用。

【学习目标】

（1）了解和掌握 ThingsBoard 平台面向设备连接的基础配置操作。

（2）了解 HTTP 协议的基础知识，了解如何基于 HTTP 协议实现设备与 ThingsBoard 平台的连接。

（3）了解 MQTT 协议的基础知识，了解如何基于 MQTT 协议实现设备与 ThingsBoard 平台的连接。

（4）了解 CoAP 协议的基础知识，了解如何基于 CoAP 协议实现设备与 ThingsBoard 平台的连接。

（5）具备跟踪专业技术发展、探求更新知识的自学能力和运用信息化手段解决问题的能力。

【相关知识/预备知识】

一、HTTP 协议

HTTP 是一种基于 TCP 的，用于物联网应用程序的通用网络协议，支持客户/服务器模式，采用请求 - 响应模型实现两端设备的连接交互。HTTP 协议具有以下特点：

①简单快速：客户向服务器请求服务时，只需传送请求方法和路径。请求方法常用的有 GET、PUT、POST。每种方法规定了客户与服务器联系的不同类型。由于 HTTP 协议简单，

HTTP 服务器的程序规模小，因此通信速度很快。

②灵活：HTTP 允许传输任意类型的数据对象。正在传输的类型由 Content - Type 加以标记。

③无连接：限制每次连接只处理一个请求。服务器处理完客户的请求，并收到客户的应答后，即断开连接。采用这种方式可以节省传输时间。

④无状态：协议对于事务处理没有记忆能力，当后续处理需要用到前面的信息时，必须重传，因此，基于 HTTP 协议进行设备连接时，每次连接传送的数据量较大，但是当服务器不需要先前信息时，系统的应答较快。

可见，将 HTTP 协议应用于物联网应用系统中有一个明显的缺陷，即对于系统中的嵌入式设备，协议数据量较大，太重了，不够灵活。因此，往往用于人机交互类设备或应用程序。

二、CoAP 协议

CoAP 协议是一种基于 UDP 的受限应用协议，详细规范定义为 RFC 7252，它借鉴了 HTTP 协议，在此基础上对协议格式进行了简化，是一种用于物联网应用系统的类 Web 的协议，适用于资源受限的嵌入式设备，CoAP 协议主要有以下特点：

①轻量化：CoAP 协议采用二进制格式，最小长度仅仅 4 B。

②可靠传输：支持数据重传和块传输，确保数据可靠到达。

③多播：支持 IP 多播功能，可以同时向多个设备发送请求。

④非长连接通信：适用于低功耗物联网工程应用。

CoAP 协议基于 REST 实现，客户端通过 POST、GET、PUT、DELETE 等方法访问服务端，借鉴了 HTTP 协议，与其相比，CoAP 协议采用二进制格式，而非文本格式，因此，CoAP 协议的实现方式更加简化，代码更小，封包更小，复杂度更低，是物联网应用系统中数据传输方式的一种很好的补充。对于资源受限的小型或嵌入式设备，如闪存 Flash 为 256 KB 或 32 KB，处理器主频 20 MHz 的设备，CoAP 协议是一种很好的解决方案。

CoAP 协议的报文结构如图 2 - 1 所示，CoAP 协议以“头”的形式出现在负载之前，CoAP 和负载中间通过“0xFF”进行隔离。

<table>
<tr><td>Ver</td><td>T</td><td>TKL</td><td>Code</td><td>Message ID</td></tr>
<tr><td colspan="5">Token（如果存在）</td></tr>
<tr><td colspan="5">Options（如果存在）</td></tr>
<tr><td colspan="3">0xFF</td><td colspan="2">Payload（如果存在）</td></tr>
</table>

图 2 - 1

CoAP 协议报文的第一行为消息头，长度固定为 4 B，为必选字段，紧跟其后的 Token、Options 字段为可选。消息头各字段的作用和长度如下：

①Ver：2 bit，版本编号，指示 CoAP 协议的版本号。

②T：2 bit，报文类型，共有 CON、NON、ACK、RST 4 种类型，各类型报文的详细信

息如表2-1所示。

表2-1 各类型报文的详细信息

类型	描述	T值
CON报文	Confirmable，需要被确认的报文	T=00
NON报文	Non-Confirmable，不需要被确认的报文	T=01
ACK报文	Acknowledgement，应答报文	T=10
RST报文	Reset the Connection，复位报文	T=11

③TKL：4 bit，表示token字段的长度（Token Length）。

④Code：8 bit，其中，前3 bit为Class部分，后5 bit为Detail部分，采用c. dd的形式来描述，在CoAP请求报文中，Code表示请求方法，在CoAP响应报文中，Code表示响应状态，Code值和CoAP请求方法、响应状态的对应关系分别如表2-2和表2-3所示。

表2-2 Code值和CoAP请求方法、响应状态的对应关系（一）

Code值	CoAP请求方法
0. 01	GET方法
0. 02	POST方法
0. 03	PUT方法
0. 04	DELETE方法

表2-3 Code值和CoAP请求方法、响应状态的对应关系（二）

Code值	CoAP响应状态
0. 00	空报文
2. xx	正确响应
4. xx	表示客户端错误
5. xx	表示服务器错误

⑤MessageID：2 B，表示报文序号，一组对应的CoAP请求和响应需使用相同的报文序号。

⑥Token：标签信息，指示信息的唯一性，相当于资源的身份证，长度由TKL定义。CoAP共有三种请求、响应模式，分别为携带模式、分离模式和非确认模式，其中，Token在分离模式中的作用最重要，在携带模式中，Token可以被忽略。

⑦Options，表示报文选项，通过该字段对CoAP请求参数和负载媒体类型等进行设定。

⑧分隔符：1 B，固定为0xFF。

⑨Payload：负载信息，存放被用于交互的数据。

CoAP的请求响应模式流程如图2-2所示，其中，携带模式下，ACK的payload部分包含响应负载，最少需要两个报文。

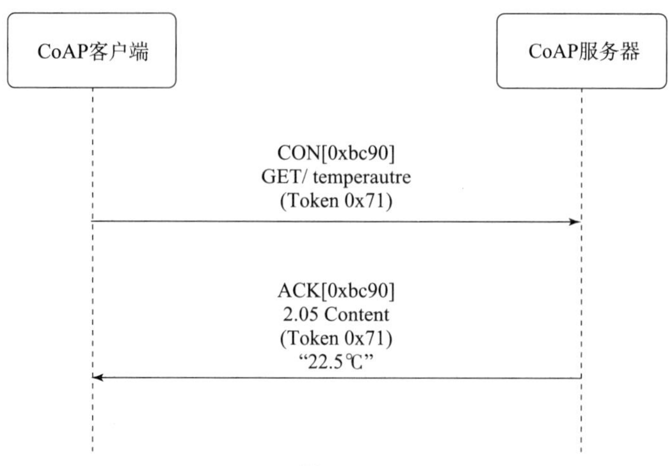

图 2 – 2

在分离模式中，CoAP 的请求响应模式流程如图 2 – 3 所示，客户端发送 CON 请求，服务器即时回复 ACK 信息，ACK 不携带 Payload 信息，短时间后，服务器再回应携带 Payload 信息的 CON 信息，此 CON 信息中的 Token 要与客户端发送 CON 的 Token 一致，客户端收到后再次回复 ACK。

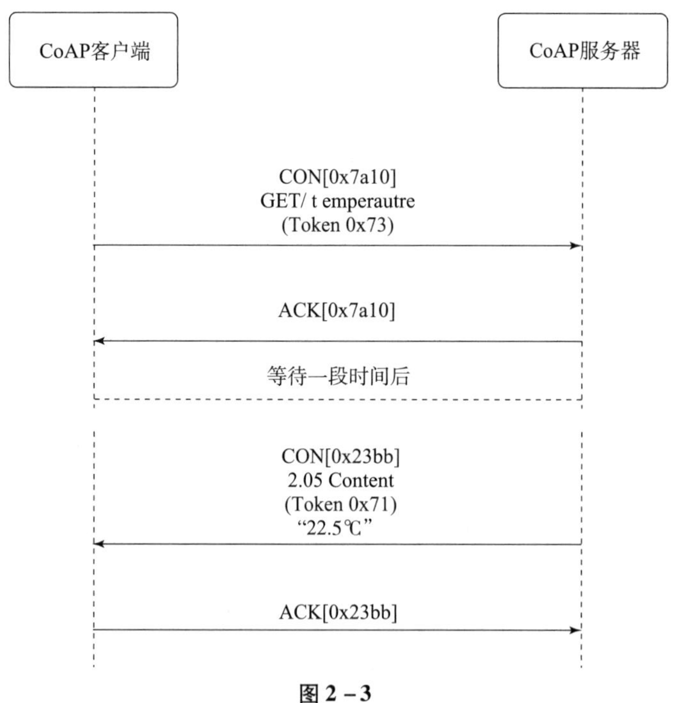

图 2 – 3

非确认模式下，CoAP 的请求响应模式流程如图 2 – 4 所示，客户端发送 NON 报文，此时服务器不进行回应。

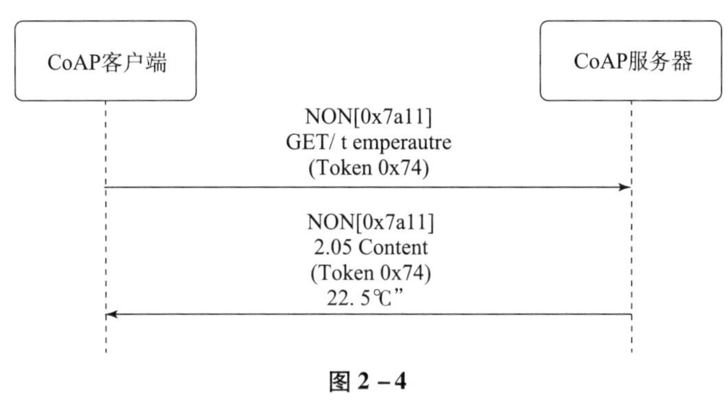

图 2－4

三、MQTT 协议

MQTT 协议

消息队列遥测传输协议（Message Queuing Telemetry Transport，MQTT）是一种基于发布/订阅（Publish/Subscribe）模式的轻量级通信协议，该协议构建于 TCP/IP 协议上。

MQTT 协议是一种低开销、低带宽占用的即时通信协议，以极少的代码和有限的带宽为远程设备提供实时可靠的消息服务。因此，MQTT 协议在物联网、小型设备、移动应用等方面得到了广泛的应用。MQTT 协议主要有以下特点：

①使用发布/订阅消息模式，提供一对多的消息发布，解除应用程序耦合。

②对负载内容屏蔽的消息传输。

③使用 TCP/IP 提供网络连接。

④有“至多一次”“至少一次”“只有一次”三种消息发布服务质量，其中：

a.“至多一次”：消息发布完全依赖底层的 TCP/IP 网络，会发生消息丢失或重复，主要用于周期性的监测数据采集上报场景，在此场景中，丢失一次数据无关紧要，因为一定周期后就会再次发送监测的数据。

b.“至少一次”：传输过程中，确保消息到达，但可能会发生消息重复发送接收的情况。

c.“只有一次”：确保消息到达一次，即确保用户收到且只会收到一次。主要用于消息重复或丢失会导致系统运行不正确的场景，如计费系统、报警系统等。

⑤小型传输，MQTT 协议的开销很小，固定长度的头部是 2 字节，协议交换最小化，减少了网络流量的占用。

⑥使用 Last Will 和 Testament 特性通知客户端异常中断的机制。其中，Last Will（“遗言”机制）用于通知同一主题下的其他设备发送“遗言”的设备已经断开了连接。Testament（“遗嘱”机制），功能类似于 Last Will。

在开发物联网应用系统的实际工作中，根据业务场景和设备类型，选择 HTTP、CoAP 或 MQTT 中间的一种协议就可以了。

【项目实例】基于协议连接设备与 ThingsBoard

本节我们通过 Windows 控制台命令来模拟设备，分别基于 HTTP、MQTT 和 CoAP 协议向 ThingsBoard 平台发送信息，实现平台设备连接的配置。我们先在 ThingsBoard 平台为用户分配一个设备，然后通过 Windows 控制台命令模拟设备，上报和更新该设备的遥测值。

任务 1　ThingsBoard 平台添加设备配置和设备

创建智能工厂资产和设备信息

本任务根据需求在 ThingsBoard 平台上添加设备配置和对应的设备。

步骤 1：添加一个“水表”的设备配置

此步骤完成设备类型的配置，在 ThingsBoard 中进行设备类型的选择。首先，单击页面左侧“设备配置”标签；其次，在显示界面单击右上角的“+”按键，再次，在弹出菜单中单击“创建设备配置”标签；最后，按照弹出界面的提示填写待添加设备的类型信息。各环节界面如图 2-5 ~ 图 2-8 所示，当出现图 2-9 所示的界面后，表示“水表”的设备配置已经添加成功。

图 2-5

图 2-6

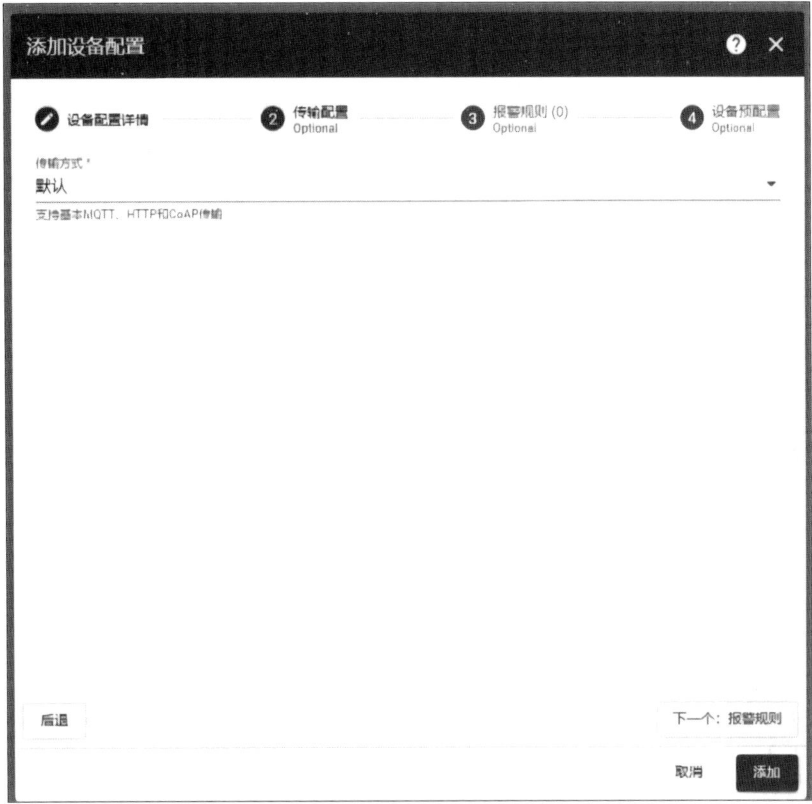
添加设备配置
设备配置详情
传输配置
Optional
报警规则 (0)
Optional
设备预配置
Optional
传输方式 *
默认
支持基本MQTT、HTTP和CoAP传输
后退
下一个：报警规则
取消
添加

图 2 – 7

添加设备配置
设备配置详情
传输配置
Optional
报警规则 (0)
Optional
设备预配置
Optional
未配置报警规则
添加报警规则
后退
下一个：设备预配置
取消
添加

图 2 – 8

步骤 2：添加设备配置

添加名为“水表 1”的设备。首先，单击左侧“设备配置”栏；然后，在显示的界面中单击右上角的“+”按键；其次，单击弹出菜单中的“添加设备”标签；最后，按照弹出界面中的提示填写待添加设备的信息。各环节界面如图 2-10 ~ 图 2-13 所示，出现如图 2-14 所示界面后，表示“水表 1”设备配置添加成功。

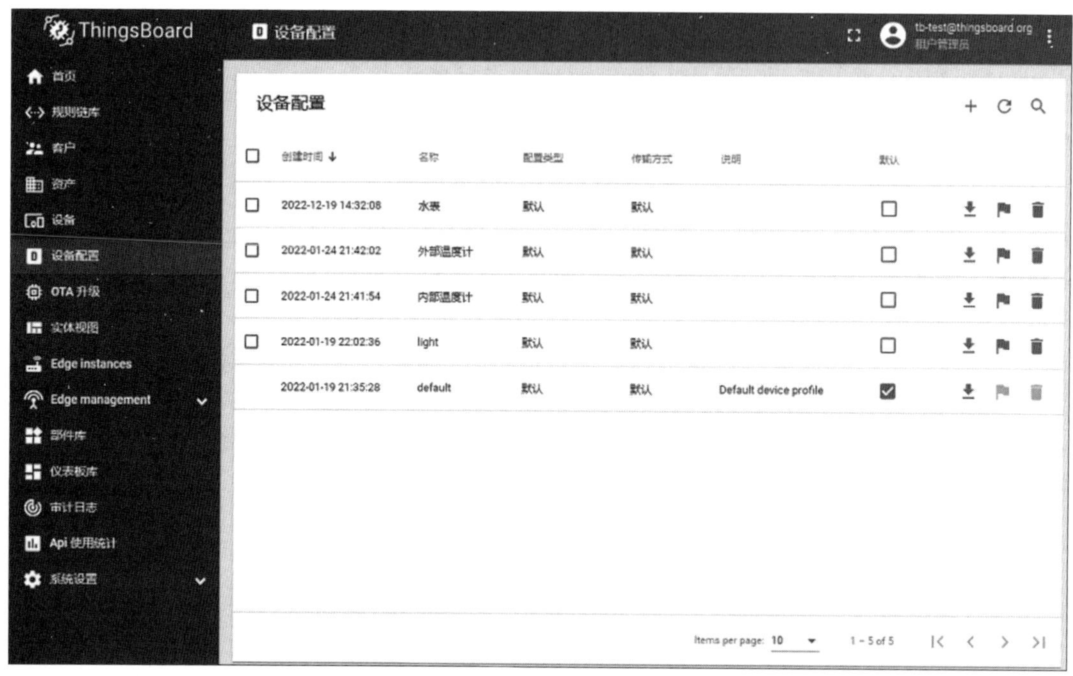

图 2-9

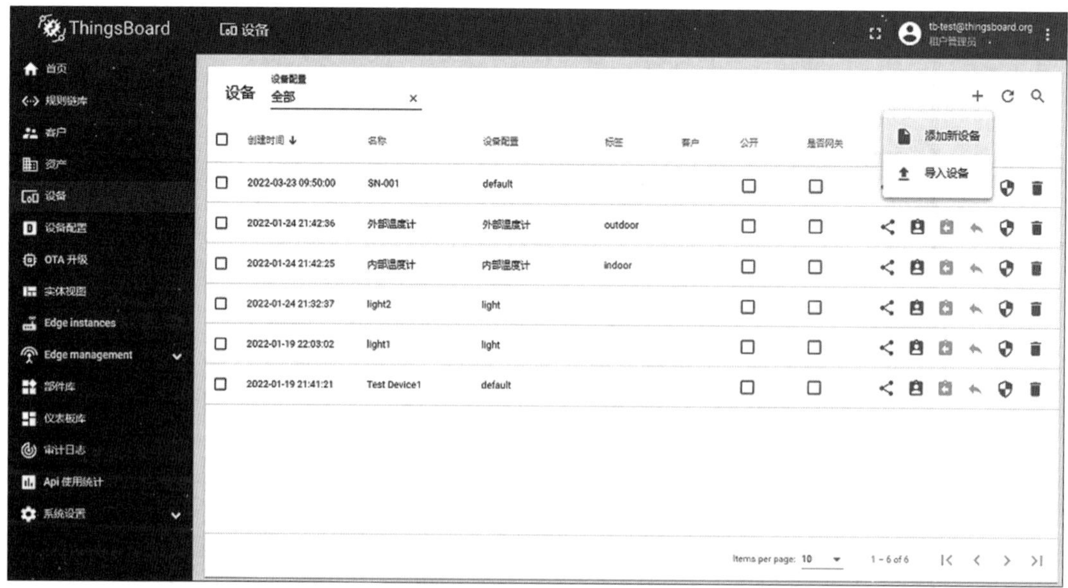

图 2-10

添加新设备
1 设备详细信息
2 凭据 Optional
3 客户 Optional
名称 *
水表1
标签
设备配置 *
选择已有设备配置
水表
新建设备配置
是否网关
说明
下一个：凭据
取消
添加

图 2-11

添加新设备
设备详细信息
2 凭据 Optional
3 客户 Optional
添加凭据
凭据类型
Access token
访问令牌 *
token_watermeter_1
后退
下一个：客户
取消
添加

图 2-12

图 2－13

图 2－14

任务 2　基于 HTTP 连接设备

本任务实现执行 HTTP 协议操作的命令行工具 curl 的安装，并借助工具实现设备基于 HTTP 协议与 ThingsBoard 的连接。

步骤 1：curl 工具安装

HTTP 连接设备

通过 curl 命令，可以基于命令行方式执行 HTTP 的请求操作，因此，curl 是物联网应用系统测试场景中常用的工具之一，在开展此任务时，首先在 Windows 环境下安装 curl 工具。

首先，从官网下载安装工具包，网址为 http://curl.haxx.se/download.html，根据操作系统选择相应类型工具包下载，本书以 Win10 的 64 位版本为例，所以，选择 64 位工具包，下载操作示例如图 2 – 15 和图 2 – 16 所示，完成下载后，在下载时选择的文件下可以看到下载好的安装文件，显示信息如图 2 – 17 所示。

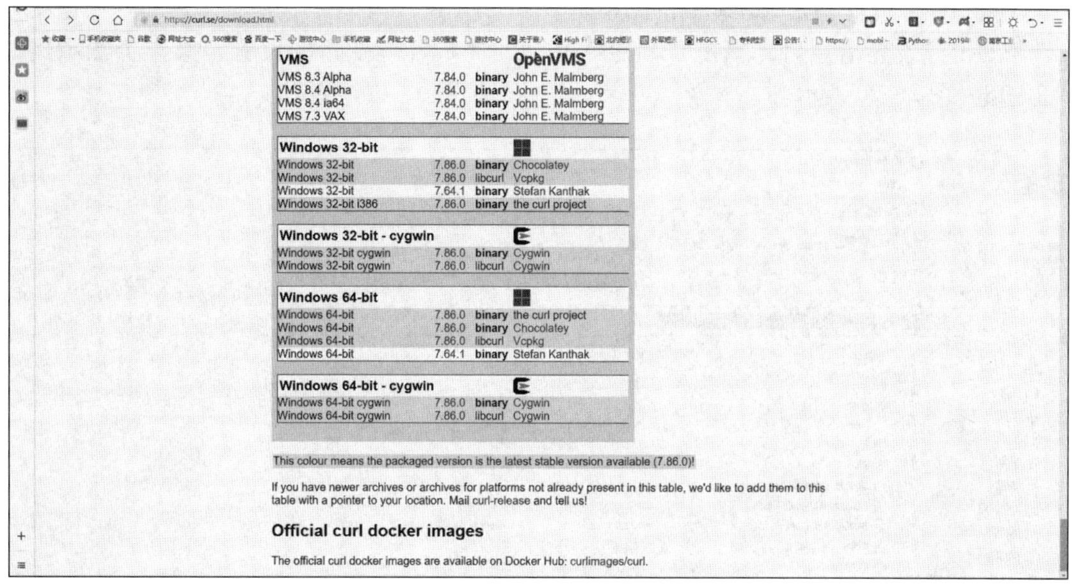

图 2 – 15

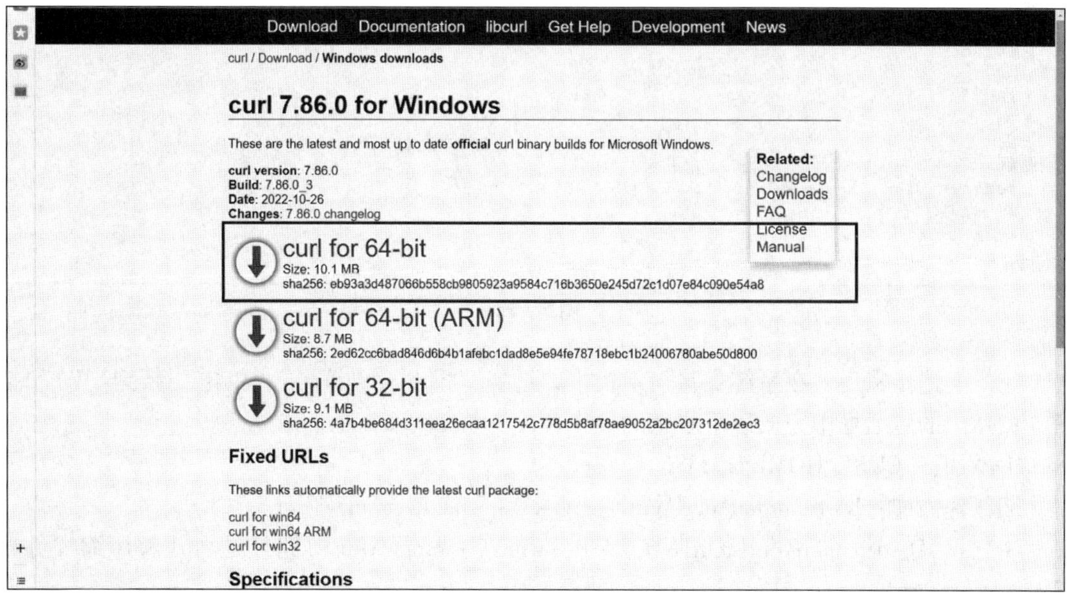

图 2 – 16

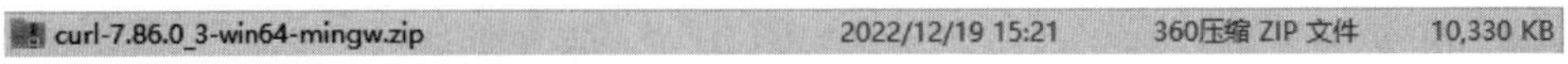

curl-7.86.0_3-win64-mingw.zip　2022/12/19 15:21　360压缩 ZIP 文件　10,330 KB

图 2－17

完成 curl 安装文件的下载后，进行 curl 工具的安装和系统环境变量的配置。首先，解压压缩文件，打开解压目录，复制所在的路径；其次，选择“我的电脑”→单击鼠标右键→选择“属性”→选择“高级系统设置”，在弹出的对话框中单击“环境变量”，打开环境变量设置对话框，在环境变量设置对话框中，新建系统环境变量，相关设置信息如下：

①变量名：填写 CURL_HOME。

②变量值：此处粘贴刚才复制的路径。

填写上述设置信息后，单击“确定”按钮，完成环境变量的设置，操作步骤示例如图 2－18～图 2－20 所示。

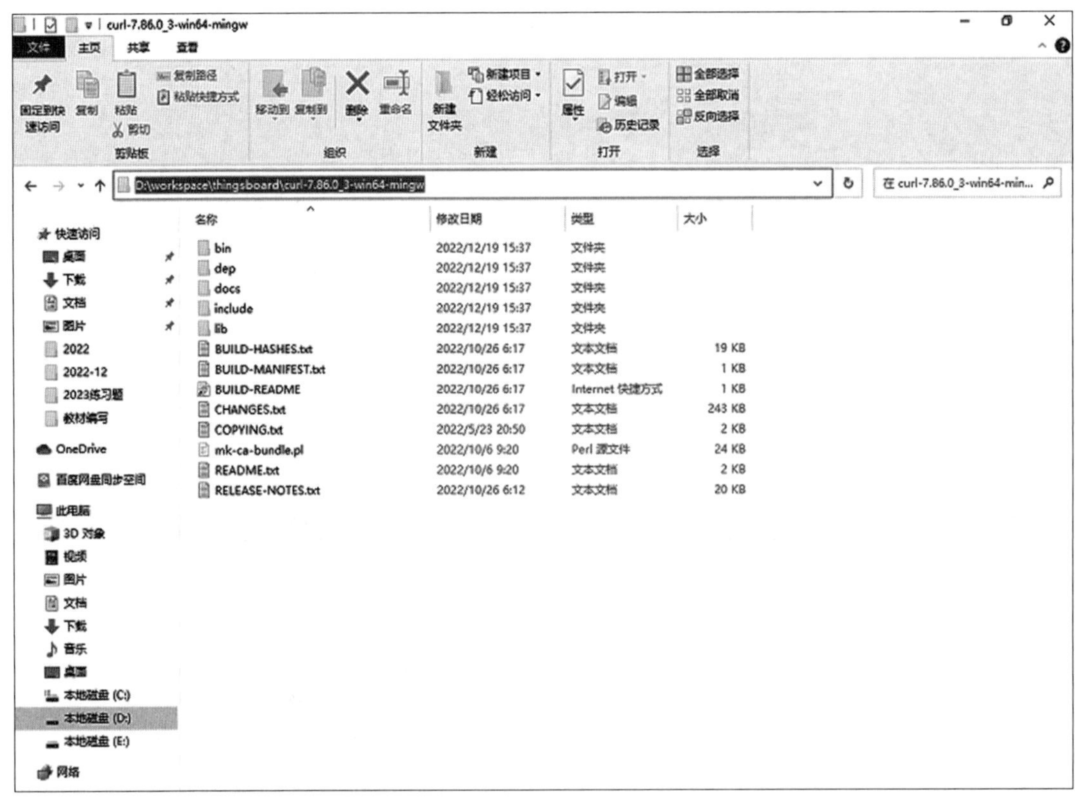

图 2－18

完成上述步骤后，在系统变量显示栏中，选择“Path”→“编辑”，单击“新建(W)”按钮，在弹出的对话框中完成以下步骤的操作：

①添加：%CURL_HOME%\I386。

②新建添加：D:\ruanjian\curl\curl－7.64.0－win64－mingw\bin。

注意：“D:\ruanjian\curl\curl－7.64.0－win64－mingw\bin”路径是 curl 解压缩文件夹里 bin 目录的地址。

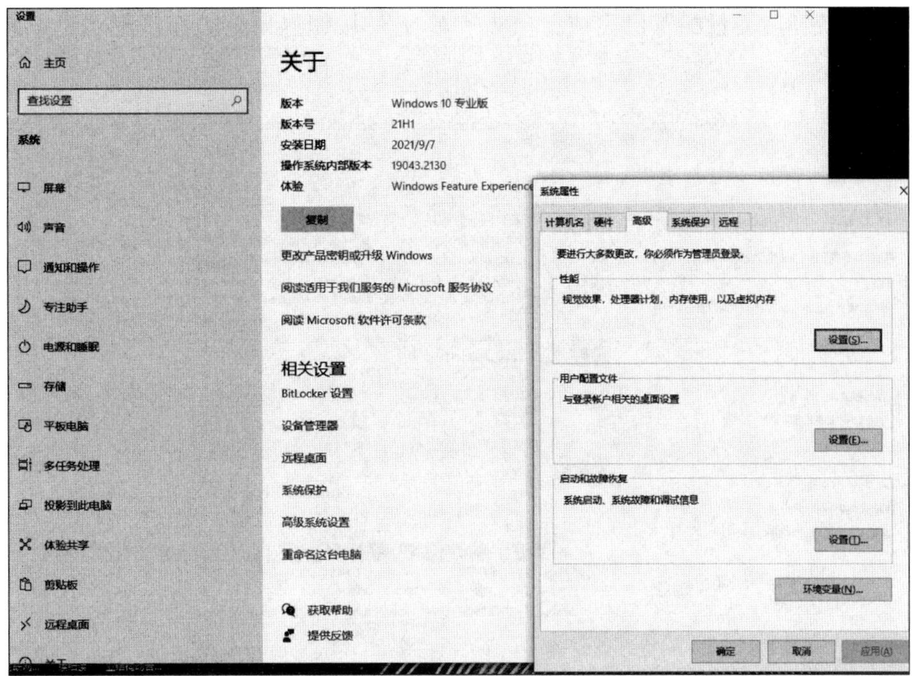
设置
主页
查找设置
系统
屏幕
声音
通知和操作
专注助手
电源和睡眠
存储
平板电脑
多任务处理
投影到此电脑
体验共享
剪贴板
远程桌面
关于
版本 Windows 10 专业版
版本号 21H1
安装日期 2021/9/7
操作系统内部版本 19043.2130
体验 Windows Feature Experience
复制
更改产品密钥或升级 Windows
阅读适用于我们服务的 Microsoft 服务协议
阅读 Microsoft 软件许可条款
相关设置
BitLocker 设置
设备管理器
远程桌面
系统保护
高级系统设置
重命名这台电脑
获取帮助
提供反馈
系统属性
计算机名 硬件 高级 系统保护 远程
要进行大多数更改，你必须作为管理员登录。
性能
视觉效果，处理器计划，内存使用，以及虚拟内存
设置(S)...
用户配置文件
与登录帐户相关的桌面设置
设置(E)...
启动和故障恢复
系统启动、系统故障和调试信息
设置(T)...
环境变量(N)...
确定
取消
应用(A)

图 2－19

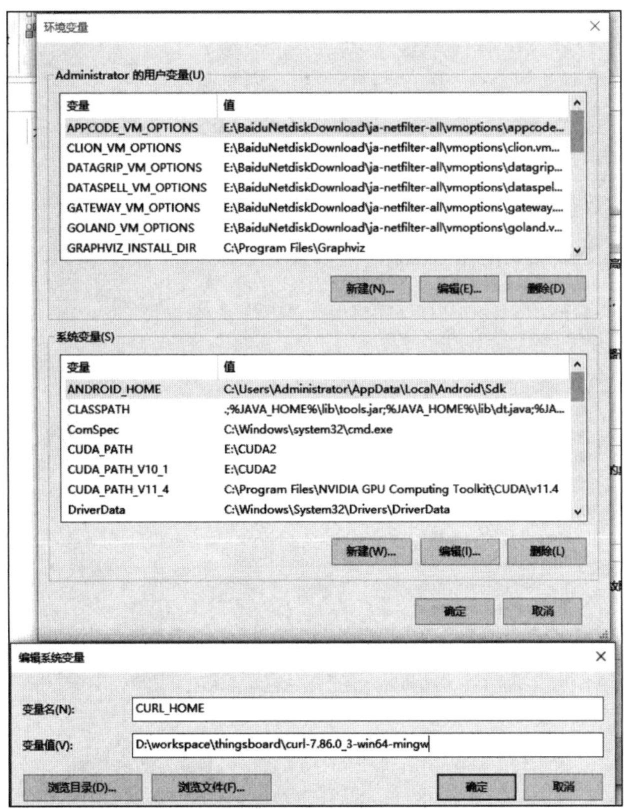
环境变量
Administrator 的用户变量(U)
变量 值
APPCODE_VM_OPTIONS E:\BaiduNetdiskDownload\ja-netfilter-all\vmoptions\appcode...
CLION_VM_OPTIONS E:\BaiduNetdiskDownload\ja-netfilter-all\vmoptions\clion.vm...
DATAGRIP_VM_OPTIONS E:\BaiduNetdiskDownload\ja-netfilter-all\vmoptions\datagrip...
DATASPELL_VM_OPTIONS E:\BaiduNetdiskDownload\ja-netfilter-all\vmoptions\dataspel...
GATEWAY_VM_OPTIONS E:\BaiduNetdiskDownload\ja-netfilter-all\vmoptions\gateway....
GOLAND_VM_OPTIONS E:\BaiduNetdiskDownload\ja-netfilter-all\vmoptions\goland.v...
GRAPHVIZ_INSTALL_DIR C:\Program Files\Graphviz
新建(N)... 编辑(E)... 删除(D)
系统变量(S)
变量 值
ANDROID_HOME C:\Users\Administrator\AppData\Local\Android\Sdk
CLASSPATH .;%JAVA_HOME%\lib\tools.jar;%JAVA_HOME%\lib\dt.java;%JA...
ComSpec C:\Windows\system32\cmd.exe
CUDA_PATH E:\CUDA2
CUDA_PATH_V10_1 E:\CUDA2
CUDA_PATH_V11_4 C:\Program Files\NVIDIA GPU Computing Toolkit\CUDA\v11.4
DriverData C:\Windows\System32\Drivers\DriverData
新建(W)... 编辑(I)... 删除(L)
确定 取消
编辑系统变量
变量名(N): CURL_HOME
变量值(V): D:\workspace\thingsboard\curl-7.86.0_3-win64-mingw
浏览目录(D)... 浏览文件(F)... 确定 取消

图 2－20

至此，系统环境变量配置已完成，单击“确定”按钮退出，操作步骤示例如图 2-21 和图 2-22 所示。

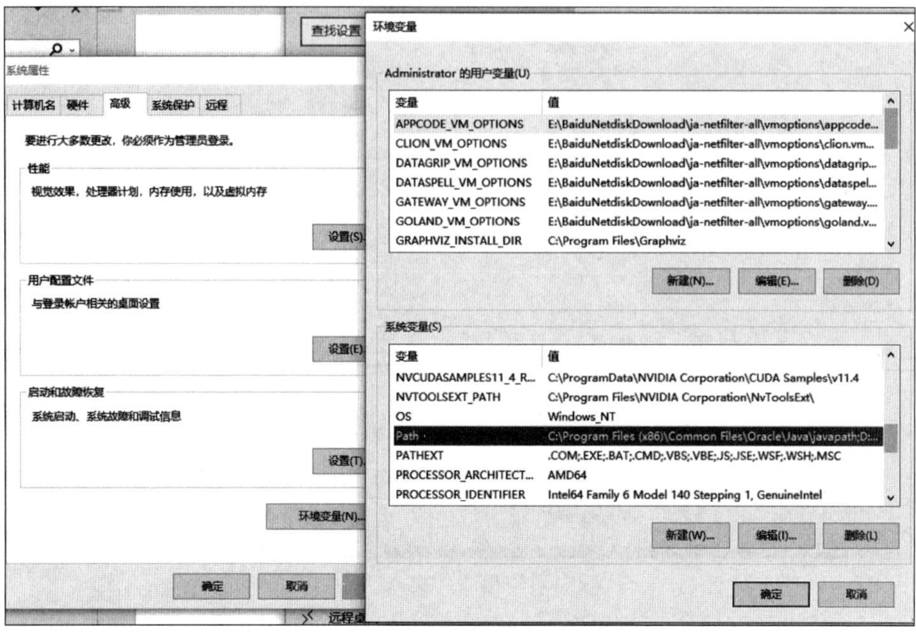

图 2-21

图 2-22

完成 curl 工具的安装和系统环境变量的配置后，先测试配置操作是否成功，首先，打开 Windows 控制台，输入“curl – V”命令，当显示如图 2 – 23 所示的信息后，表明 curl 工具已成功安装，且环境变量已成功配置，读者可以在系统的任意位置使用 curl 工具。

```
管理员: C:\Windows\system32\cmd.exe
     --tlsauthtype <type> TLS authentication type
     --tlspassword <string> TLS password
     --tlsuser <name>     TLS user name
 -1, --tlsv1              Use TLSv1.0 or greater
     --tlsv1.0            Use TLSv1.0 or greater
     --tlsv1.1            Use TLSv1.1 or greater
     --tlsv1.2            Use TLSv1.2 or greater
     --tlsv1.3            Use TLSv1.3 or greater
     --tr-encoding        Request compressed transfer encoding
     --trace <file>       Write a debug trace to FILE
     --trace-ascii <file> Like --trace, but without hex output
     --trace-time         Add time stamps to trace/verbose output
     --unix-socket <path> Connect through this Unix domain socket
 -T, --upload-file <file> Transfer local FILE to destination
     --url <url>          URL to work with
 -B, --use-ascii          Use ASCII/text transfer
 -u, --user <user:password> Server user and password
 -A, --user-agent <name>  Send User-Agent <name> to server
 -v, --verbose            Make the operation more talkative
 -V, --version            Show version number and quit
 -w, --write-out <format> Use output FORMAT after completion
     --xattr              Store metadata in extended file attributes

C:\Users\Administrator>curl -V
curl 7.83.1 (Windows) libcurl/7.83.1 Schannel
Release-Date: 2022-05-13
Protocols: dict file ftp ftps http https imap imaps pop3 pop3s smtp smtps telnet tftp
Features: AsynchDNS HSTS IPv6 Kerberos Largefile NTLM SPNEGO SSL SSPI UnixSockets

C:\Users\Administrator>
```

图 2 – 23

步骤 2：通过 curl 发送基于 HTTP 协议的水表设备开关状态和水流量信息

首先，在 Window 控制台中输入发送命令，命令格式如下：

```
curl -v -X POST -d "{\"turn\":0,\"watermeter\":60}" http://192.168.31.75:8080/api/v1/token_watermeter_1/telemetry --header "Content-Type:application/json"
```

其中“http://192.168.31.75:8080”为安装了 ThingsBoard 的虚拟机或主机的网络地址，读者根据自身实际情况修改。

当 ThingsBoard 平台的界面显示如图 2 – 24 所示的信息时，表示基于 HTTP 协议成功实现与设备的连接。

图 2 – 24

任务3　基于 MQTT 连接设备

MQTT 连接设备

本任务实现执行 MQTT 协议操作的命令行工具的安装，并借助工具实现设备基于 MQTT 协议与 ThingsBoard 的连接。

步骤1：MQTT 命令行工具安装

首先在系统中安装 node. js 服务，完成安装后，在 Windows 控制台中输入“npm install mqtt -g”命令，完成 Windows 系统环境下 MQTT 命令行工具的安装设置。

步骤2：通过 MQTT 发送信息至 ThingsBoard 平台

在 Window 控制台中输入 MQTT 消息发布指令，发送监测水表的经纬度信息给 ThingsBoard 平台，指令格式为：

```
mqtt pub -v -h "192.168.31.75" -p 1883 -t "v1/devices/me/telemetry" -u "token_watermeter_1" -m "{"latitude":"12.54845664","longitude":"116.06455184"}"
```

其中“http://192. 168. 31. 75:8080”为安装了 ThingsBoard 的虚拟机或主机的网络地址，读者根据自身实际情况修改。

当 ThingsBoard 平台界面显示如图 2-25 所示的信息时，表示基于 MQTT 协议成功实现与设备的连接，测试成功。

图 2-25

由于 MQTT 协议已经成为事实上的物联网标准，本书后面章节的操作都使用 MQTT 协议来进行。

任务 4　基于 CoAP 连接设备

CoAP 连接设备

本任务实现执行 CoAP 协议操作的命令行工具的安装，并借助工具实现设备基于 CoAP 协议与 ThingsBoard 的连接。

步骤 1：CoAP 命令行工具安装

首先安装 node. js，完成后，在 Windows 控制台中输入“npm install coap – cli – g”指令，完成 Windows 系统下 CoAP 命令行工具的安装设置。

步骤 2：使用 CoAP 发送信息至 ThingsBoard 平台

在 Windows 控制台窗口中输入指令，发送水表监测设备的电量信息给 ThingsBoard 平台，指令示例如下：

```
coap post coap://192.168.31.75:5683/api/v1/token_watermeter_1/telem-
etry -p "{"battery":60}"
```

其中“http://192. 168. 31. 75:8080”为安装了 ThingsBoard 的虚拟机或主机的网络地址，读者根据自身实际情况修改。

当 ThingsBoard 平台界面显示如图 2 – 26 所示的信息时，表示基于 CoAP 成功连接设备，测试成功。

图 2 – 26

【项目小结】

本项目以完成水表设备的监测为例，讲解如何基于物联网应用领域常用的传输协议连接设备与 ThingsBoard 平台服务器，并上传监测数据。让读者了解 ThingsBoard 平台设备配置，添加相关的基础操作，并对 HTTP、MQTT 和 CoAP 三类物联网领域常用传输协议建立基本概念和认识。

【项目评价】

项目评价表如表 2 –4 所示。

表 2 –4　项目评价表

评价类型	赋分	序号	评价指标	分值	得分			
					自评	组评	师评	拓展评价
职业能力	60	1	设备及设备配置添加正确	10				
		2	curl 工具安装正确	10				
		3	基于 HTTP 接入平台正确	10				
		4	MQTT 工具安装正确	10				
		5	基于 MQTT 接入平台正确	10				
		6	CoAP 工具安装正确	5				
		7	基于 CoAP 接入平台正确	5				
职业素养	20	1	课前预习	10				
		2	遵守纪律	5				
		3	编程规范性	5				
劳动素养	10	1	工作过程记录	5				
		2	保持环境整洁卫生	5				
思政素养	10	1	完成思政素材学习	5				
		2	团结协作	5				
合计				100				

【巩固练习】

(1) 在 ThingsBoard 平台上添加“路灯”设备类型和设备，并分别基于 HTTP、MQTT 和 CoAP 三类协议实现亮度、开关状态、位置信息三类监测数据的上传。

(2) 某园区拟对区内井盖的位置、闭合状态及其井内的温湿度、水深情况进行监测，基于此项目需求信息，完成 ThingsBoard 平台上信息的配置，并选择合适的协议，实现监测数据的上传。

项目 3

数据可视化操作

【学习导读】

本项目以工厂的用水量监控为例，讲解如何基于 ThingsBoard 平台实现接入设备数据的可视化处理。模拟的水表遥测数据，通过仪表板的配置操作，实现对遥测数据的可视化管理、展示和告警。主要内容包括 ThingsBoard 仪表盘的创建和配置操作、仪表盘的常见使用方法、告警触发设置的配置操作。

【学习目标】

（1）了解和掌握 ThingsBoard 资产、仪表板的创建和编辑方法。

（2）掌握 ThingsBoard 平台的地图、数据展示、时间序列及告警等常用仪表组件的配置方法。

（3）具备分析问题和解决问题的能力。

【相关知识/预备知识】

一、JSON 基本概念

JSON 全称为“JavaScript Object Notation”，是一种轻量级的数据交换格式，用来存储和传输数据，JSON 通常是用来进行前后端数据交互的一种数据格式。

任何 JavaScript 支持的数据类型都可以通过 JSON 来表示，如字符串、数字、对象、数组等。但是对象和数组是比较特殊且常用的两种类型。

①对象：如前面项目章节所述，对象是在 JavaScript 中使用花括号 {} 括起来的键值对，并且值的类型可以是任意类型。

②数组：如前面项目章节所述，数组在 JavaScript 中是方括号［］括起来的内容。在 JavaScript 中，数组是可以通过索引查找的数据类型。同样，数组内部值的类型可以是任意类型。

因此，在 JSON 中，属性名称或键都是字符串格式的（需要使用英文的双引号括起来），而值则可以是任意类型。

举例：

```
{
    "学生姓名":"张三",
    "学生年龄":20,
    "学生性别":"男",
    "学号":"001",
    "联系方式":{
      "电话":"1234567890"
    },
    "成绩":[
    {
      "科目":"数学",
      "分数":90
    },
    {
      "科目":"英语",
      "分数":85
    }
  ]
}
```

在基于 MQTT 协议发送数据时，通常以 JSON 格式发送，在服务器平台通过调用 JavaScript 的函数进行解析，示例代码如下：

```
var json = '{"学生姓名":"张三","学生年龄":20,"学生性别":"男","学号":"001","联系方式":{"电话":"1234567890"},"成绩":[{"科目":"数学","分数":90},{"科目":"英语","分数":85}]}';
var obj = JSON.parse(json);
console.log(obj.学生姓名);
console.log(obj.成绩);
```

结果如图 3－1 所示。

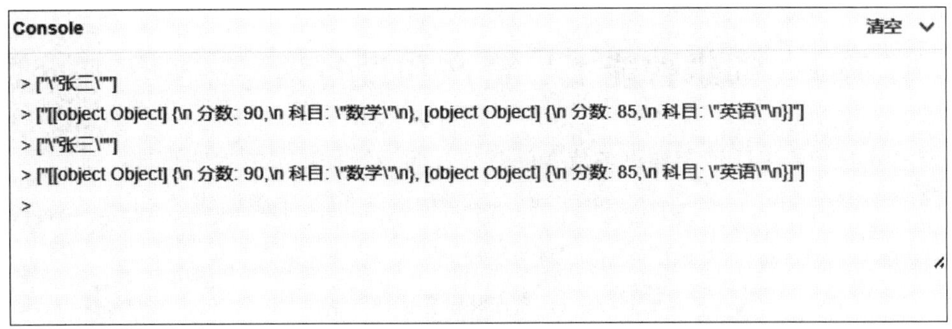

图3-1

二、将数据转换为JSON

在开发过程中，有时我们需要将数据转换为JSON格式，方便客户端与服务器端进行数据交互。JavaScript中提供了JSON.stringify()方法来将JavaScript值转换为JSON格式，如下例所示：

```
var obj = {
          "name":"JavaScript",
          "url":"http://www.ithingsboard.com/",
          "year":2023,
          "genre":"Getting Started tutorial"
     };
var json = JSON.stringify(obj);
document.write(json);
```

运行结果如下：

```
{"name":"JavaScript","url":"http://www.ithingsboard.com/","year":
2023,"genre":"Getting Started tutorial"}
```

注意：虽然JavaScript对象与JSON对象看起来非常相似，但它们并不相同，例如在JavaScript中，对象的属性名称可以用单引号''或双引号""括起来，也可以完全省略引号。但是，在JSON中，所有属性名称都必须用双引号括起来。

【项目实例】ThingsBoard平台多设备接入和数据可视化处理的实现

本节通过Windows控制台命令来模拟多个设备基于MQTT协议向ThingsBoard平台发送数据。通过对ThingsBoard平台资产信息、设备信息的配置以及仪表板各类组件的编辑，实现接入数据的可视化。

任务1　创建智能工厂资产和设备信息

创建资产和设备信息

本任务实现智能工厂资产和设备信息的创建，假设智能工厂有三个厂区分别为A，B，C，每个厂区各有一个水表，资产和设备信息详情如表3－1所示。

表3－1　资产和设备信息详情

序号	实体名称	实体类型	实体标签	实体服务属性	
				键名称	键值类型
1	区域A	资产	厂区	地址	字符串
				经度	双精度小数
				纬度	双精度小数
2	区域B	资产	厂区	地址	字符串
				经度	双精度小数
				纬度	双精度小数
3	区域C	资产	厂区	地址	字符串
				经度	双精度小数
				纬度	双精度小数
4	水表A	设备	水表	water_consumption	双精度小数
5	水表B	设备	水表	water_consumption	双精度小数
6	水表C	设备	水表	water_consumption	双精度小数

步骤1：创建智能工厂的资产信息

单击左侧的“资产”栏目，进入“资产”配置页面，资产配置页面如图3－2所示，在配置页面上单击“＋”按键，选择“添加新资产”选项。在弹出的资产添加页面，填写资产名称和资产类型，填写完成后单击“添加”按钮，区域A资产添加完成，如图3－3所示。

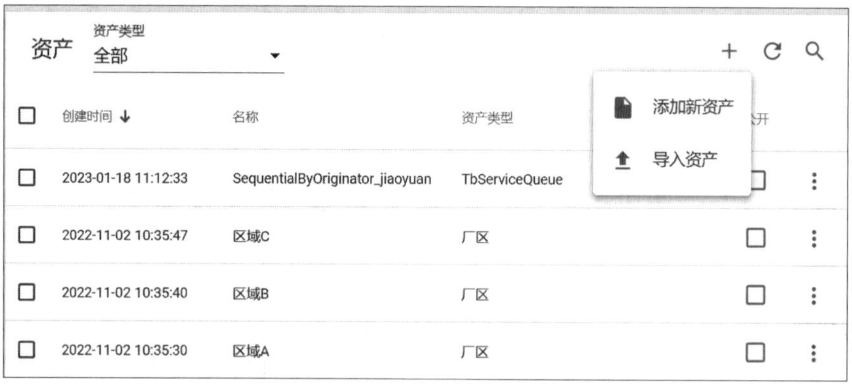

图3－2

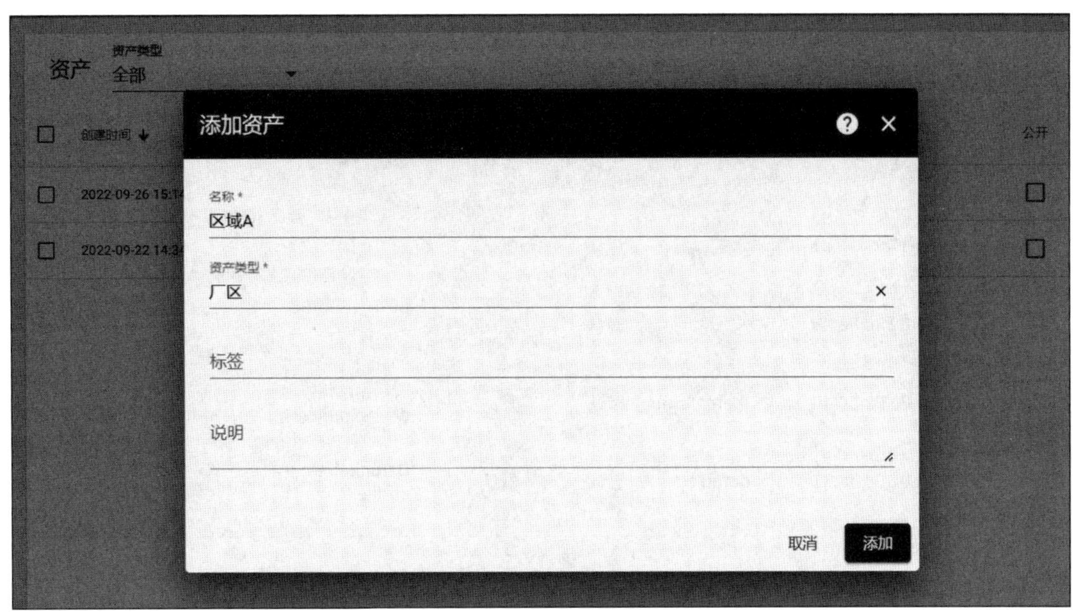

图3－3

同样的操作，添加区域B和区域C的厂区资产信息，添加完成后，资产列表页展示如下，表示三个资产添加成功，如图3－4所示。

资产　资产类型 全部

创建时间 ↓	名称	资产类型	标签	客户	公开
2022-11-02 10:35:47	区域C	厂区			☐
2022-11-02 10:35:40	区域B	厂区			☐
2022-11-02 10:35:30	区域A	厂区			☐

图3－4

步骤2：创建智能工厂的设备配置

单击左侧的“设备配置”栏目，参考项目2步骤1所述步骤创建水表设备配置，如图3－5和图3－6所示。

步骤3：创建智能工厂的设备

单击左侧的“设备”栏目，参考项目2步骤1所述步骤创建新的水表设备，输入设备

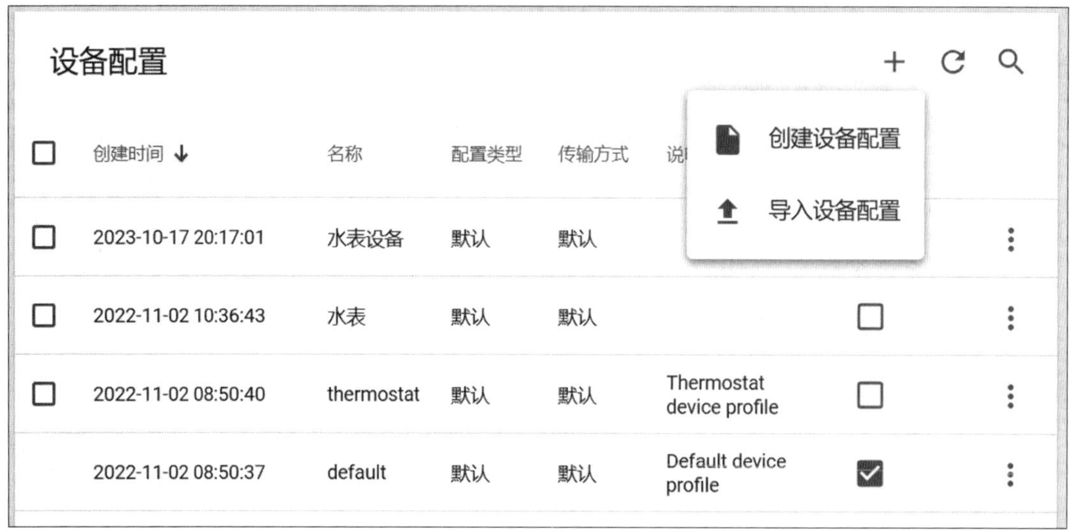

图 3－5

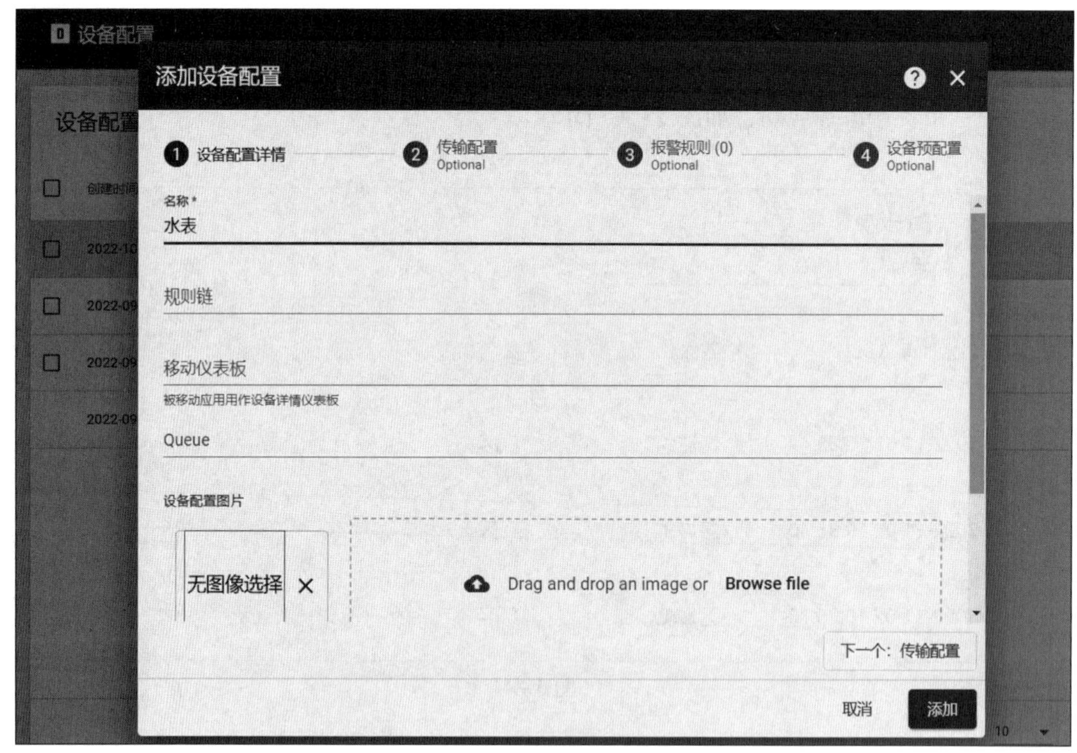

图 3－6

名称，设备配置选择步骤 2 创建的设备配置，如图 3－7 和图 3－8 所示。在凭据配置页面，勾选“添加凭据”，凭据类型选择为“Access token”，访问令牌可自定义为“token_watermeter_A”。单击“添加”按钮，水表 A 设备添加完成，如图 3－9 所示。

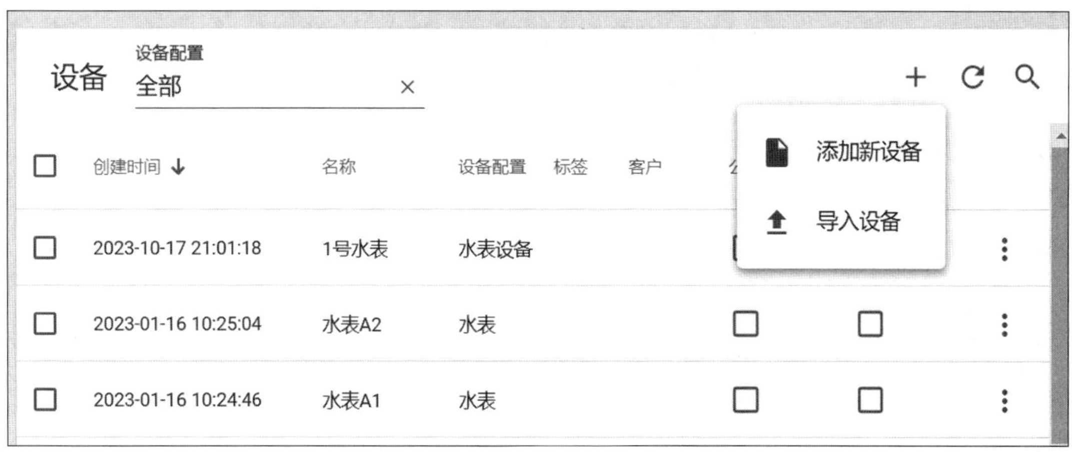

图3-7

图3-8

同样的操作，添加设备B和设备C的水表设备信息，访问令牌可分别设置为“token_watermeter_B”“token_watermeter_C”，添加完成后，资产列表页展示如图3-10所示，表示三个资产添加成功。

步骤4：定义资产和设备的关系

单击左侧的“资产”栏目，找到“区域A”的资产，并单击，进入“区域A”的资产

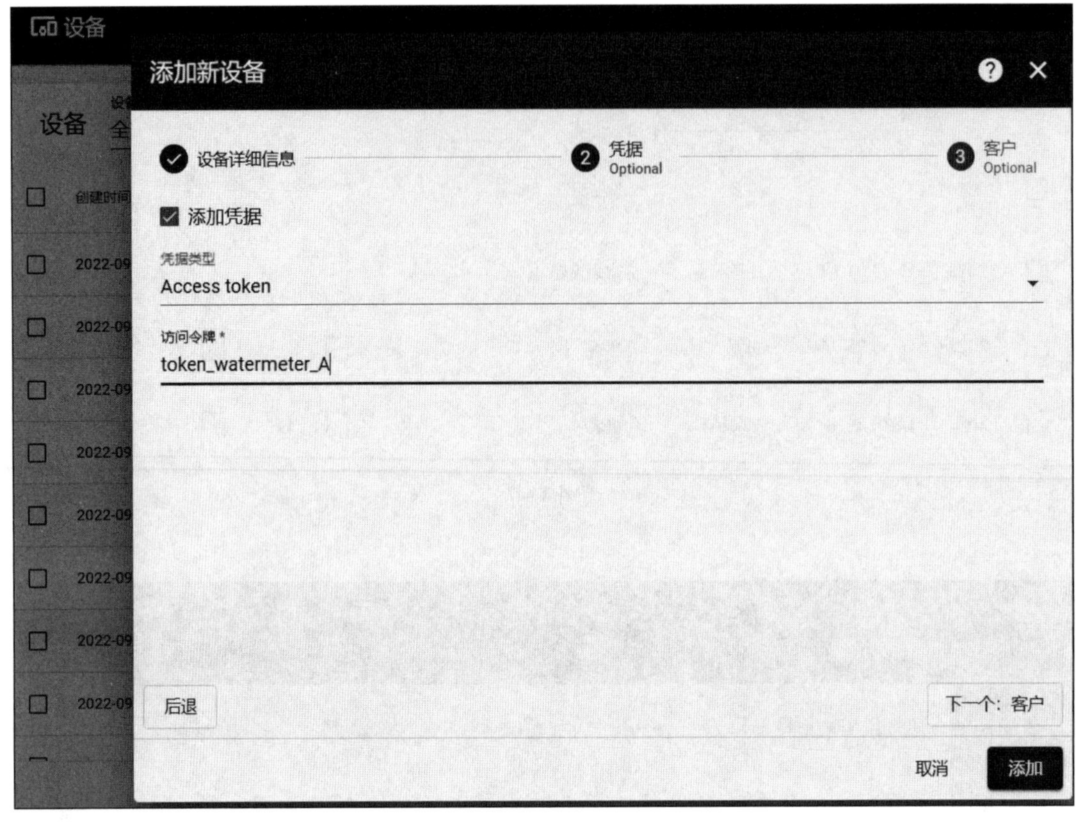

图 3－9

设备　　设备配置：全部

创建时间	名称	设备配置	标签	客户	公开	是否网关
2022-11-02 10:38:42	水表C	水表	水表标签		☐	☐
2022-11-02 10:38:16	水表B	水表	水表标签		☐	☐
2022-11-02 10:37:27	水表A	水表	水表标签		☐	☐

图 3－10

详情页面，如图 3－11 所示，在资产详情页单击“关联”页签，并单击下方的“＋”按键，创建新的关联关系。在弹出的“添加关联”页面中，关联类型选择“Contains”，选择“关联到实体”，实体类型为“设备”，并选择步骤 3 中创建的设备“水表 A”，单击“添加”按钮，如图 3－12 所示。添加成功后如图 3－13 所示，表示已经创建了资产和设备的关联关系，即区域 A 和水表 A 的关联关系。

同样的操作，对区域 B 和水表 B，区域 C 和水表 C 进行关联。

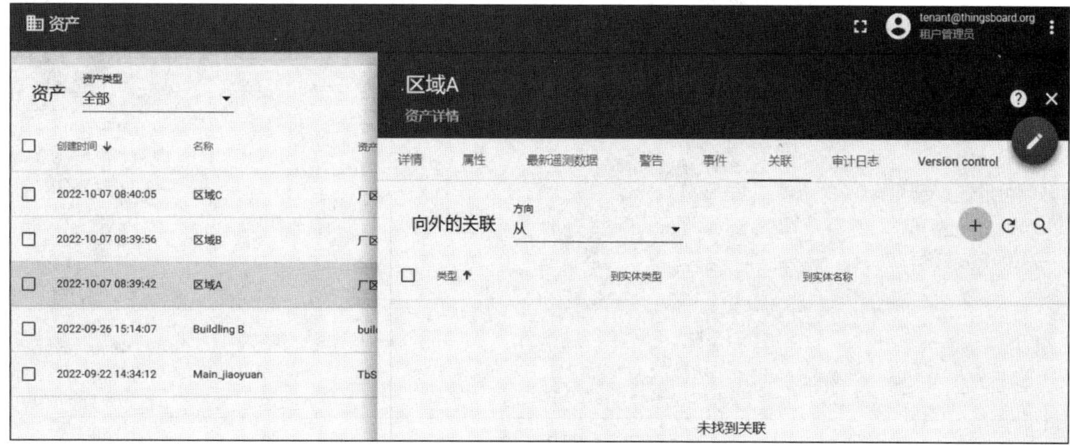

图 3－11

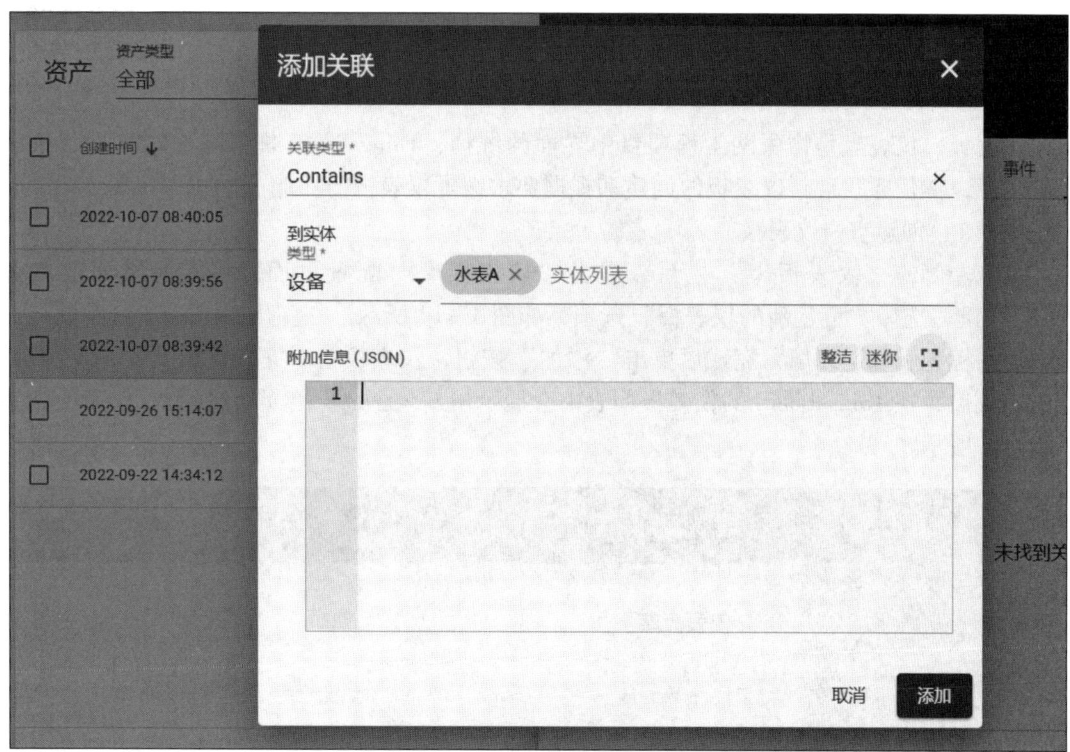

图 3－12

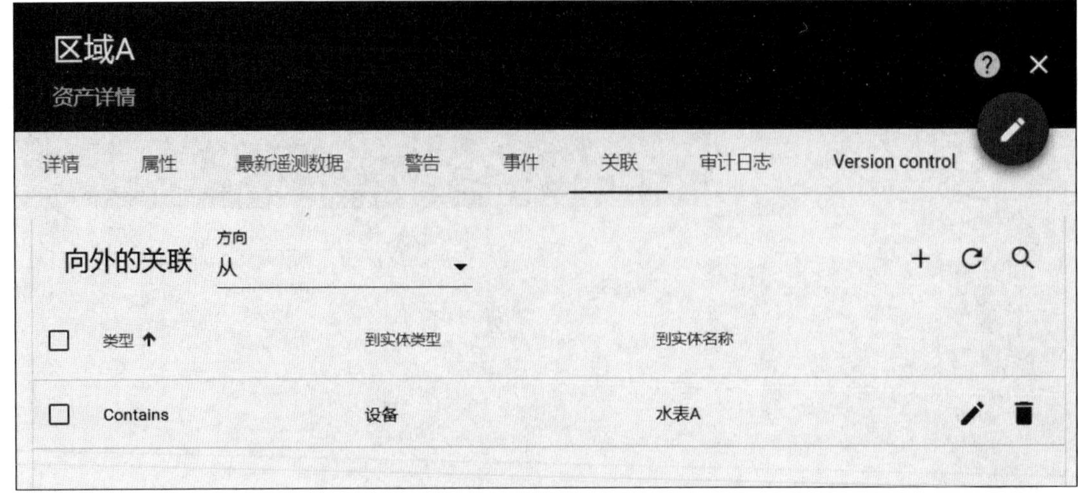

图 3－13

任务 2　创建和编辑仪表板

创建和编辑仪表板

仪表板、仪表盘是物联网工程项目中界面的统称，ThingsBoard 提供了自定义项目仪表板的功能，本任务实现新仪表板的创建和根据要求编辑仪表板的功能。

步骤 1：创建空白仪表板

单击左侧的“仪表板库”栏目，进入“仪表板库”配置页面，在配置页面上单击“＋”按键，选择“创建新的仪表板”选项，如图 3－14 所示。在弹出的“添加仪表板”页面，填写标题和说明，填写完成后单击“添加”按钮，仪表板新增完成，如图 3－15 所示。新增完成后，在 ThingsBoard 的仪表板列表中会展示出新增的“厂区水表监测”仪表板，如图 3－16 所示。

图 3－14

图 3 – 15

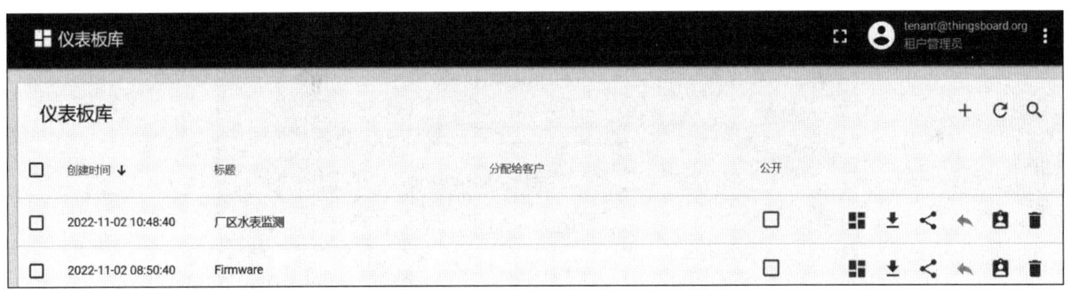

图 3 – 16

在 ThingsBoard 的仪表板列表中，单击“打开仪表板”图标，会进入仪表板详情页。需要注意的是，新创建的仪表板是没有配置任何部件的，如图 3 – 17 所示。

步骤 2：编辑仪表板

在“厂区水表监测”仪表板详情页，单击右下角的“编辑”按钮，进入仪表板编辑状态。在仪表板的编辑状态，可以添加实体别名和新的部件等，如图 3 – 18 所示。具体步骤我们将在后续任务中详述。

图 3 – 17

图 3 – 18

任务 3　使用地图组件实现数据可视化

地图可视化

本任务实现基于地图组件进行数据可视化展示的操作。

步骤 1：创建厂区的位置属性

单击左侧的“资产”栏目，进入“资产”列表页面，找到“区域 A”的资产，并单击，进入“区域 A”的资产详情页面，如图 3 – 19 所示，在资产详情页单击“属性”页签，并单击右侧的“ + ”按键，创建新的服务端属性。下面为资产“区域 A”创建地址、经度、纬度三个服务端属性。

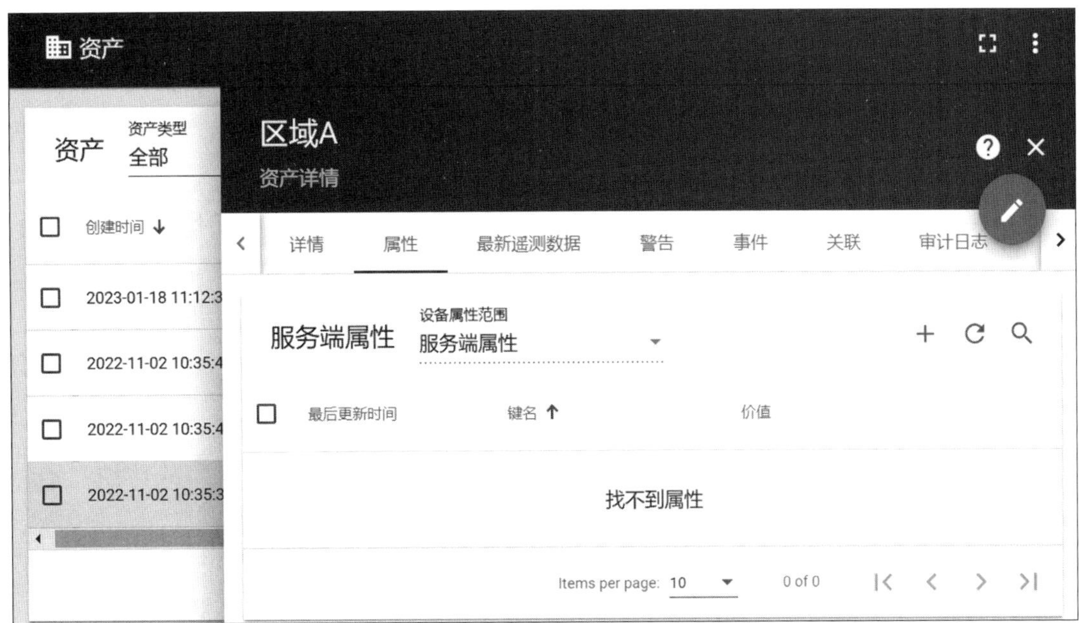

图 3 - 19

①添加属性键名为“地址”，值类型为“字符串”，字符串值为“新城市新街道 A 区”，单击“添加”按钮，如图 3 - 20 所示。

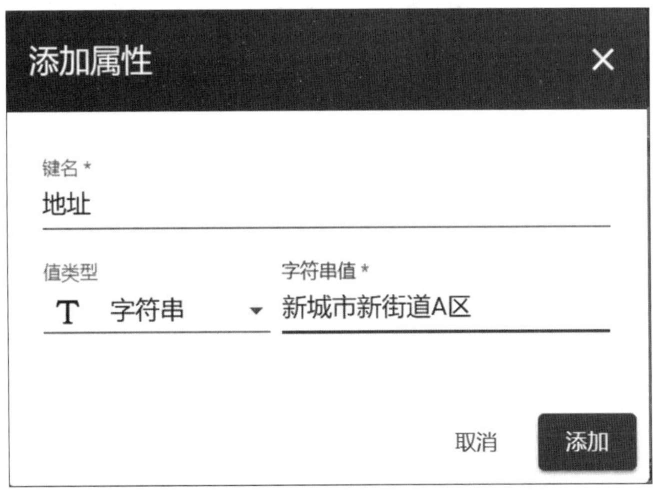

图 3 - 20

②添加属性键名为“经度”，值类型为“双精度小数”，字符串值可自行定义，单击“添加”按钮，如图 3－21 所示。

图 3－21

③添加属性键名为“纬度”，值类型为“双精度小数”，字符串值可自行定义，单击“添加”按钮，如图 3－22 所示。

图 3－22

区域 A 的三个属性新增完成后如图 3－23 所示，单击橙色对号按钮保存修改。按照同样的操作，添加区域 B 和区域 C 的位置属性。

步骤 2：添加仪表板实体别名

每个仪表板中的组件要显示的数据源，需要通过定义实体别名定义。进入“厂区水表监测”仪表板详情页，如图 3－17 所示，单击右下角的“编辑”按钮，进入仪表板编辑状态。单击“实体别名”按钮，新增仪表板实体别名。在弹出的“实体别名”

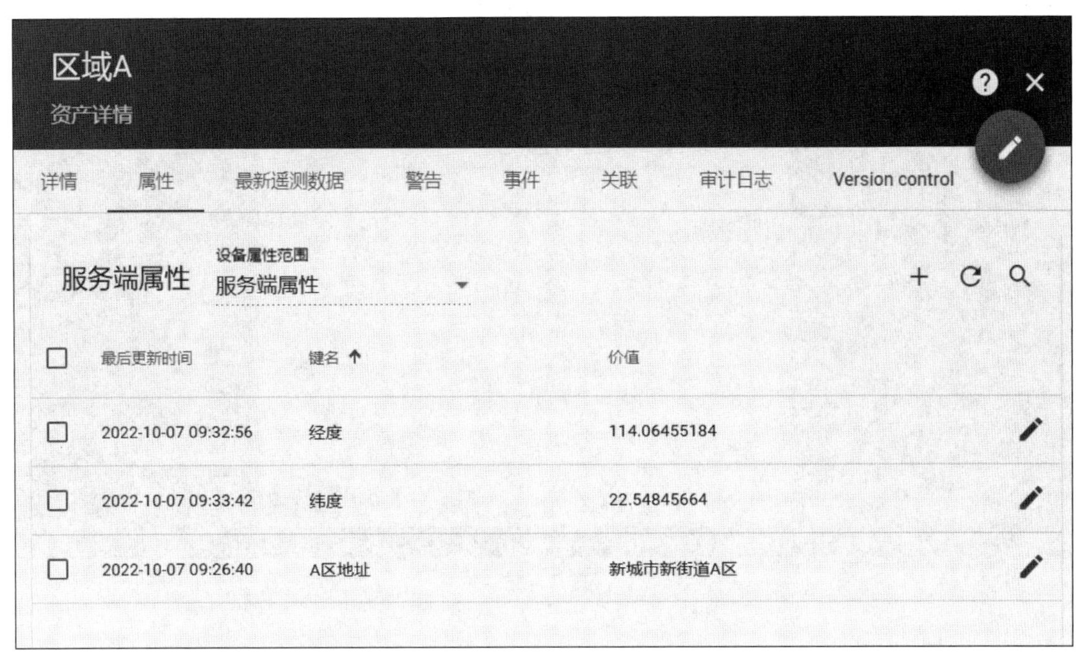

图 3－23

页面，单击“添加别名”按钮，如图 3－24 所示。填写别名为“厂区地理位置”，筛选器类型为“资产类型”，资产类型选择项目 3 任务 1 步骤 1 中创建的资产类型“厂区”，单击“添加”按钮完成添加，如图 3－25 所示。添加完成后的界面如图 3－26 所示。

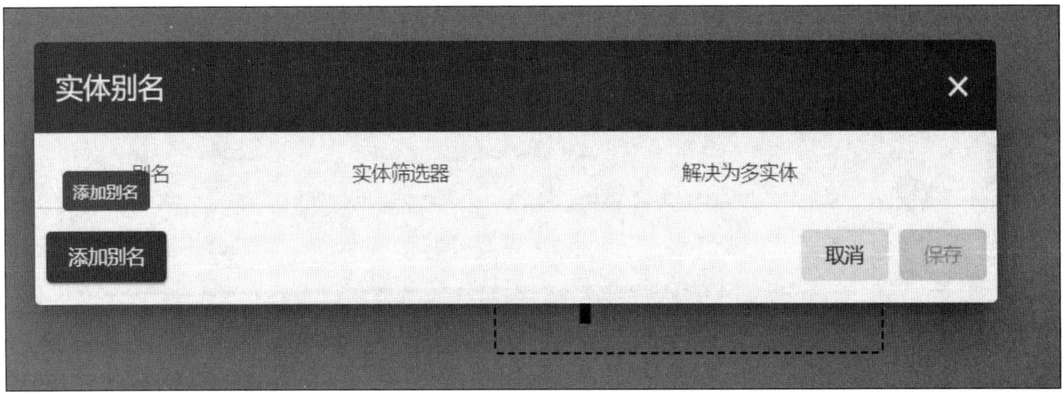

图 3－24

图 3 - 25

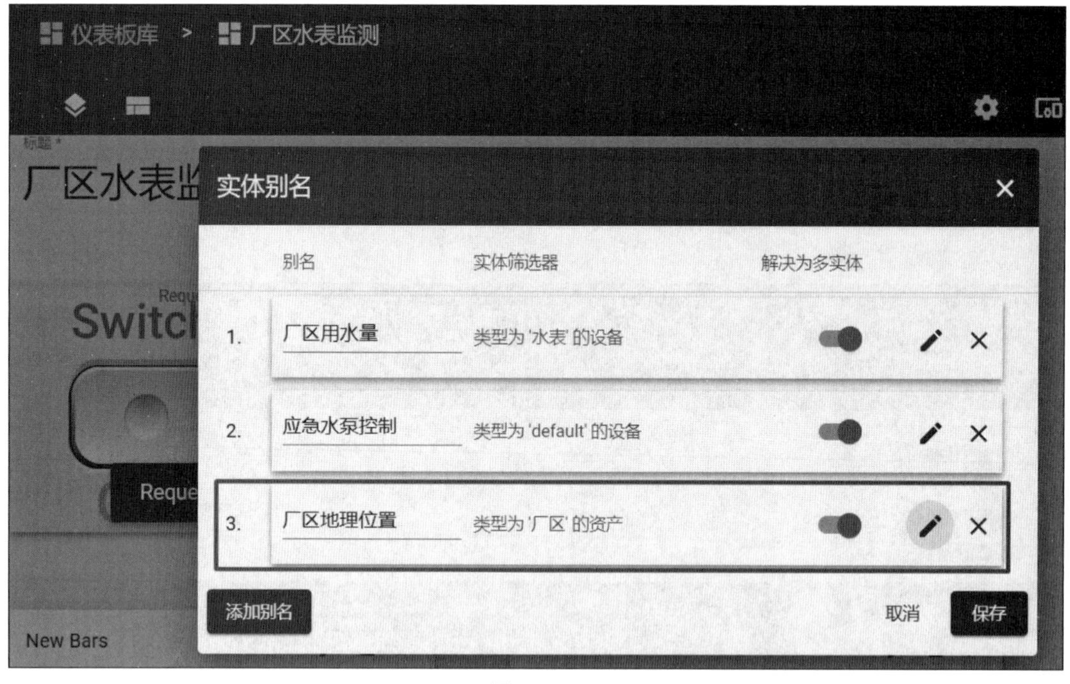

图 3 - 26

回到仪表板编辑状态界面，单击右下角橙色对号按钮保存修改，如图 3 - 27 所示。

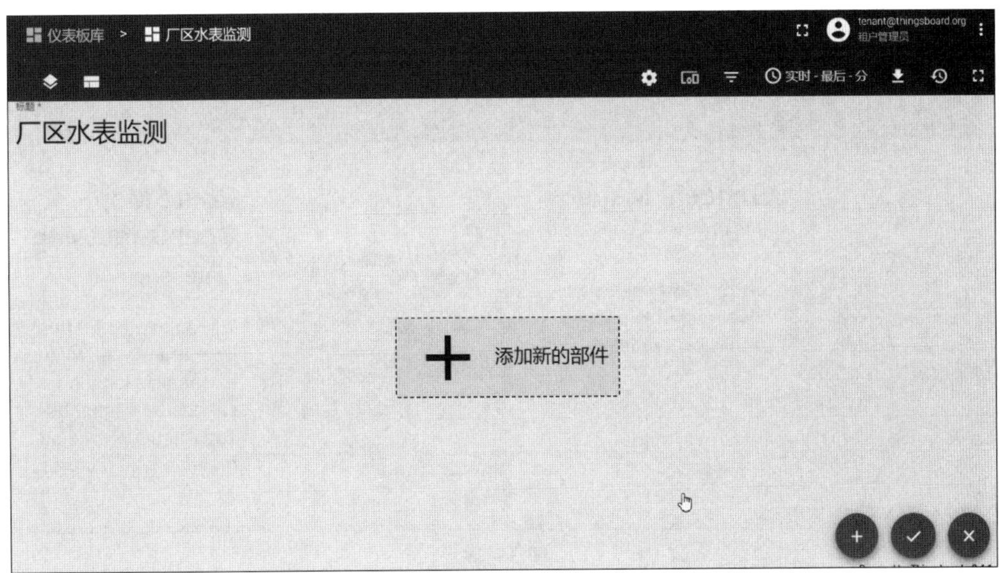

图3-27

步骤3：添加地图组件

进入如图3-18所示的仪表板编辑状态界面，单击“添加新的部件”按钮，页面右侧展示出“选择部件包”页面，如图3-28所示。在展示的“选择部件包”页面，选择Maps标签，进一步选择地图中的Tencent Maps（腾讯）部件，如图3-29所示。

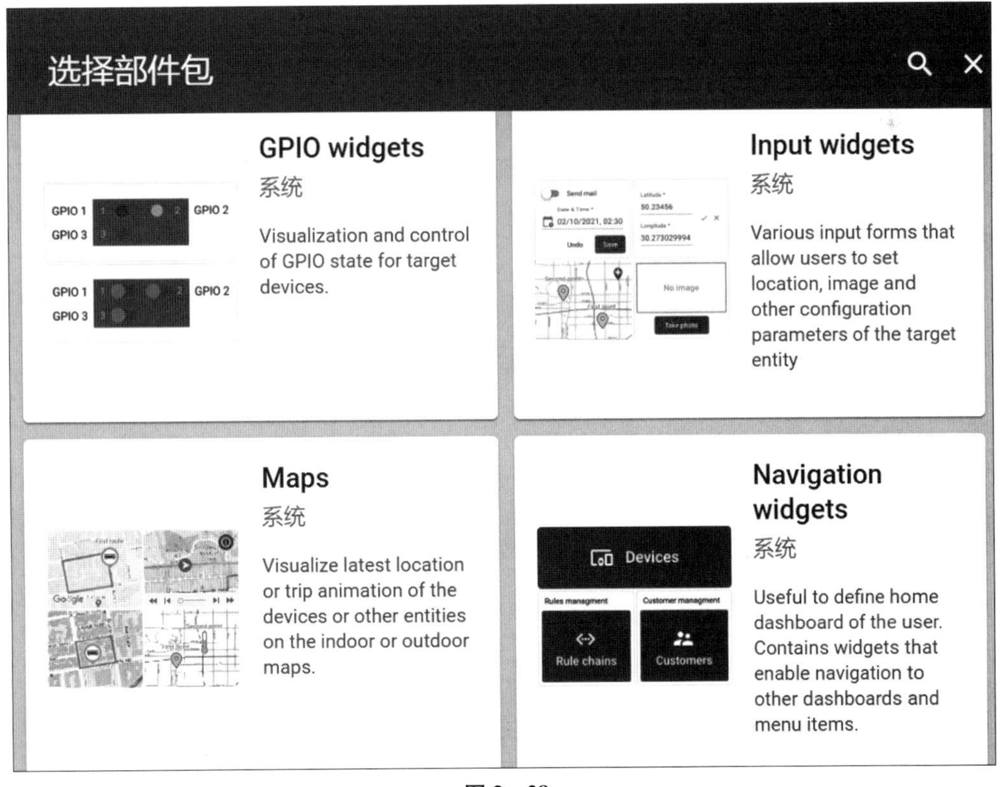

图3-28

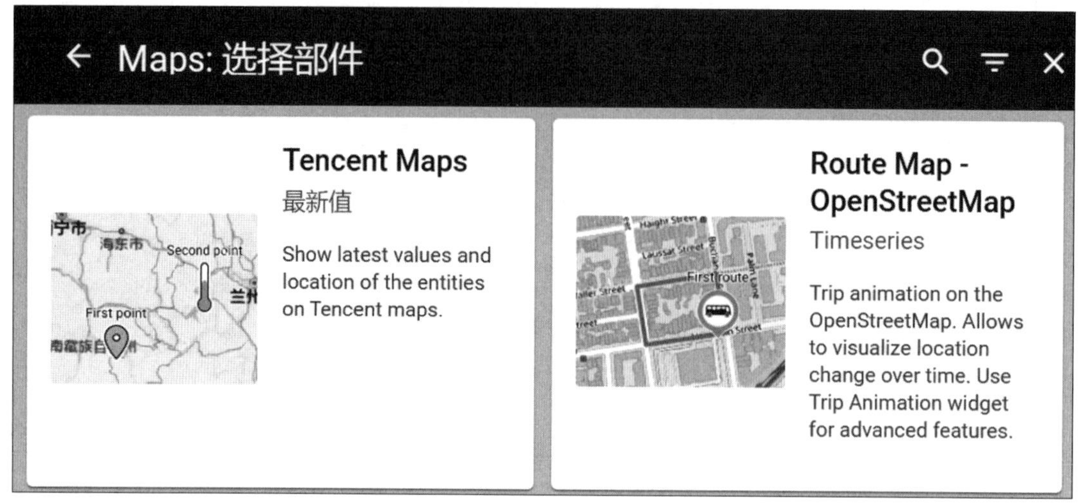

图 3－29

在弹出的“添加部件”页面为实体组件添加数据源，如图 3－30 所示。数据源类型选择“实体”，实体别名为步骤 2 中创建的实体别名“厂区地理位置”，后面会自动关联出步骤 1 中创建的厂区的三个属性，如图 3－31 所示。

添加部件: Tencent Maps

数据　设置　高级　Actions

数据源

请添加数据源

＋ 添加

Data settings

取消　添加

图 3－30

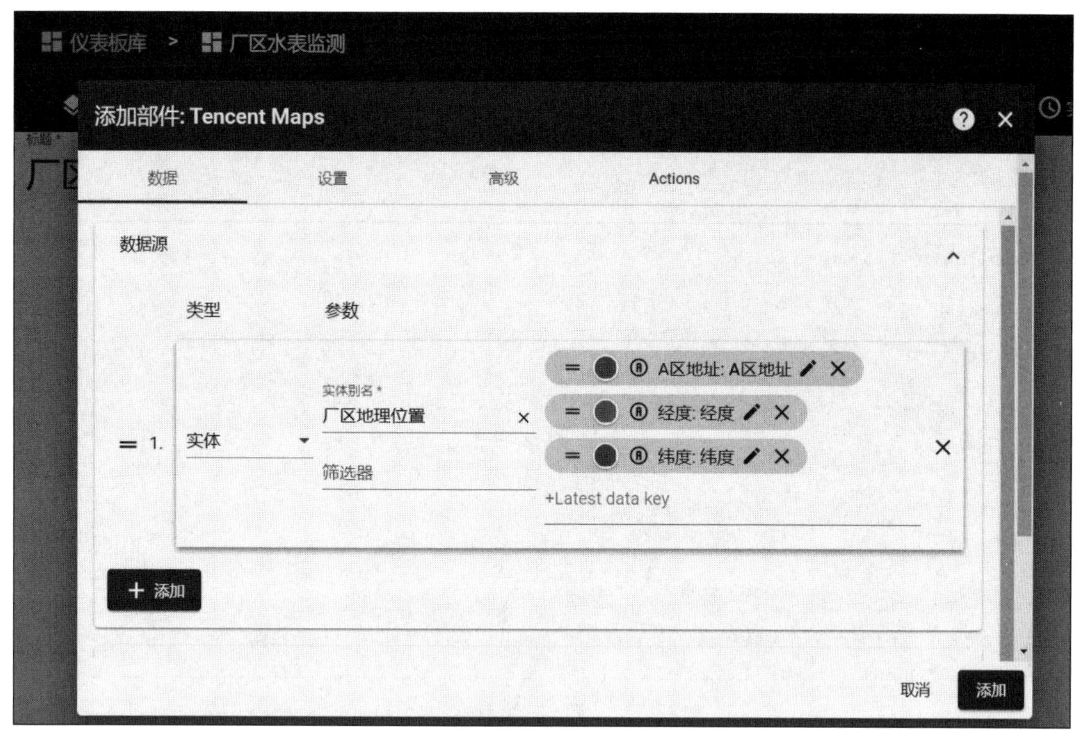

图 3 - 31

需要特别注意的是，地图组件高级设置中，Common map settings 的经纬度 keyname 默认为 latitude 和 longitude，如图 3 - 32 所示，需要修改为我们设置的属性名称，如图 3 - 33 所示。

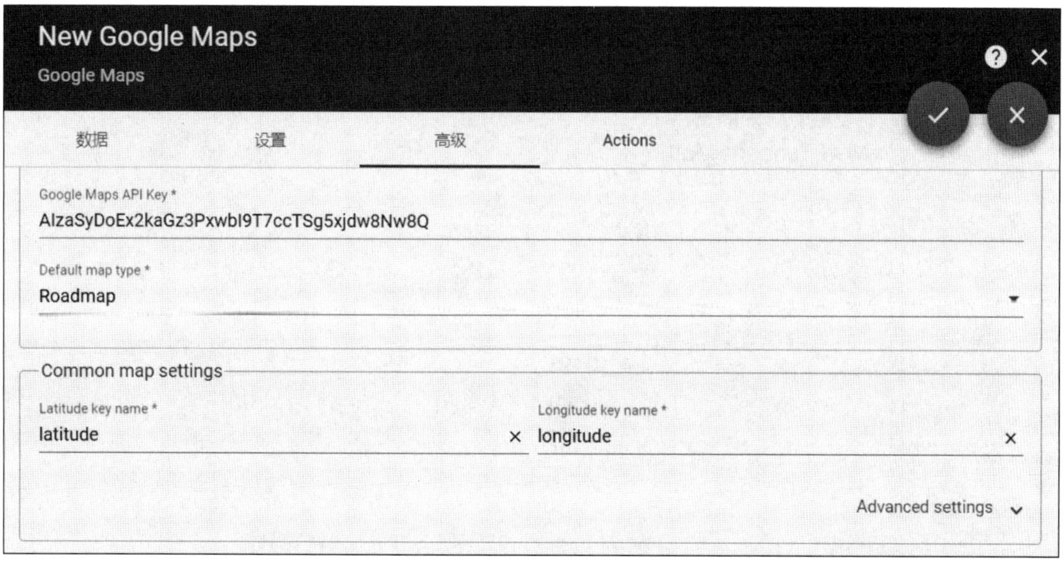

图 3 - 32

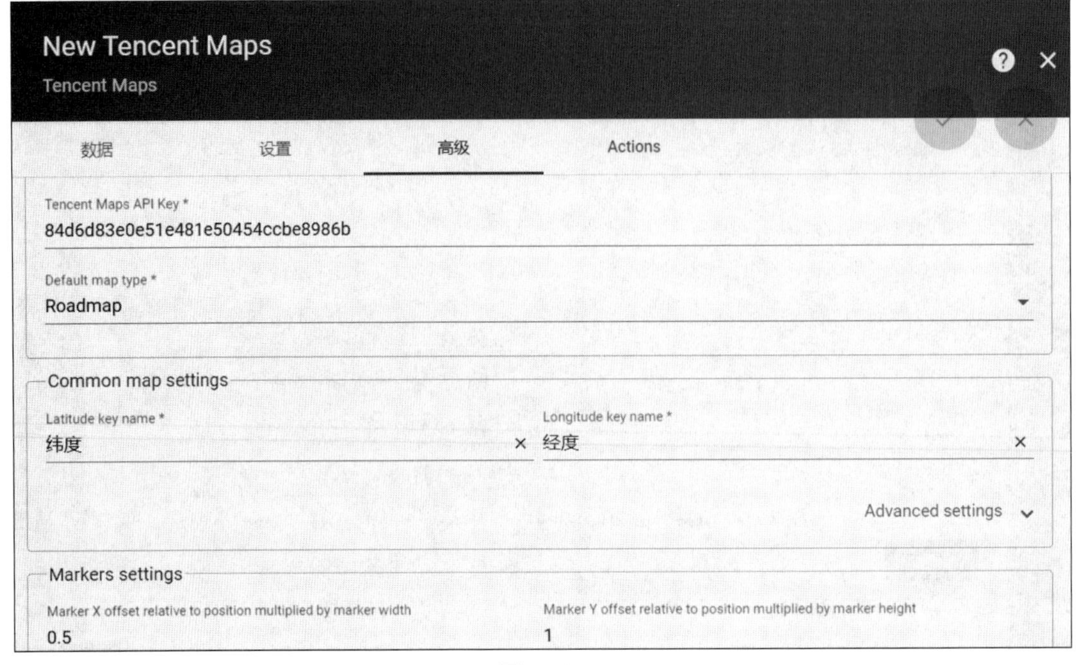

图 3－33

修改完成后，单击“添加”按钮。三个区域的地理位置信息展示在地图表盘上，如图 3－34 所示。单击右下角“保存”按钮完成保存。

图 3－34

任务4　使用数据组件展示数据最新值

使用数据组件展现数据最新值

ThingsBoard 提供了多种组件显示实体的实时数据。本任务实现在仪表板中进行“实体”这一数据组件的添加，显示工厂用水量的实时数据。其中，不同于任务3的是，本任务将通过项目2中所讲解的 MQTT 协议的方式模拟遥测数据的接入。

步骤1：发送设备数据至 ThingsBoard

在 cmd 窗口中输入如下指令，发送经纬度信息给 ThingsBoard 平台，其中 ${HOST} 为 ThingsBoard 平台所载主机的网络地址，${ACCESS_TOKEN} 为设备访问令牌。

```
mqtt pub -v -h "${HOST}" -p 1883 -t "v1/devices/me/telemetry" -u "${ACCESS_TOKEN}" -m "{"water_consumption":"10"}"
```

例如：

```
mqtt pub -v -h "http://172.24.35.175/" -p 1883 -t "v1/devices/me/telemetry" -u "token_watermeter_A" -m "{"water_consumption":"10.2"}"
mqtt pub -v -h "http://172.24.35.175/" -p 1883 -t "v1/devices/me/telemetry" -u "token_watermeter_B" -m "{"water_consumption":"15.1"}"
mqtt pub -v -h "http://172.24.35.175/" -p 1883 -t "v1/devices/me/telemetry" -u "token_watermeter_C" -m "{"water_consumption":"7.7"}"
```

注：建议用英文键名。

以水表A为例，消息发送后，可查看最新遥测数据已更新，如图3-35所示。

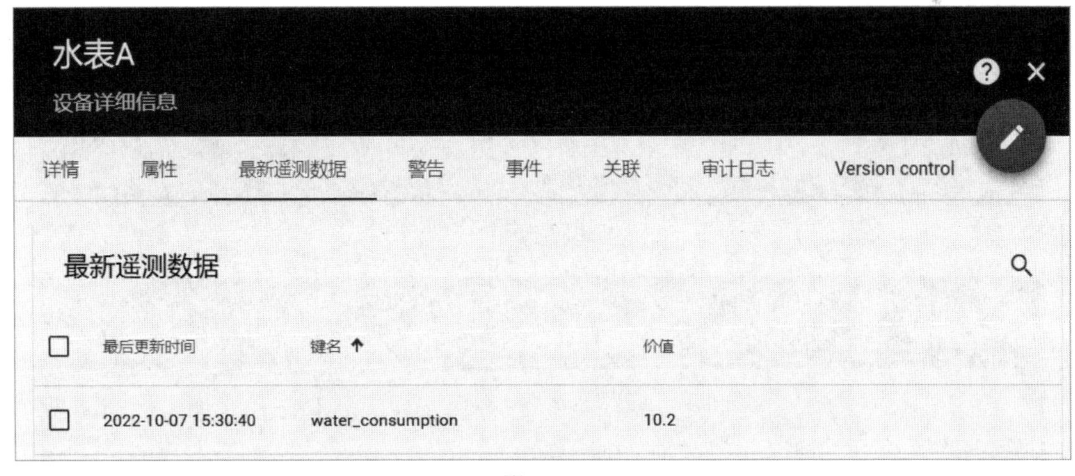

图3-35

步骤2：新增仪表板实体别名

进入“厂区水表监测”仪表板详情页，单击右下角的“编辑”按钮，进入如图3-18所示的仪表板编辑状态界面。单击“实体别名”按钮，在弹出的“实体别名”页面，单击“添加别名”按钮，新增仪表板实体别名，如图3-36所示。在如图3-37所示的界面中，填写别名为“厂区用水量”，筛选器类型为“设备类型”，资产类型选择项目 3 任务 1 步骤 3 中创建的设备类型“水表”，单击“添加”按钮。添加完成后如图 3－38 所示。

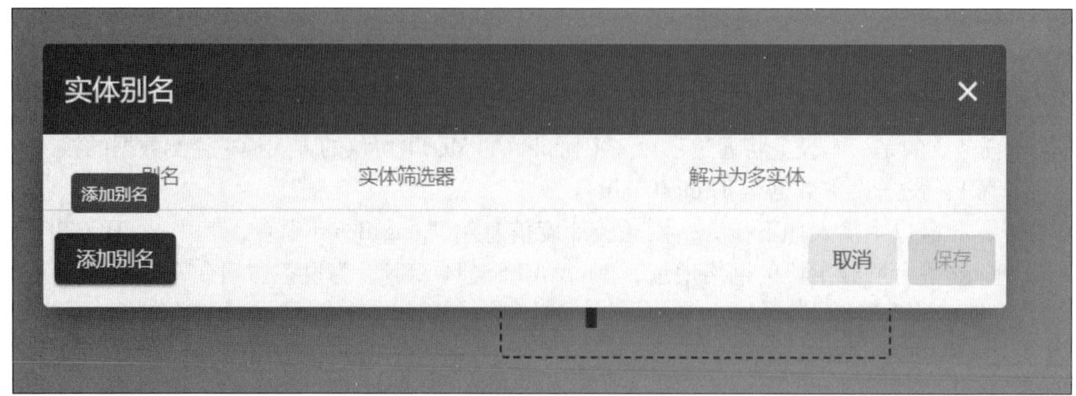

图 3－36

图 3－37

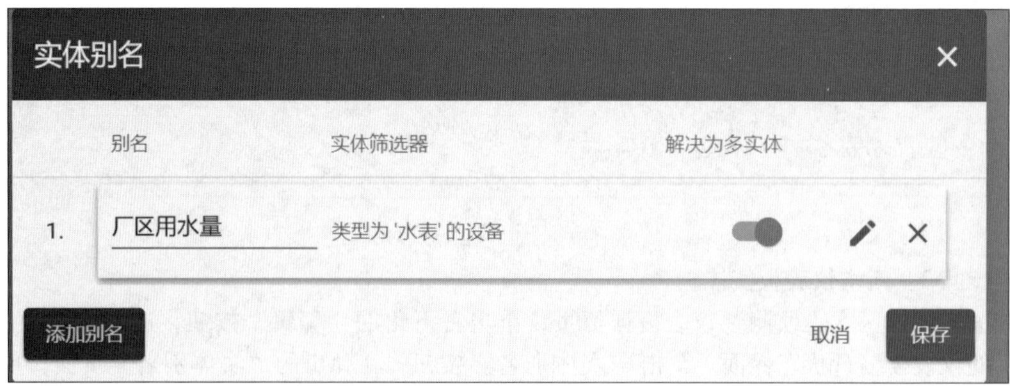

图 3－38

注意，所有的改动完成后，必须单击如图 3－18 所示的仪表板编辑状态界面中右下角橙色对号按钮 保存修改才能生效。

步骤 3：添加图表型数据展示组件

进入仪表板编辑状态，单击右下角“创建新部件”按钮，如图 3－39 所示。在展示的“选择部件包”页面，选择 Cards 标签，进一步选择 Cards 中的 Entities table 部件。可以看到 Entities table 部件名称下面提示此部件展示数据的“最新值”，如图 3－40 所示。

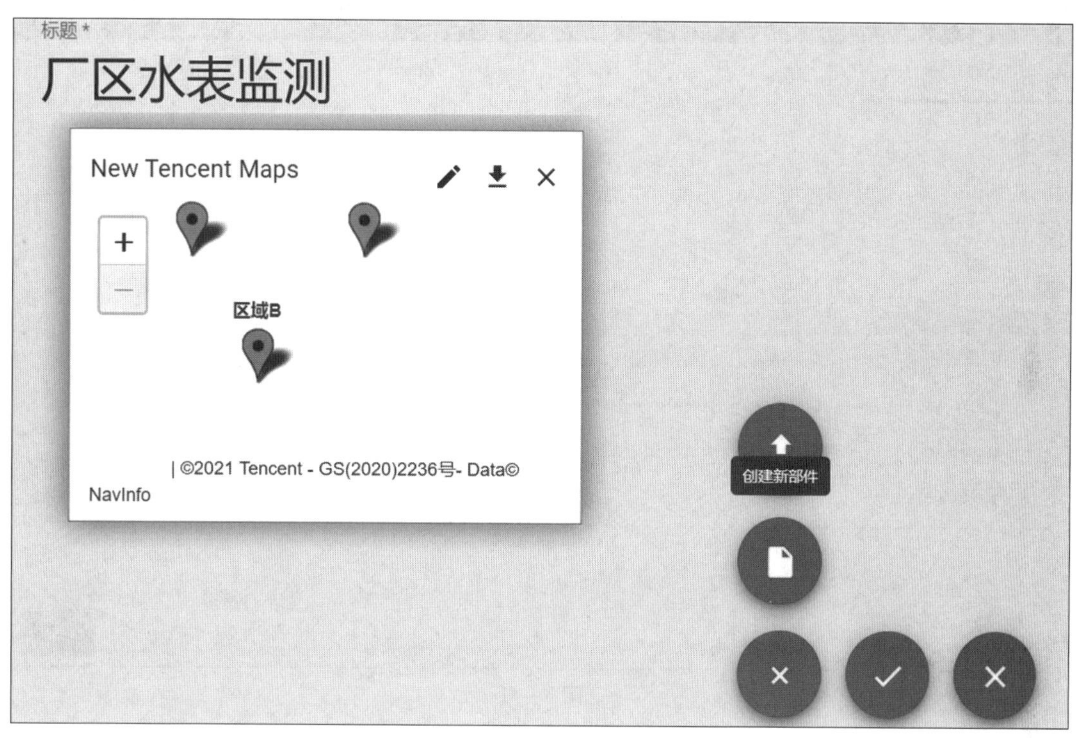

图 3－39

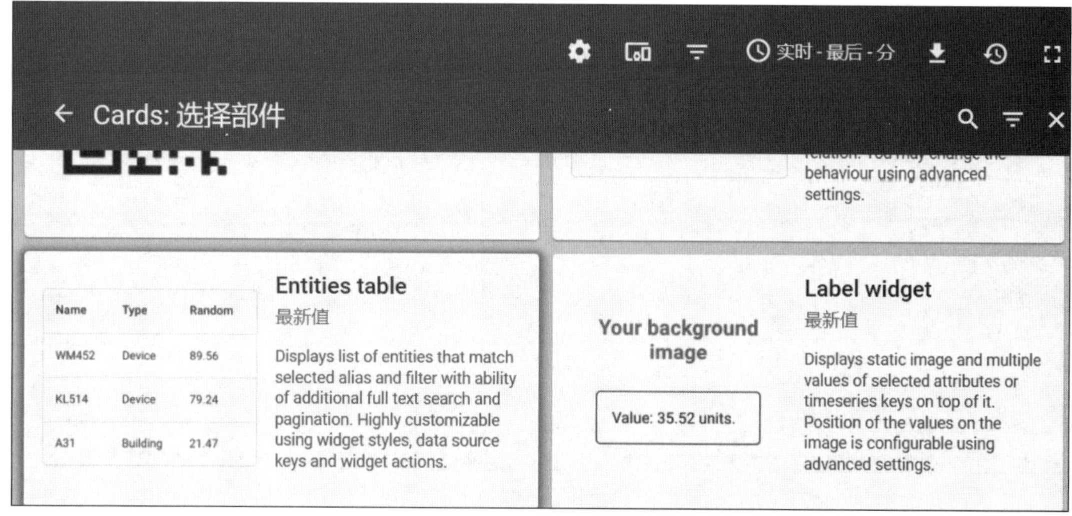

图 3－40

在弹出的“添加部件”页面为实体组件添加数据源。数据源类型选择“实体”，实体别名为步骤 2 中创建的实体别名“厂区用水量”，后面会自动关联出步骤 1 中创建的设备的属性 water_consumption，如图 3－41 所示。修改完成后，单击“添加”按钮。三个区域的水表用水量最新数据展示在数据表盘上，单击右下角“保存”按钮完成保存。保存完成后的界面如图 3－42 所示。

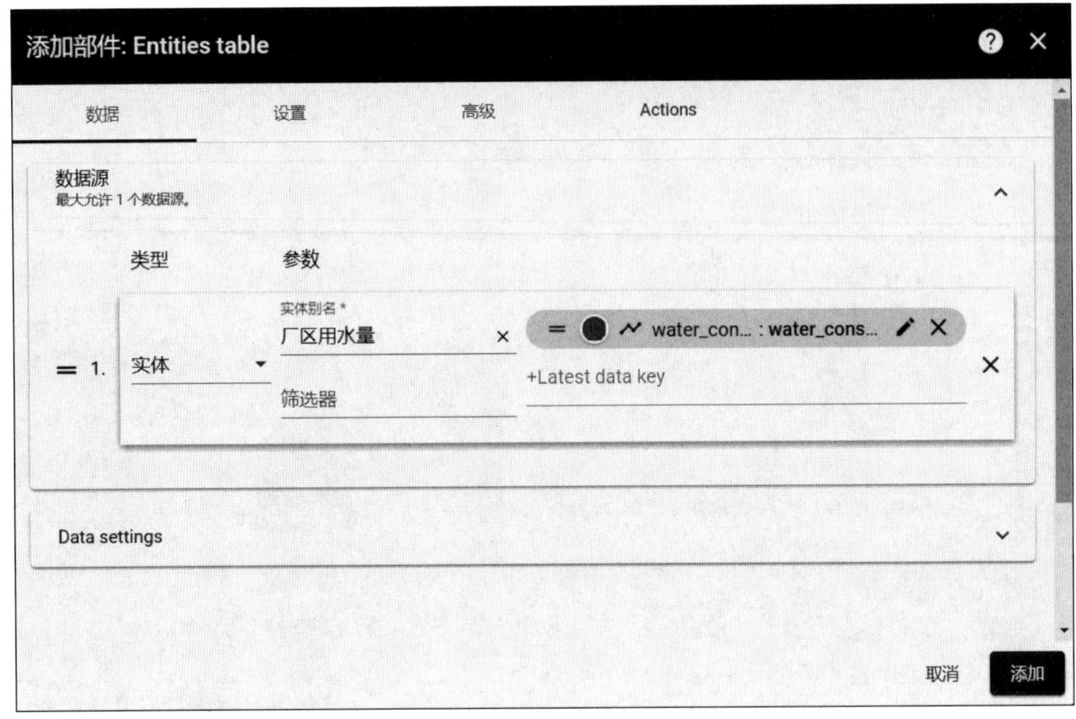

图 3－41

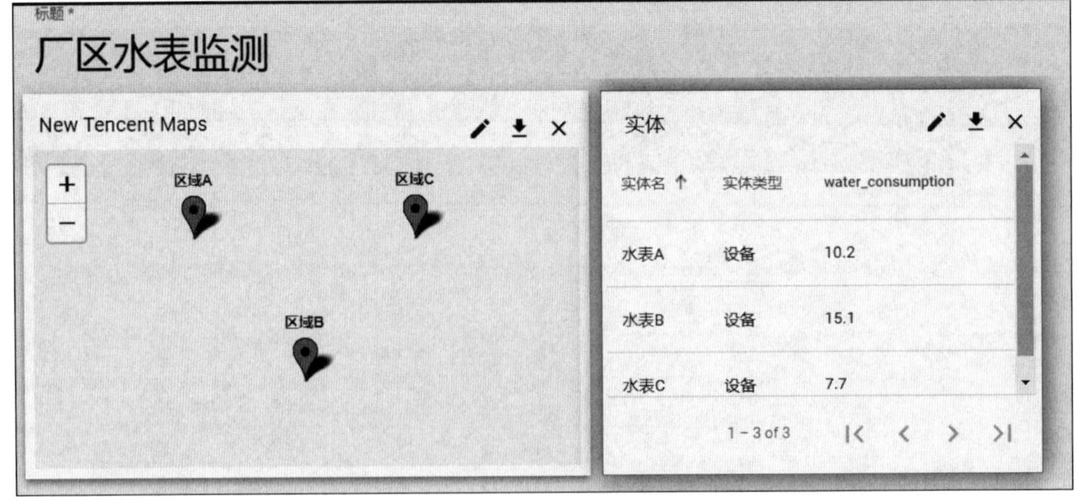

图 3－42

步骤4：添加数字仪表盘型数据展示组件

进入仪表板编辑状态，创建新部件。在展示的“选择部件包”页面，选择 Digital gauges 标签，进一步选择需要的图标样式，如图 3－43 所示。在弹出的“添加部件”页面为实体组件添加数据源，如图 3－44 所示。数据源类型选择“实体”，实体别名为步骤 2 中创建的实体别名“厂区用水量”，后面会自动关联出步骤 1 中创建的设备的属性 water_consumption。

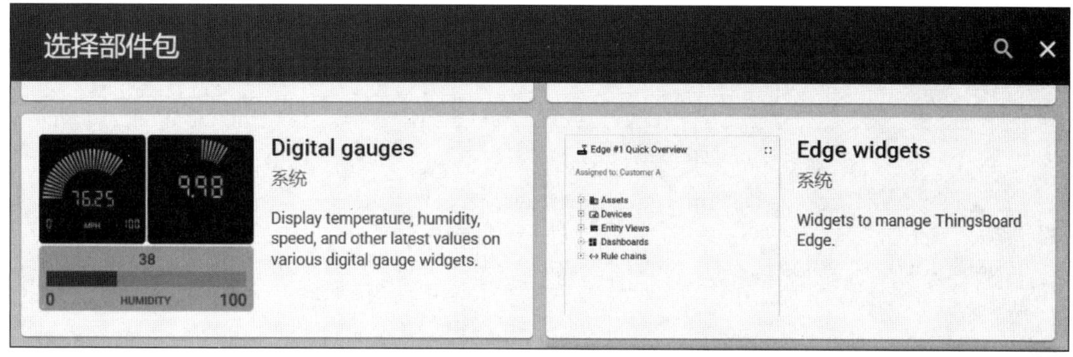

图 3－43

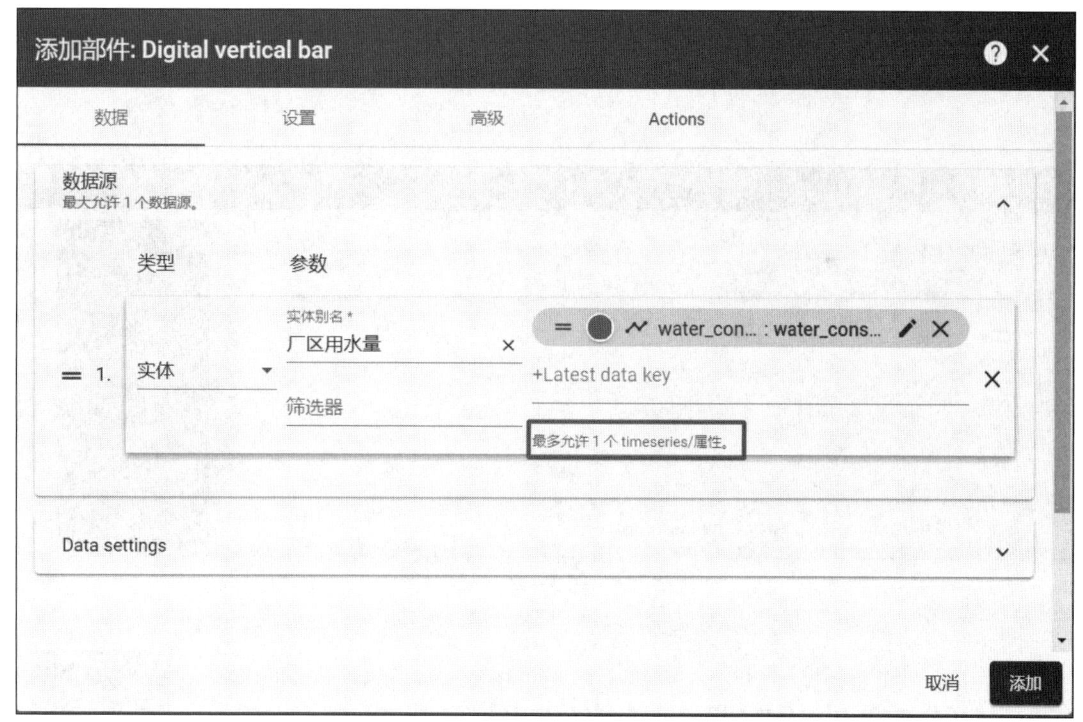

图 3－44

为了使仪表板的展示更合理美观，可在“高级”设置中设置仪表板的展示范围，例如，设置最大展示范围为 100，最小展示范围为 0。单击“添加”按钮。水表 A 用水量最新数据展示在数据表盘上，如图 3－45 所示。单击右下角“保存”按钮完成保存，如图 3－46 所示。

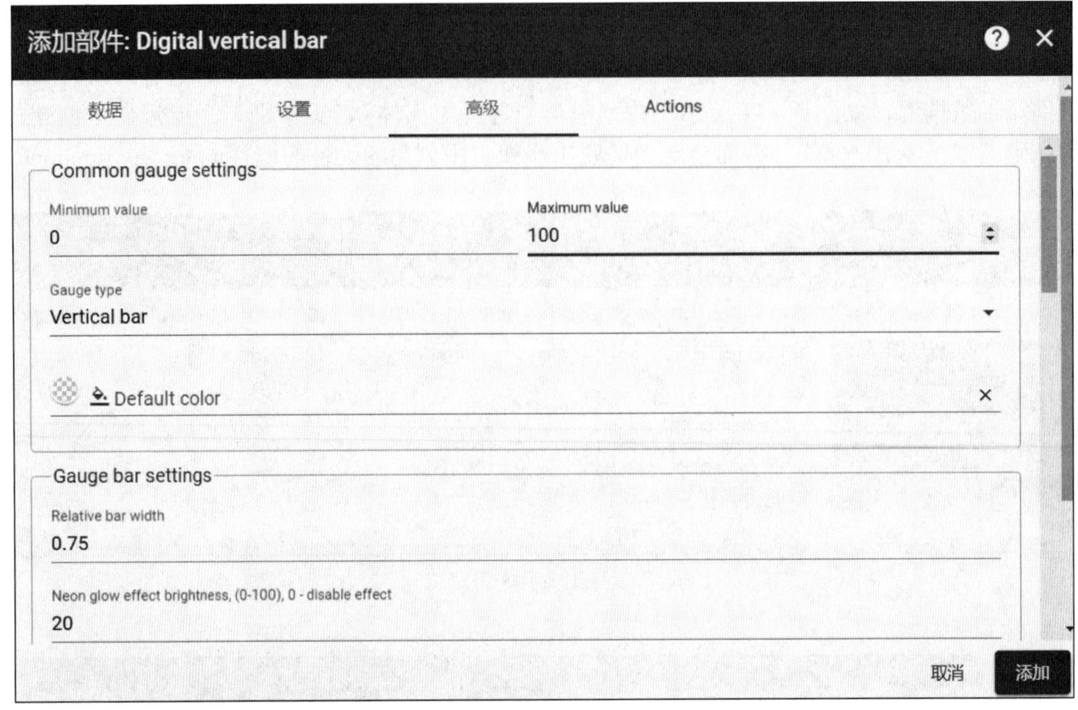

图 3-45

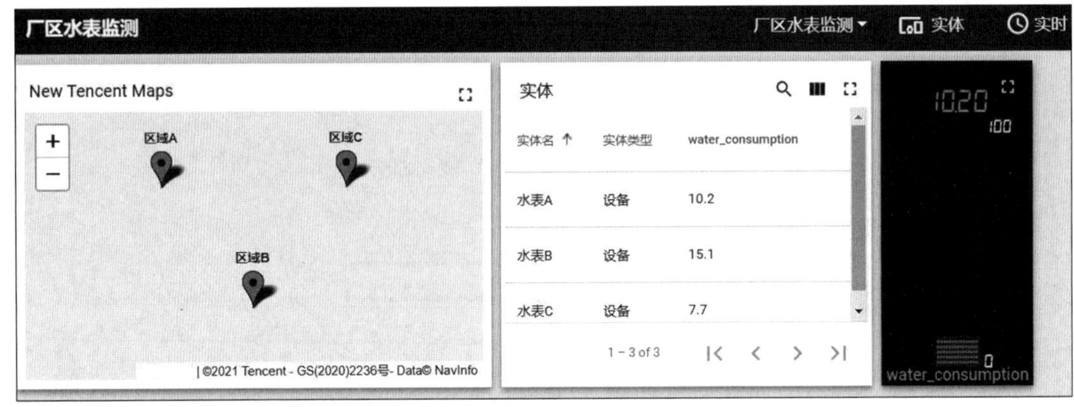

图 3-46

任务 5　使用时间序列部件展示数据变化

使用时间序列部件展示数据变化

本任务实现基于时间序列部件展示实体历史数据。

步骤 1：添加时间序列图表组件

进入仪表板编辑状态，创建新部件。在展示的“选择部件包”页面，选择 Charts 标签，如图3－47所示。然后进一步选择需要的图表样式，如Timeseries Line Chart，如图3－48所示。

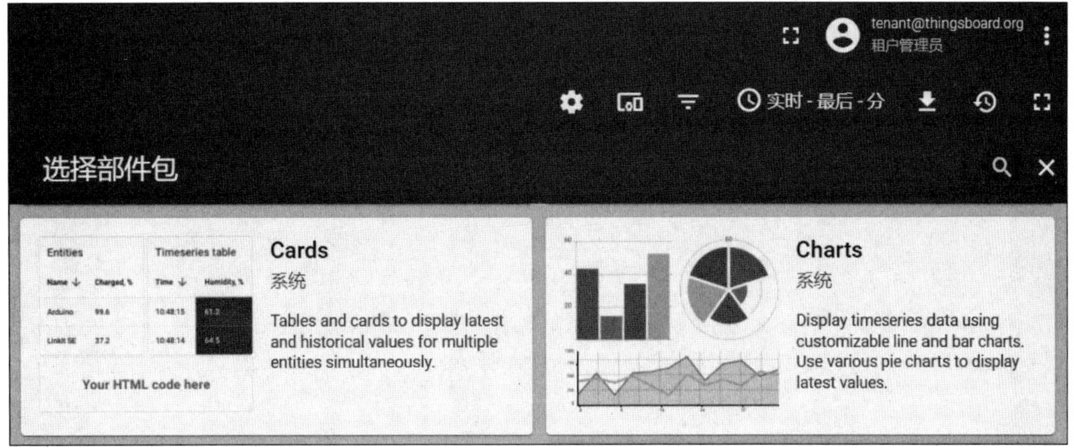

图3－47

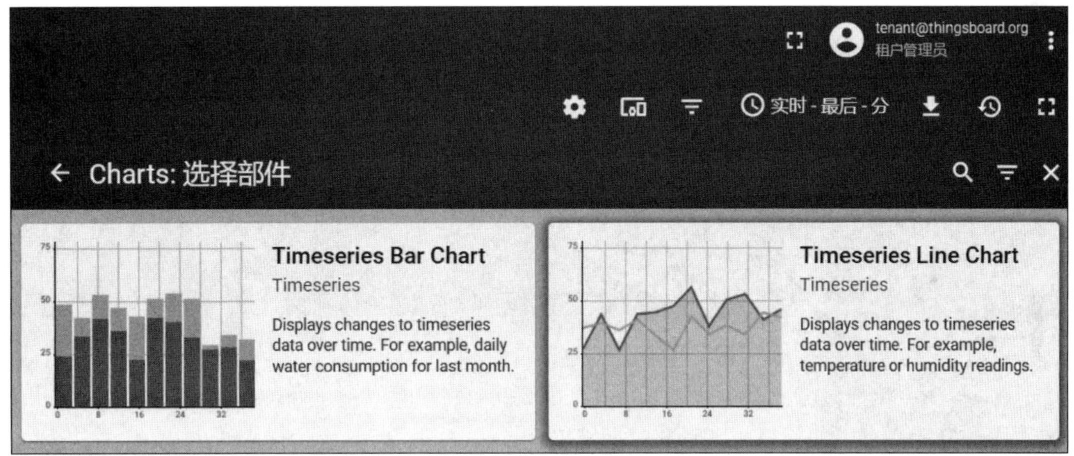

图3－48

可以看到Timeseries Line Chart部件名称下面提示此部件展示数据的“Timeseries”，即展示数据随时间变化的情况。在如图3－49弹出的“添加部件”页面为实体组件添加数据源。数据源类型选择“实体”，实体别名为步骤2中创建的实体别名“厂区用水量”，后面会自动关联出属性water_consumption。单击“添加”按钮，厂区用水量随时间变化曲线图展示在数据表盘上，如图3－50所示。之后，单击右下角“保存”按钮完成保存。

步骤2：更新实体数据，查看图表变化

使用任务4步骤1的方法，模拟水量传感器设备向ThingsBoard发送水表A的用水量数据，可以看到图表变化如图3－51所示。同时，我们在任务4中创建的水量监控的图标数据也随之变化，如图3－52所示。

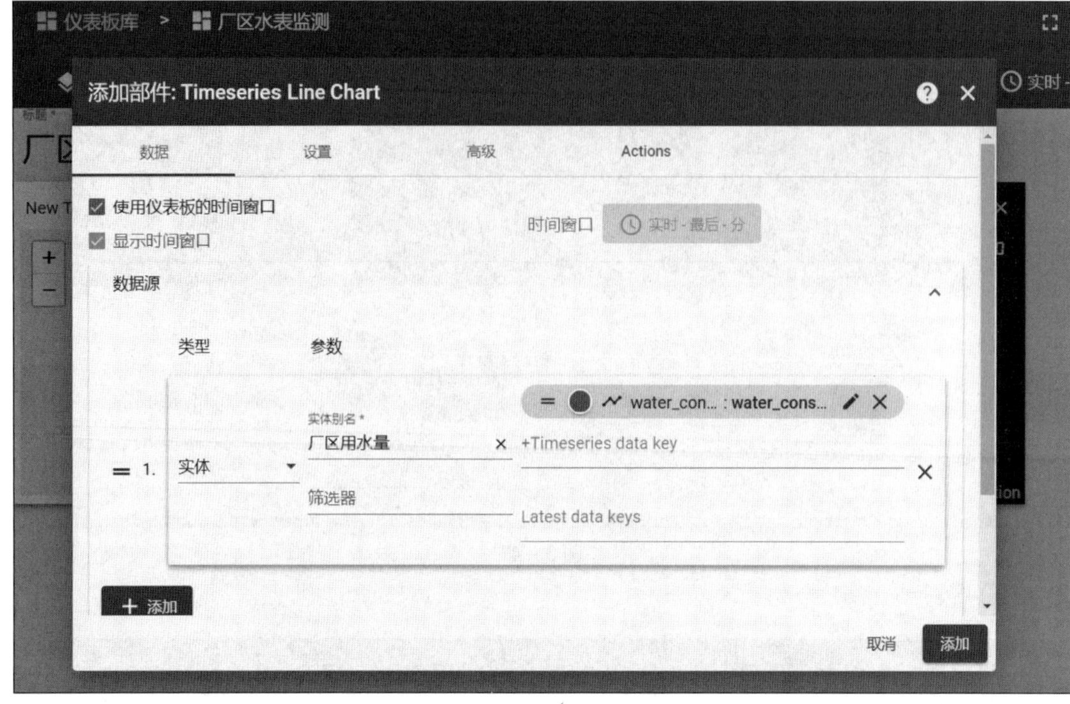
仪表板库 > 厂区水表监测
添加部件: Timeseries Line Chart
数据
设置
高级
Actions
使用仪表板的时间窗口
显示时间窗口
时间窗口
实时 - 最后 - 分
数据源
类型
参数
实体别名 *
厂区用水量
实体
筛选器
water_con... : water_cons...
+Timeseries data key
Latest data keys
添加
取消
添加

图 3 – 49

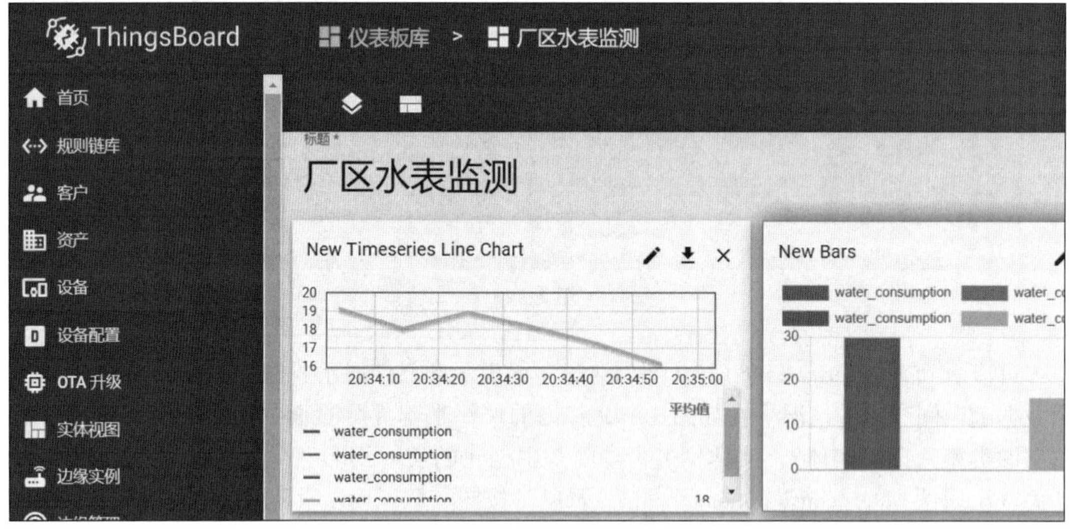
ThingsBoard
仪表板库 > 厂区水表监测
首页
规则链库
客户
资产
设备
设备配置
OTA 升级
实体视图
边缘实例
标题 *
厂区水表监测
New Timeseries Line Chart
20
19
18
17
16
20:34:10 20:34:20 20:34:30 20:34:40 20:34:50 20:35:00
平均值
water_consumption
water_consumption
water_consumption
New Bars
water_consumption
water_consumption
30
20
10
0

图 3 – 50

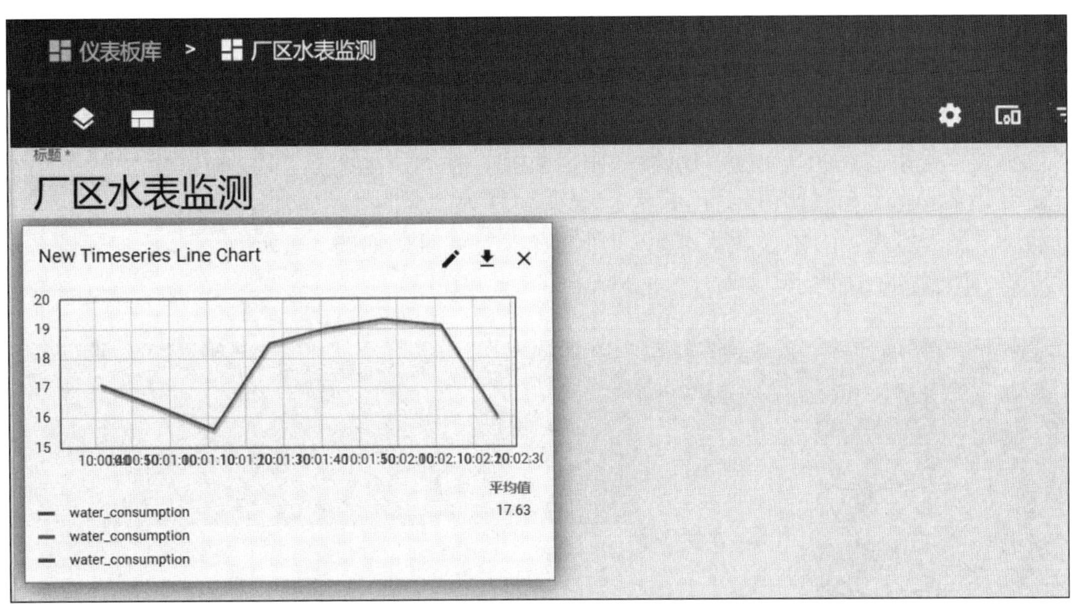

图 3 – 51

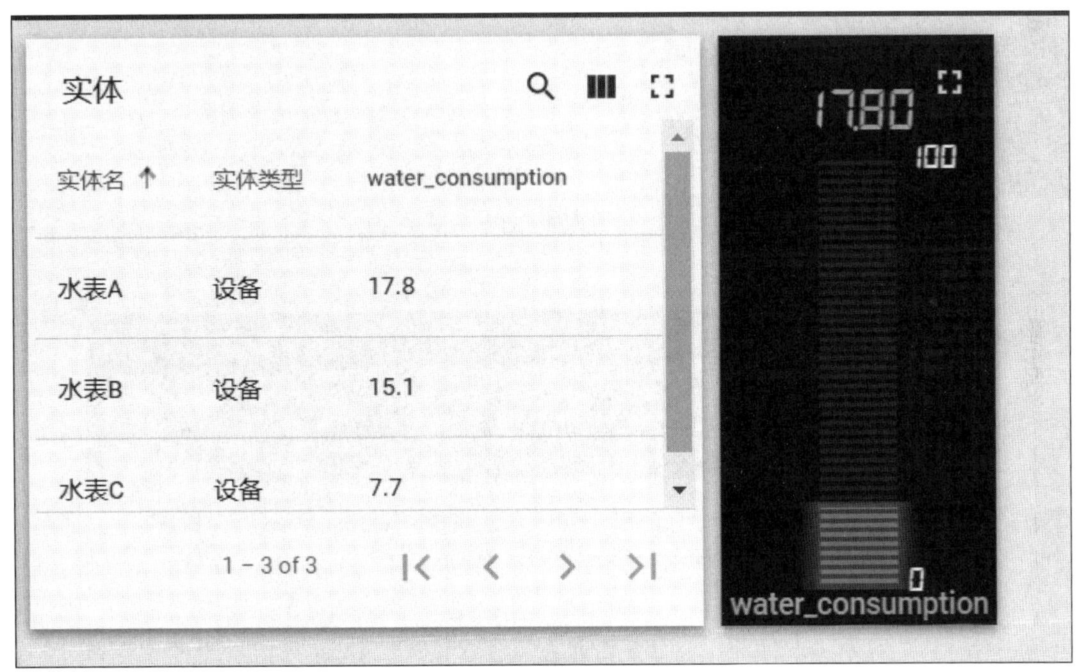

图 3 – 52

任务 6　设备警报管理

ThingsBoard 提供两种方法可以产生告警：一种是通过设备配置，另一种是通过规则链。本任务实现告警阈值设置，从而对设备警报信息进行管理。

步骤1：添加告警规则

单击左侧的“设备配置”栏目，进入“设备配置”页面（见图3－53），找到水表的设备配置，并单击，进入水表设备详情页。单击“报警规则”页签，单击“编辑”→“添加报警规则”选项，如图3－54所示。输入告警类型为“水量超过阈值告警”，严重程度设置为“危险”，如图3－55所示。添加告警规则为用水量超过50，则告警，配置信息如图3－56所示。添加规则并保存成功，如图3－57所示。

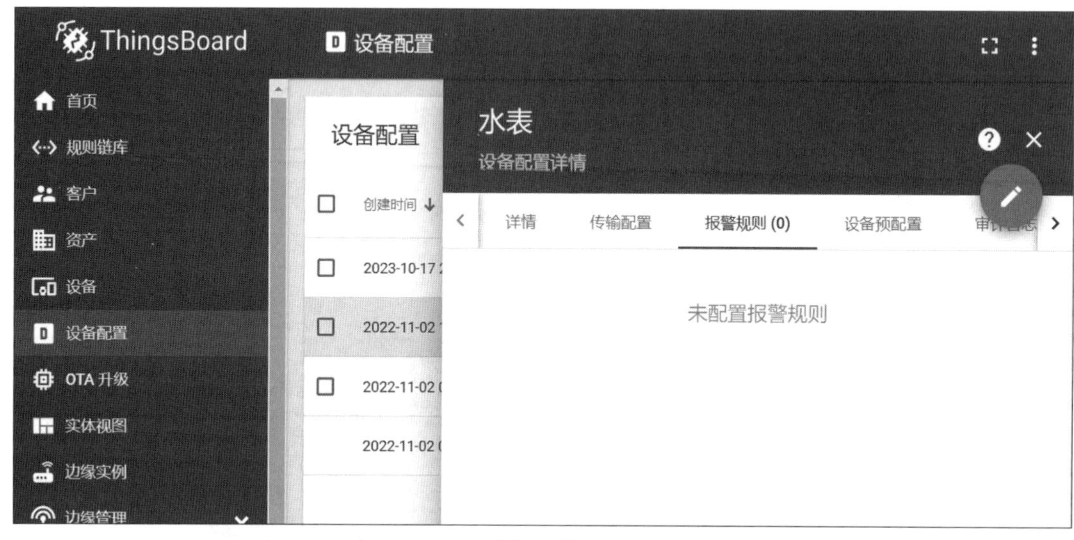

图3－53

图3－54

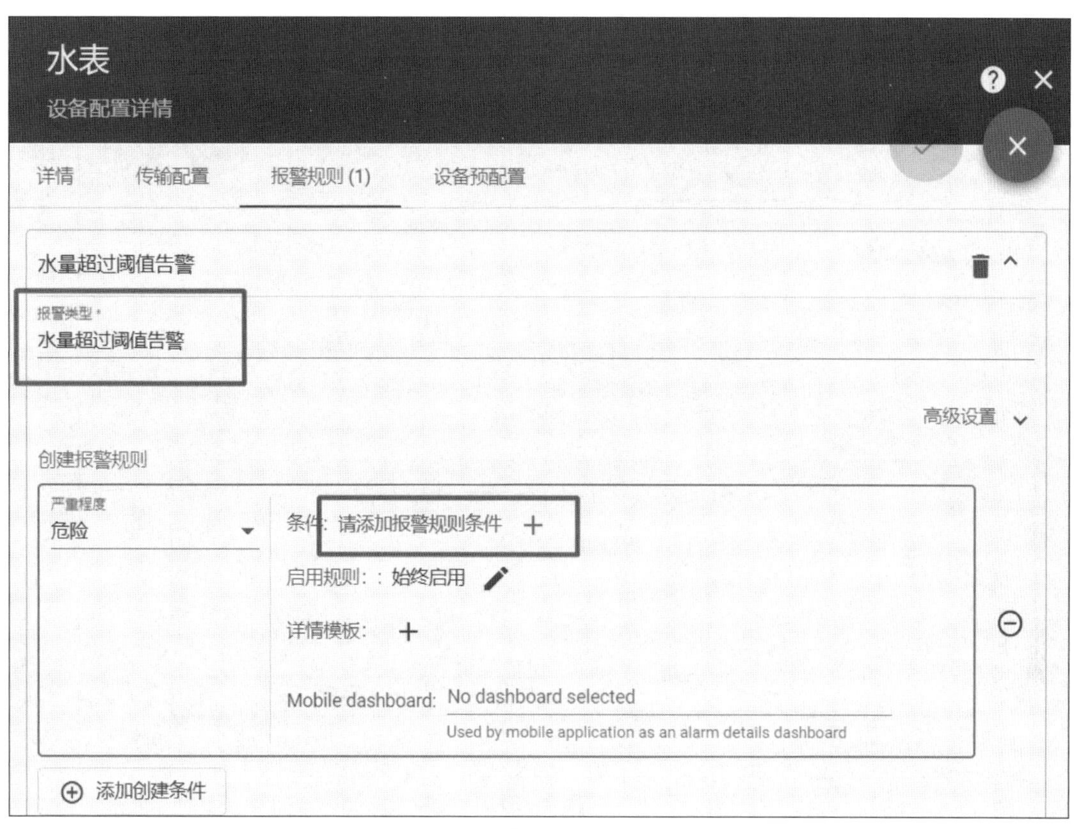

图 3 – 55

设备配置
编辑报警规则条件
添加键名筛选器
键类型 *
Timeseries
键名 *
water_consumption
值类型
123 数字
筛选器
操作
大于或等于
值
50
默认值
添加
添加复合
取消
添加

图 3 – 56

水表
设备配置详情
详情　传输配置　报警规则 (1)　设备预配置
水量超过阈值告警
报警类型 *
水量超过阈值告警
高级设置
创建报警规则
严重程度
危险
条件: water_consumption 大于或等于 50
启用规则：: 始终启用
详情模板:
Mobile dashboard:
No dashboard selected
Used by mobile application as an alarm details dashboard
添加创建条件

图 3－57

步骤 2：添加告警组件

进入仪表板编辑状态，创建新部件。在展示的“选择部件包”页面，选择 Alarm widgets 标签，如图 3－58 所示。在弹出的如图 3－59 所示的“添加部件”页面为实体组件添加数据源。勾选“显示时间窗口”复选框，报警类型为“任何状态”“任何严重程度”“任何类型”，警告源类型选择“实体”，实体别名为“厂区用水量”，后面会自动关联出相关展示的属性。单击“添加”按钮，厂区用水量告警组件展示在数据表盘上，如图 3－60 所示。单击右下角“保存”按钮完成保存。

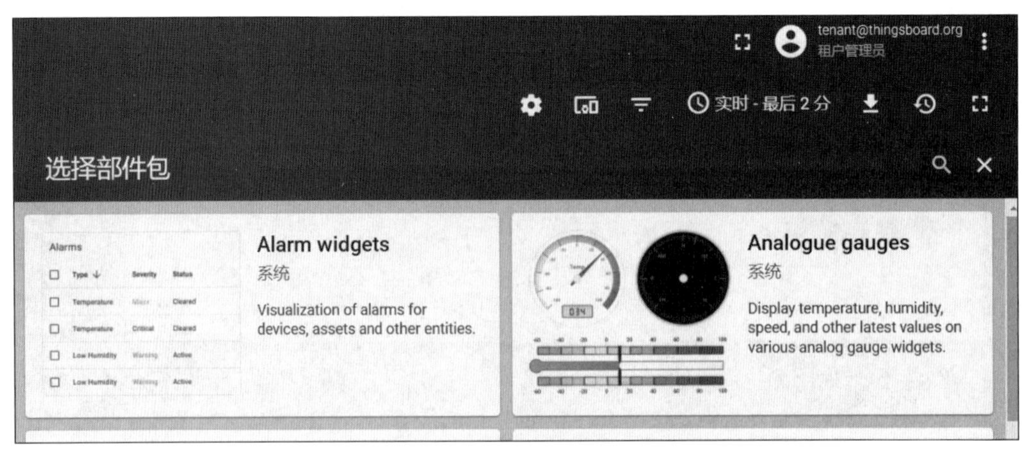

图 3－58

图 3 – 59

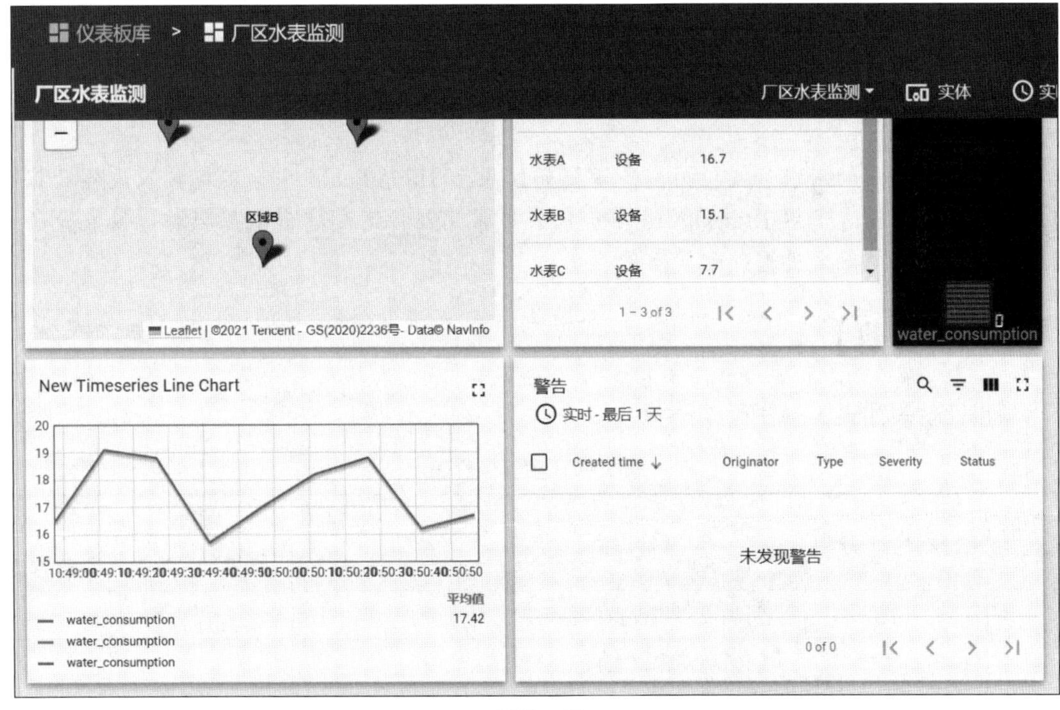

图 3 – 60

步骤 3：更新实体数据，查看告警展示

使用任务 4 步骤 1 的方法，模拟水量传感器设备向 ThingsBoard 发送水表 A 的用水量数据，设置最新用水量为 90。

```
mqtt pub -v -h "http://172.24.35.175/" -p 1883 -t "v1/devices/me/telemetry" -u "token_watermeter_A" -m "{"water_consumption":"90"}"
```

ThingsBoard 收到最新遥测数据后，展示告警，如图 3－61 所示。

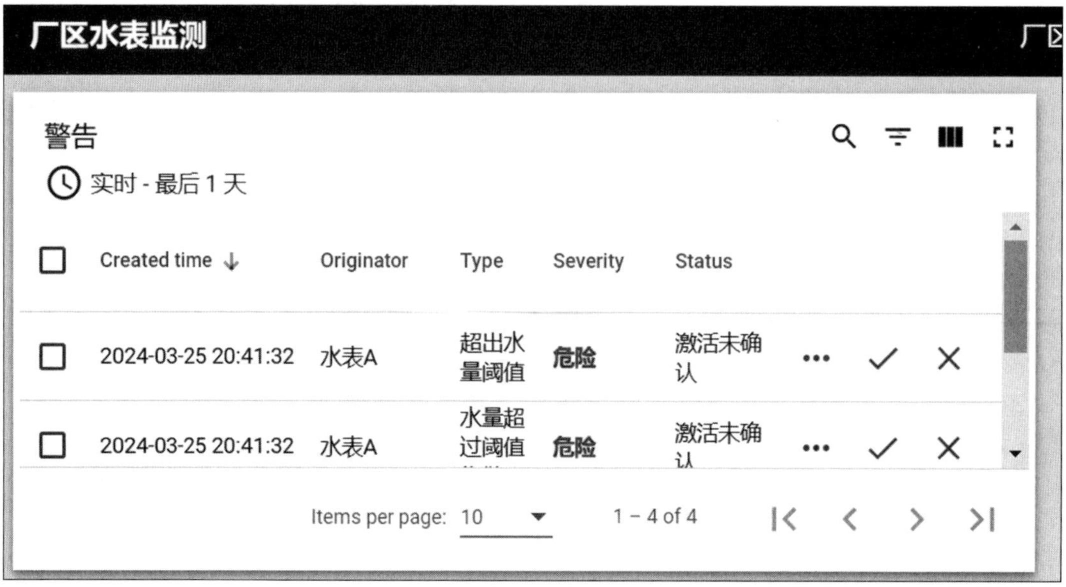

图 3－61

【项目小结】

本项目以工厂的用水量监控为例，讲解如何基于 ThingsBoard 平台实现接入设备数据的可视化处理，让读者了解 ThingsBoard 平台仪表板常用组件的创建和配置操作、仪表盘的常用使用方法和告警触发设置的配置操作。

【项目评价】

项目评价表如表 3－2 所示。

表 3－2　项目评价表

评价类型	赋分	序号	评价指标	分值	得分			
					自评	组评	师评	拓展评价
职业能力	60	1	创建资产和设备信息正确	10				
		2	创建和编辑仪表板正确	10				
		3	地图组件使用正确	10				
		4	数据组件使用正确	10				
		5	时间序列部件使用正确	10				
		6	警告管理组件使用正确	10				

续表

评价类型	赋分	序号	评价指标	分值	得分			
					自评	组评	师评	拓展评价
职业素养	20	1	课前预习	10				
		2	遵守纪律	5				
		3	编程规范性	5				
劳动素养	10	1	工作过程记录	5				
		2	保持环境整洁卫生	5				
思政素养	10	1	完成思政素材学习	5				
		2	团结协作	5				
合计				100				

【巩固练习】

（1）用提供的脚本模拟用电信息，在 ThingsBoard 平台上添加三个单位的电表采集设备，以小时为单位，定时计算用电量，当该时段用电量超出预设参考值的 120% 或少于预设参考值的 80% 时，进行报警。

（2）某工厂拟基于物联网技术对用于生产的物料进行监测，当用料量超过预设值的 150% 或少于预设值的 50% 时，进行告警提示，请基于此信息，完成 ThingsBoard 平台上设备的添加和计算功能的开发。

项目 4

数据处理

【学习导读】

本节继续以工厂用水量的监控为例，讲解基于 ThingsBoard 平台规则引擎的物联网应用系统的数据处理方法，实现对多个接入数据的验证、过滤、转换、报警和输出。主要内容包括遥测数据的过滤和处理、遥测数据的转换、多个设备遥测数据的聚合、设备的在线检查、设备的自动化控制和告警、设备控制的远程请求发送、基于 MQTT 协议的数据输出。

【学习目标】

（1）了解和掌握基于 ThingsBoard 平台规则引擎的物联网应用系统的数据处理方法。

（2）掌握 JavaScript 的基本语法和规则引擎中 JavaScript 脚本编辑方法，实现数据的处理、转换和设备的控制。

（3）掌握 ThingsBoard 平台基于 MQTT 的数据输出的实施方法。

（4）具备分析问题和解决问题的能力，养成勇于创新的工作作风。

【相关知识/预备知识】

一、Mosquitto 工具

Mosquitto 是一个小型轻量的开源 MQTT 服务器，由 C/C ++ 语言编写，采用单核心单线程架构，支持部署在资源有限的嵌入式设备，接入少量 MQTT 设备终端，并实现了 MQTT 5.0 和 3.1.1 版本协议。Mosquitto 完整支持了 MQTT 协议特性，但在基础功能上 Mosquitto 集群功能羸弱，官方和第三方实现的集群方案均难以支撑物联网大规模海量连接的性能需求。

因此 Mosquitto 并不适合用来做规模化服务的 MQTT 服务器，但由于其足够轻量精简，可以运行在任何低功率单片机包括嵌入式传感器、手机设备、嵌入式微处理器上，是物联网边缘消息接入较好的技术选型之一，结合其桥接功能可以实现消息的本地处理与云端透传。

二、JavaScript 编程语言基础

JavaScript（简称“JS”）是一种具有函数优先的轻量级解释型的脚本语言。它的特点包括：

①基于对象。JavaScript 是一种基于对象的脚本语言，它不仅可以创建对象，而且能使用现有的对象。

②动态性。JavaScript 是一种采用事件驱动的脚本语言，它不需要经过 Web 服务器就可以对用户的输入做出响应。在访问一个网页时，鼠标在网页中进行鼠标单击或上下移、窗口移动等操作，JavaScript 都可直接对这些事件给出相应的响应。

③交互性。JavaScript 由于其动态性，让它具有良好的交互性，这也是它能被广泛应用于各大浏览器的原因之一。

④简单易学。JavaScript 是一种弱类型语言，对使用的数据类型未做出严格的要求，是基于 Java 基本语句和控制的脚本语言，其设计简单紧凑。

⑤跨平台性。JavaScript 运行不依赖操作系统，同时它不需要服务器的支持，仅需要用户的浏览器支持，不同于服务端脚本语言，它是一种客户端脚本语言（相较而言，服务端脚本语言的安全性高于客户端脚本语言），而当今大部分浏览器都支持它。

JavaScript 的主要应用如下：

①嵌入动态文本于 HTML 页面中。实现网页特效，包含广告代码、导航菜单代码、日历控件、飘浮特效、文字特效、色彩特效及图片特效等。

②让网页和用户实现交互。对浏览器事件做出响应，如实现弹出窗口、元素的移动、窗口数据传递等。

③在数据被提交到服务器之前验证数据。例如通过 JS 正则表达式验证表单中某数据域的数据类型或应满足的规则等。

④基于 Node. js 技术进行服务器端编程，如编写微信小程序。

三、JavaScript 变量

在 ThingsBoard 平台采集传感器数据时，通常需要通过定义变量来存储数据，再对数据进行后续处理。JavaScript 中变量的定义和其他语言类似，即用来存储数据的容器，是有名字的存储单元。变量可以存储整型、字符型、布尔值、数组等，并在需要时设置、更新或者读取变量中的内容。

数据类型指的是可以在程序中存储和操作的数据或者值的类型，在 JavaScript 中的数据类型可以分为三大类：

①基本数据类型：字符串（String）、数字（Number）、布尔（Boolean）、Symbol。

②引用数据类型：对象（Object）、数组（Array）、函数（Function）。

③特殊数据类型：未定义（Undefined）、空（Null）。

在 JavaScript 中，变量在使用之前，需要对其进行定义，语法格式如下：

```
var 变量名;
```

例如：

```
var deviceType;//定义设备类型
var water_consumpition;//定义用水量消耗
```

JavaScript 也支持一次定义多个变量，变量名之间使用英文逗号分隔，例如：

```
var deviceType,water_consumpition;
```

变量在定义后，需要对变量进行赋值，如果没有赋值，JavaScript 会给变量赋予一个默认值 undefined（未定义）。变量可以使用“ = ”进行赋值，例如：

```
var deviceType;//定义一个变量 deviceType
deviceType =1;//给变量 deviceType 赋值为数值 1
```

四、JavaScript 运算符

JavaScript 中的运算符是用来告诉 JavaScript 引擎执行某种操作的符号，例如加号“ + ”表示执行加法运算，减号“ - ”表示执行减法运算等，常用运算符的详细说明如表 4 - 1 所示。

表 4 - 1　常用运算符的详细说明

运算符	说明
+、-、*、/、%	算术运算符，加、减、乘、除、取余
<<、>>、>>>	位运算符，左移、右移、无符号右移
>、>=、<、<=、==、!=	比较运算符，大于、大于等于、小于、小于等于、等于和不等于
&、|、^	位运算符，按位与、按位或、按位异或
&&、||	逻辑运算符，逻辑与、逻辑或
?:	条件运算符

在使用 ThingsBoard 采集到传感器数据时，需要对数据进行一些预处理，例如需要对进水量和出水量求取差值，就可以使用减法运算符，如下所示：

```
metadata.water_in - metadata.water_out
```

本章中我们要过滤出水表采集的用水量为 0 ~ 80 的数据，可以使用如下运算表达式：

```
msg.water_consumption >=0 && msg.water_consumption <=80
```

五、JavaScript 条件判断语句

条件判断语句是程序开发过程中一种经常使用的语句形式，和大部分编程语言相同，JavaScript 中也有条件判断语句。所谓条件判断，指的是程序根据不同的条件来执行不同的操作，例如在 ThingsBoard 采集到水量传感器上报的实时水量超过限定值时，需要告警或开启备用水闸，低于限定值时停止告警，关闭备用水闸等。JavaScript 中支持简单条件语句和复杂条件语句，形式分别如下：

①简单条件语句：if 语句、if... else 语句。

②复杂条件语句：if... else if... else 语句、switch case 语句。

if 语句是 JavaScript 中最简单的条件判断语句，语法格式如下所示，当条件表达式成立，即结果为布尔值 true 时，就会执行 {} 中的代码。

```
if(条件表达式){
        程序代码块;//条件表达式成立时要执行的代码;
}
```

例如，在本项目中，我们要对用水量数据进行单位换算，将立方米换算为加仑，换算时需要先确认水表采集的数据为有效值，因此，可以使用如下判断语句：

```
if(typeof msg.water_consumption!== 'undefined'){
        msg.gal_water_consumption = precisionRound((msg.water_con-
sumption)* 264,2);
}
```

if... else 语句不仅可以指定当表达式成立时要执行的代码，还可以指定当表达式不成立时要执行的代码，语法格式如下：

```
if(条件表达式){
        程序代码块;//条件表达式成立时要执行的代码;
}
else{
        程序代码块;//条件表达式不成立时要执行的代码;
}
```

if... else if... else 语句为复杂条件语句，它允许定义多个条件表达式，并根据表达式的结果执行相应的代码，语法格式如下：

```
if(条件表达式 1){
        程序代码块;//条件表达式 1 成立时要执行的代码;
}else if(条件表达式 2){
        程序代码块;//条件表达式 2 成立时要执行的代码;
```

```
}
...
  else if(条件表达式 N){
      程序代码块;//条件表达式 N 成立时要执行的代码;
}else{
      程序代码块;//所有条件表达式都不成立时要执行的代码;
}
```

在使用 ThingsBoard 采集到进水表和出水表的传感器数据时，需要使用条件控制语句对数据进行一些预处理，例如，从消息 metadata 中获取 deviceType 的值，如果值为“A 区用水量”，则通过“water_out”关系类型分发到规则节点；如果值为“A 区进水量”，则通过“water_in”关系类型分发到规则节点。可以编写 JavaScript 脚本如下：

```
 if(metadata.deviceType == 'A 区用水量'){
      return['water_out'];
}
else if(metadata.deviceType == 'A 区进水量'){
      return['water_in'];
}
```

JavaScript switch case 是多分支语句，与 if...else 语句的多分支结构类似，都可以根据不同的条件来执行不同的代码；但是与 if...else 多分支结构相比，switch case 语句更加简洁和紧凑，可读性强，执行效率更高。if...else 语句的功能比 switch 语句更强大，能够更灵活地控制各种复杂的流程分支。

JavaScript switch case 语句的语法格式如下：

```
switch(表达式){
        case value1:
              代码块 1//当表达式的结果等于 value1 时,则执行该代码块
              break;
        case value2:
              代码块 2//当表达式的结果等于 value2 时,则执行该代码块
              break;
        ......
        case valueN:
              代码块 N//当表达式的结果等于 valueN 时,则执行该代码块
              break;
        default:
              代码块//如果没有与表达式相同的值,则执行该代码
}
```

因此，上述处理进水量和出水量的 JavaScript 脚本，可以改写为如下 switch case 语句：

```
switch(metadata.deviceType){
        case 'A 区用水量':
              return['water_out'];
              break;
        case 'A 区进水量':
              return['water_in'];
              break;
        default:
              console.log("Unknown data.");
}
```

【项目实例】ThingsBoard 数据处理设计与实现

在本项目中，按照预设规则对采集的用水量信息进行验证、计算，并根据预设规则进行报警，将用水量的信息输出给第三方系统，同时，实现对水泵设备开关的远程人工控制和自动控制。

任务 1　接入信息验证

本任务实现对接入的遥测数据进行验证，并将验证通过的数据进行保存。示例中，配置存储 0 ~ 80 m^3 的用水量数据为正常数据，并将用水量数据推送到 ThingsBoard 平台，满足此要求则保存，否则丢弃。

步骤 1：添加水量监测规则链

此步骤完成"规则链"的添加，在 ThingsBoard 中单击页面左侧"规则链库"标签，然后，在显示界面单击右上角的"+"按键，在弹出菜单中单击"添加规则链"标签，最后，按照弹出界面的提示填写规则链名称等信息，各环节界面如图 4 – 1 所示。当出现如图 4 – 2 所示的界面后，表示规则链已经添加成功。

步骤 2：配置水量监测规则链

（1）进入规则链配置页面。

单击新建规则链右侧"<…>"按钮，进入规则链配置页面。规则链配置页面中默认添加"Input"规则节点，如图 4 – 3 所示。

（2）添加 script 规则节点。

在新建规则链配置页面，选择"筛选器"→"script"选项，拖动至右侧编辑区，在弹出的规则节点编辑页面，输入规则名称和过滤条件，如图 4 – 4 所示。在本例中即过滤出 0 ~ 80 的用水量数据，具体脚本可参考样例。添加完成后如图 4 – 5 所示。

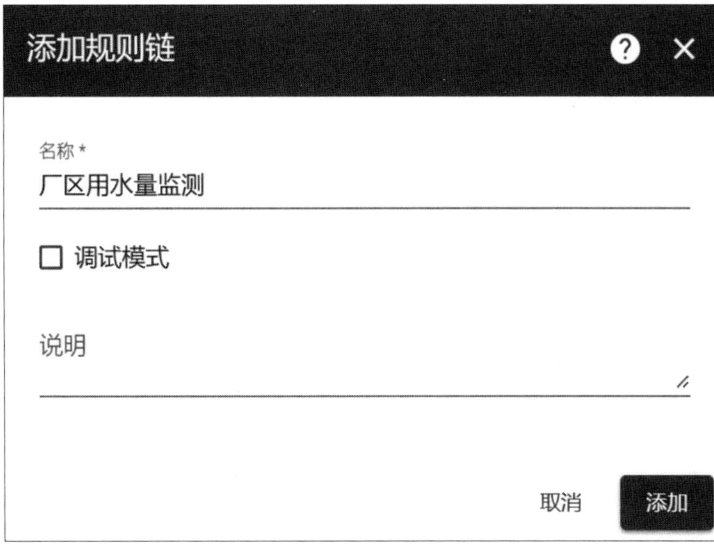

添加规则链
名称 *
厂区用水量监测
调试模式
说明
取消
添加

图 4－1

规则链库
规则链库
创建时间
名称
是否根链
2022-11-02 16:00:04
厂区用水量监测
2022-11-02 11:50:46
每日用水量监测
2022-11-02 11:27:35
实时用水量监测

图 4－2

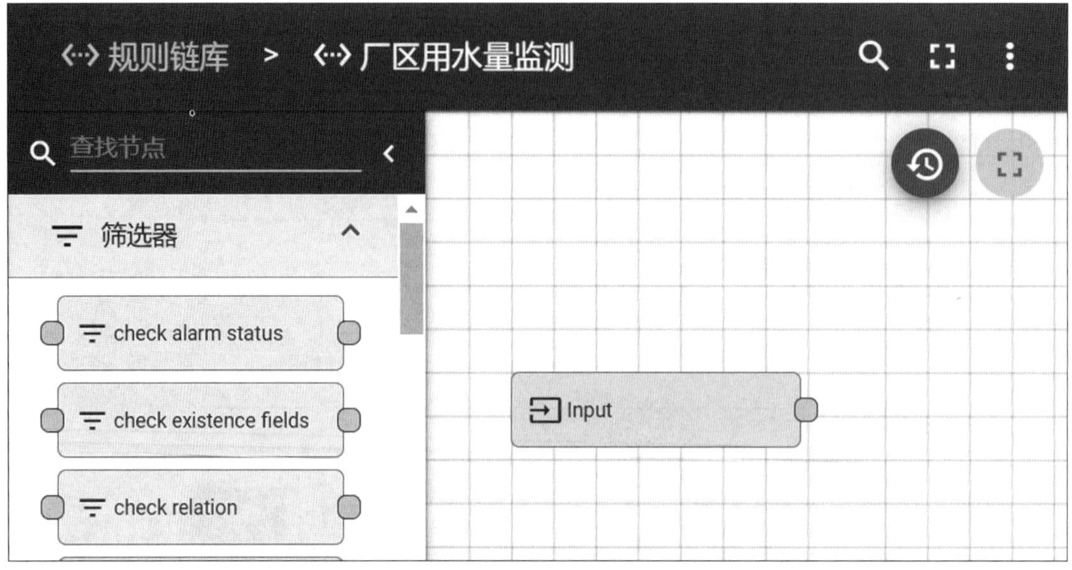
规则链库 > 厂区用水量监测
查找节点
筛选器
check alarm status
check existence fields
check relation
Input

图 4－3

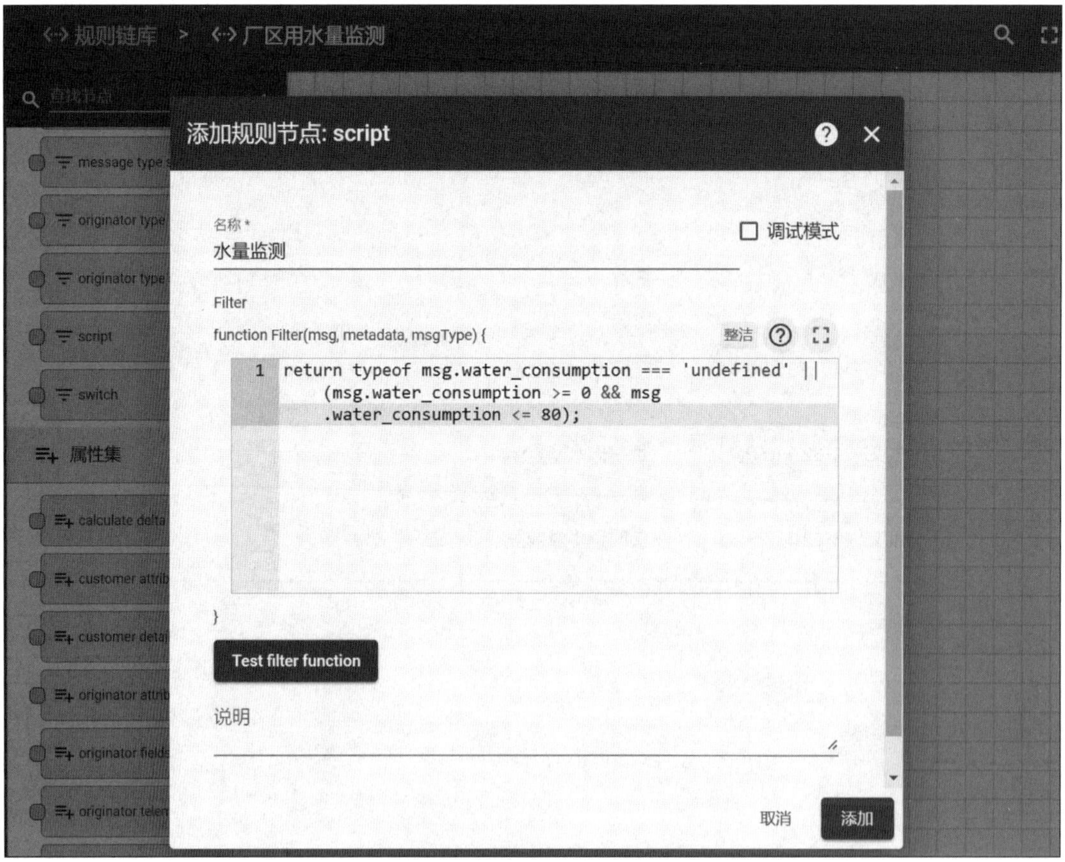

图 4－4

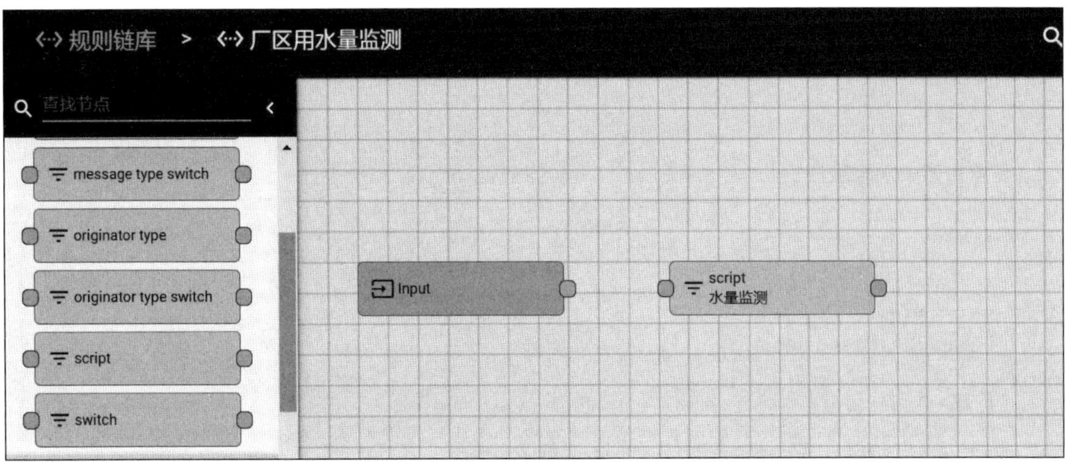

图4-5

```
    return typeof msg.water_consumption === 'undefined' ||(msg.water_consumption >=0 && msg.water_consumption <=80);
```

（3）添加数据存储规则节点。

在规则链配置页面，选择“动作”→“save timeseries”选项，拖动至右侧编辑区（见图4-6）。在弹出的规则节点编辑页面，输入规则名称后单击“添加”按钮即可，如图4-7所示。

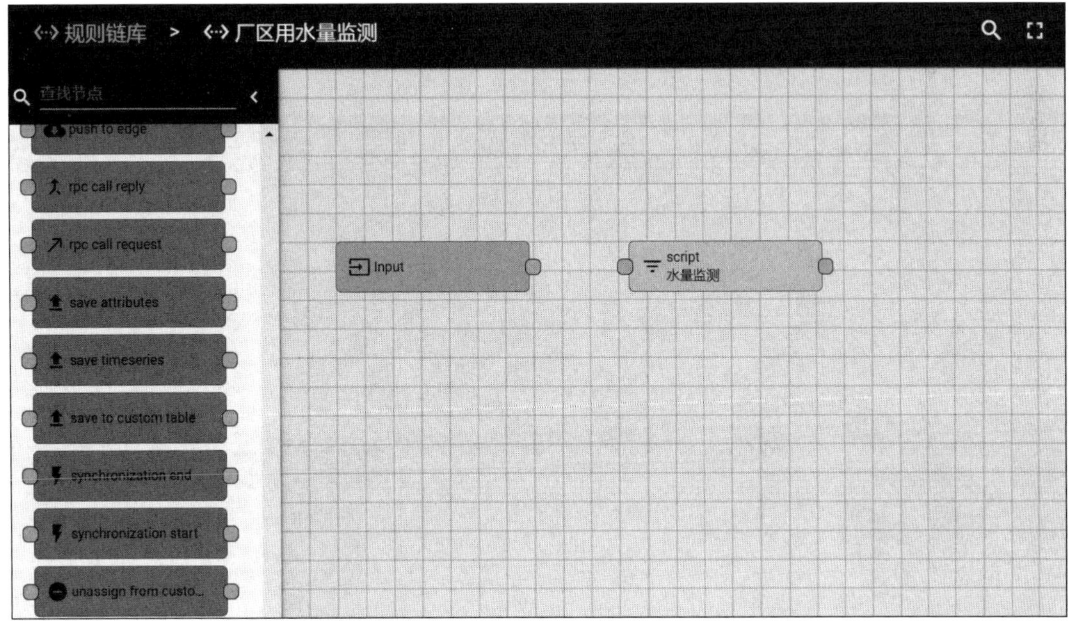

图4-6

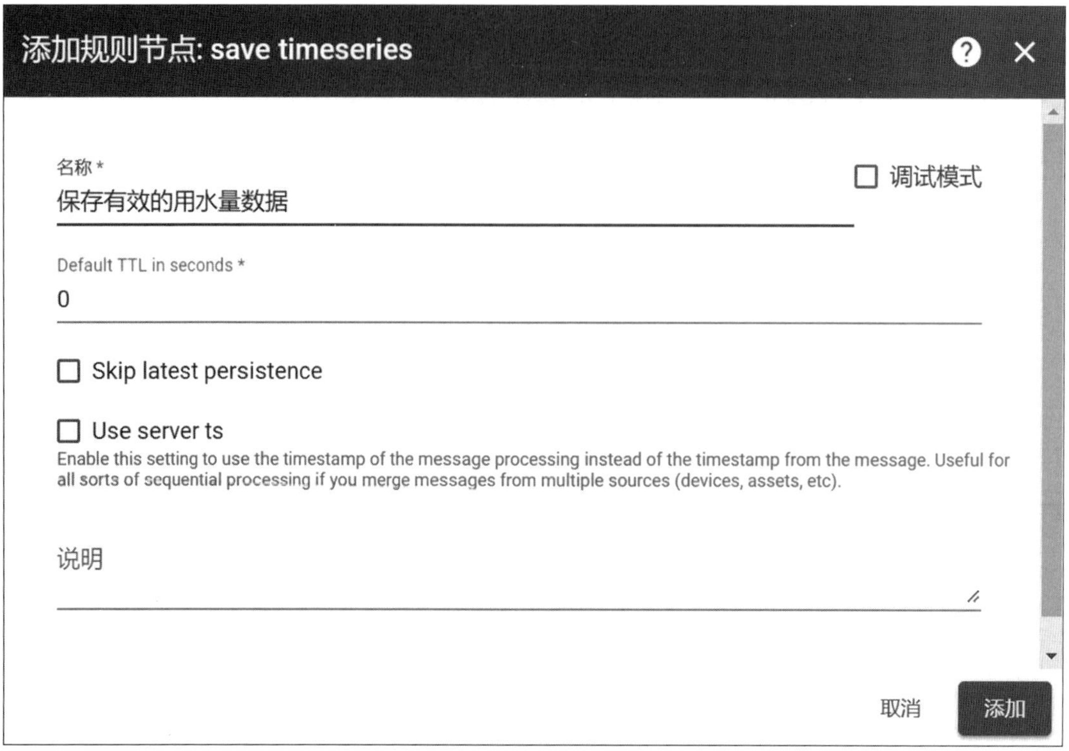

添加规则节点: save timeseries

名称 *

保存有效的用水量数据

调试模式

Default TTL in seconds *

0

Skip latest persistence

Use server ts

Enable this setting to use the timestamp of the message processing instead of the timestamp from the message. Useful for all sorts of sequential processing if you merge messages from multiple sources (devices, assets, etc).

说明

取消 添加

图 4 – 7

（4）连接规则节点。

在规则链配置页面，将各规则节点进行连接，“script”规则和“save timeseries”配置链接标签为“True”，如图 4 – 8 所示。配置完成后如图 4 – 9 所示。

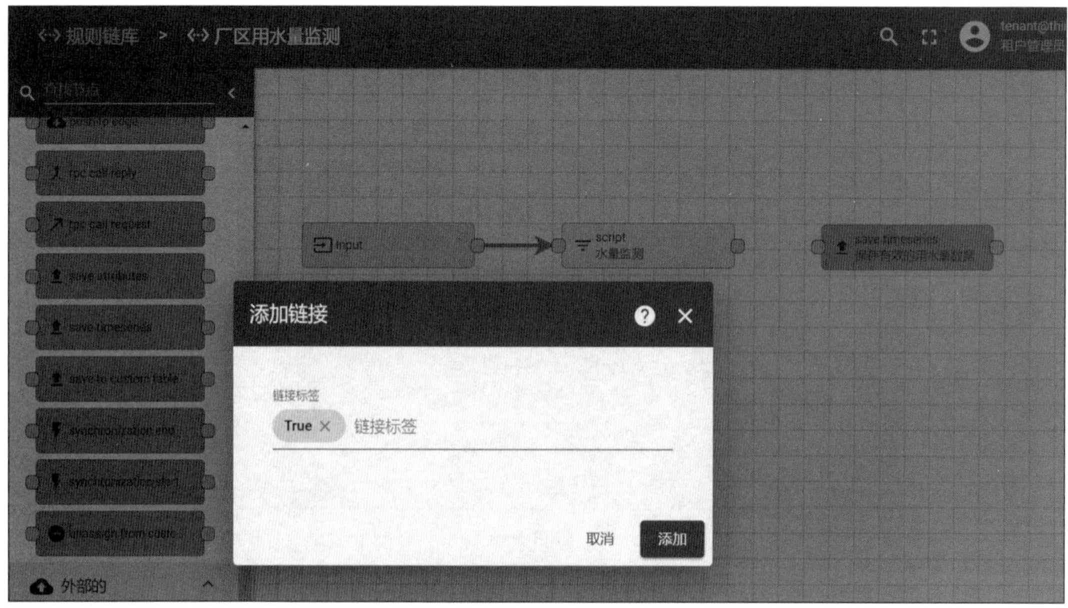

图 4 – 8

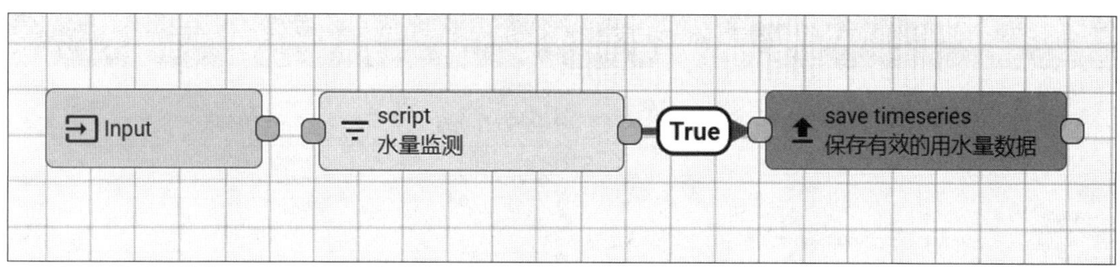

图 4-9

步骤 3：规则链测试

在如图 4-10 所示的界面中，单击“Test filter function”按钮进入如图 4-11 所示的“测试脚本功能”页面，在“消息”中输入测试数据，单击“测试”按钮，即可得到对应的输出。如本例所示，输入“water_consumption = 78”，输出结果为“true”；当输入“water_consumption = 81”时，输出为“false”，如图 4-11、图 4-12 所示。

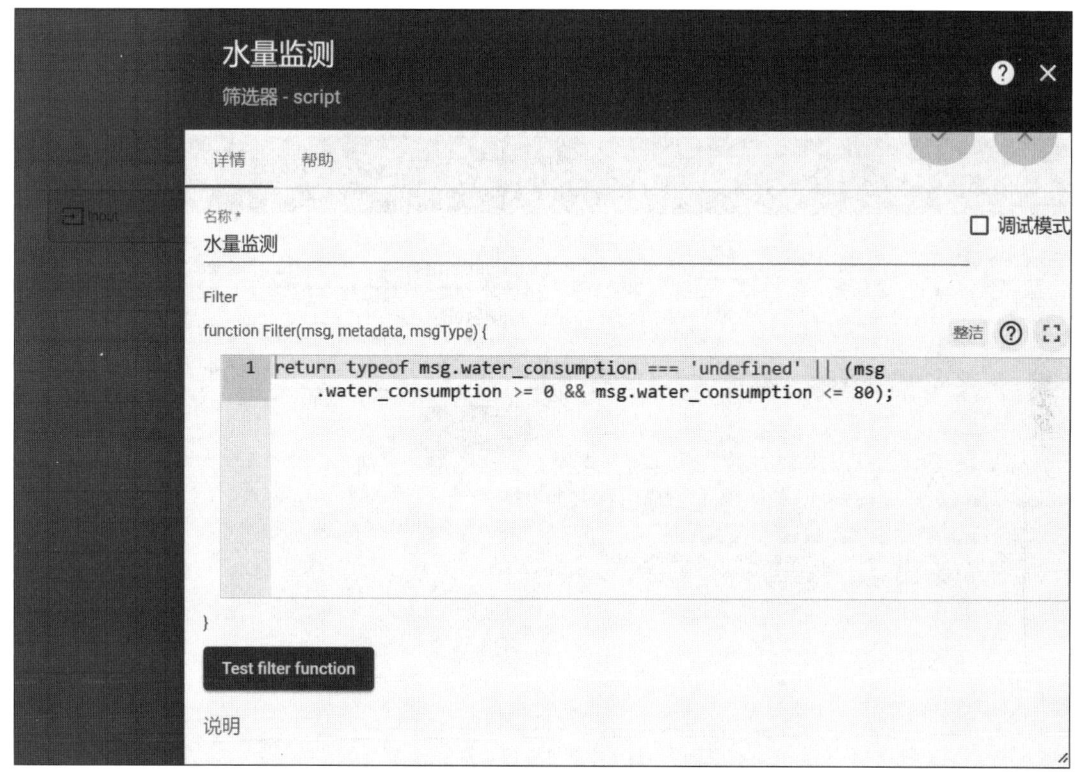

图 4-10

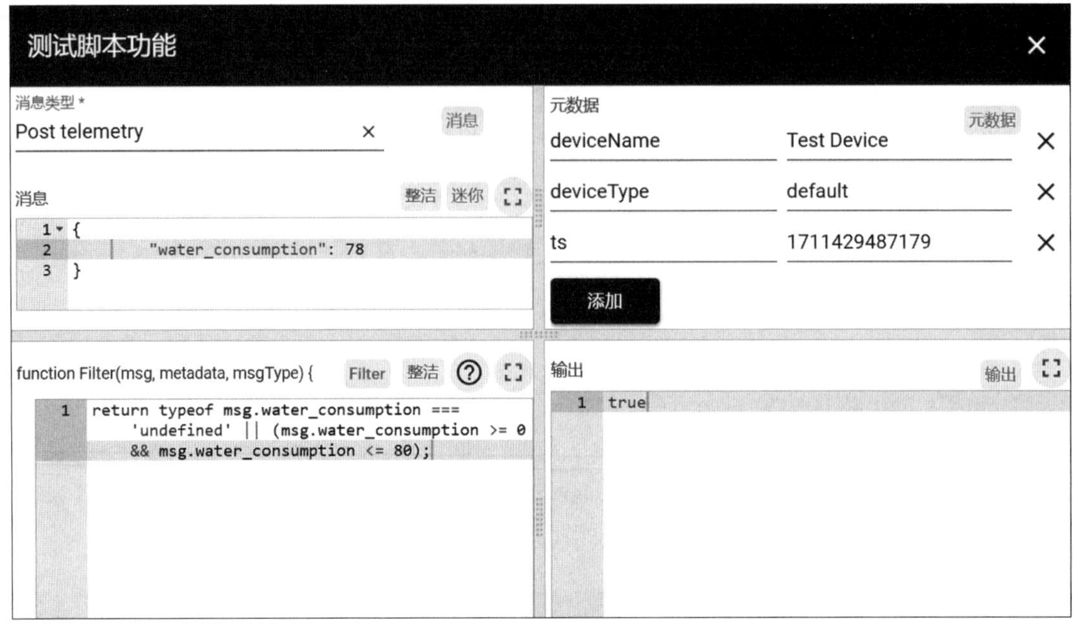

图 4－11

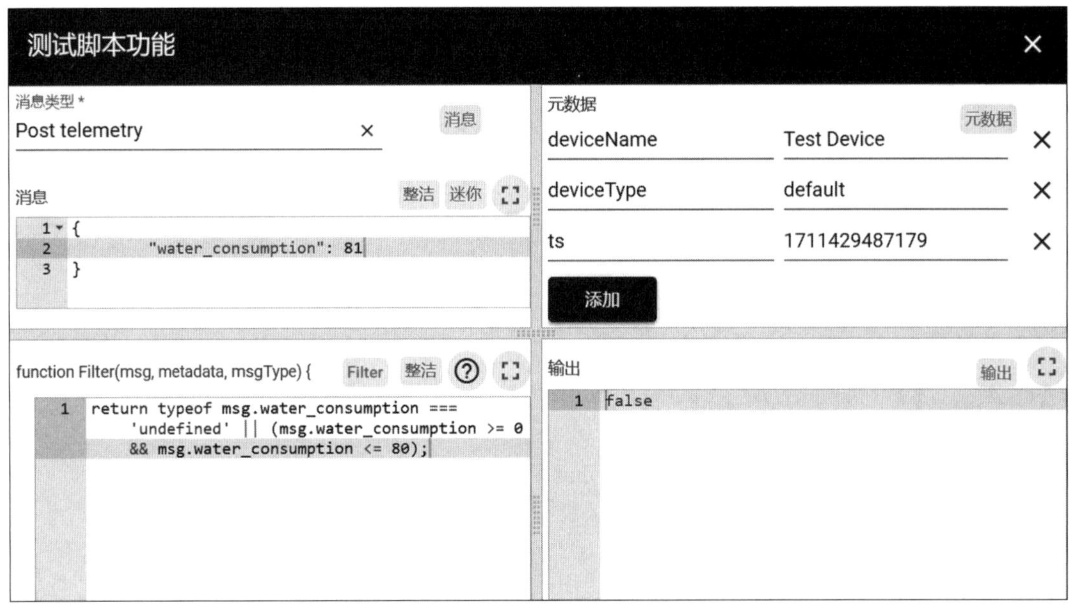

图 4－12

任务 2　接入信息计算

本任务实现对接入的遥测数据进行计算。示例中，通过规则链的编辑，模拟水表设备收集用水量数据，并推送到 ThingsBoard，计算水表 A 每时段的用水量之和。

步骤1：添加转换规则链

按照前述本项目任务1的步骤创建“每日用水量监测”规则链（见图4－13、图4－14），根据如下步骤进行规则配置。

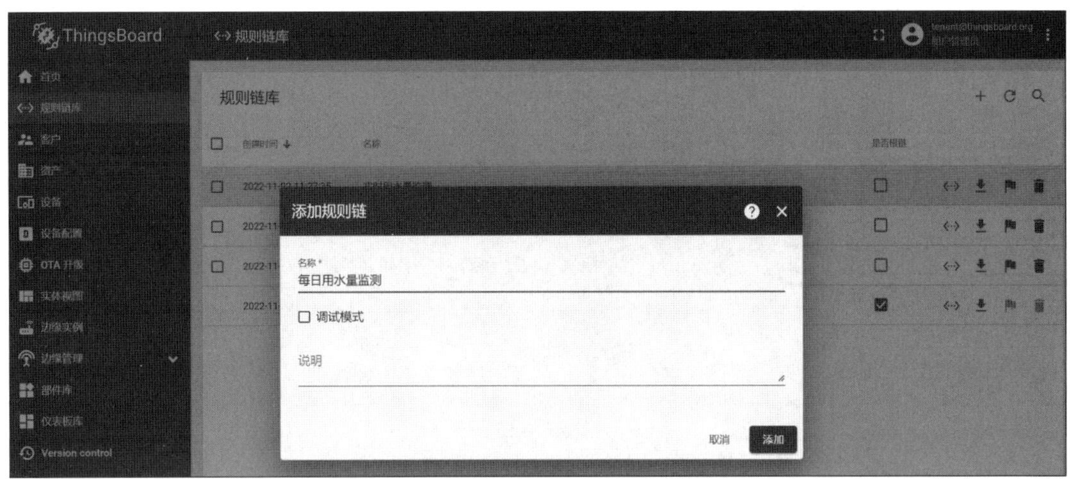

图4－13

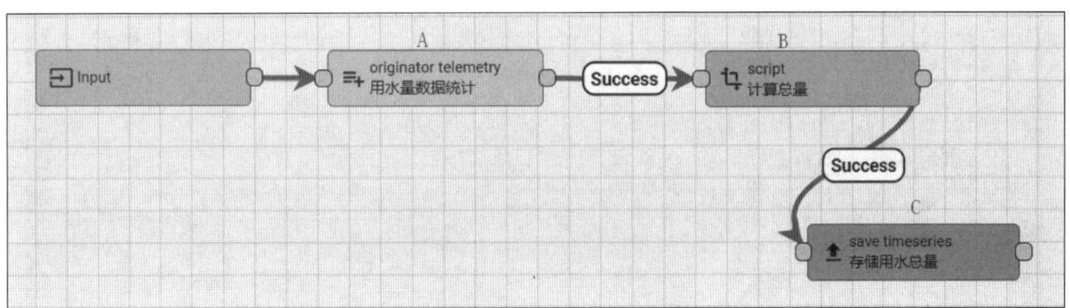

图4－14

（1）配置节点A：originator telemetry节点。

在规则链详情页中选择“属性集”→“originator telemetry”规则节点，拖动至右侧编辑区，如图4－15所示。在弹出的规则节点配置中配置规则名称、Fetch mode等信息。数据选取当前时间24小时前到当前时间1分钟前这个时间范围的数据，如图4－16、图4－17所示。

Fetch mode规则节点具有三种获取模式：

①FIRST：检索时间范围内开始的遥测数据。

②LAST：检索时间范围内末尾的数据。

③ALL：获取时间范围内所有的遥测数据。

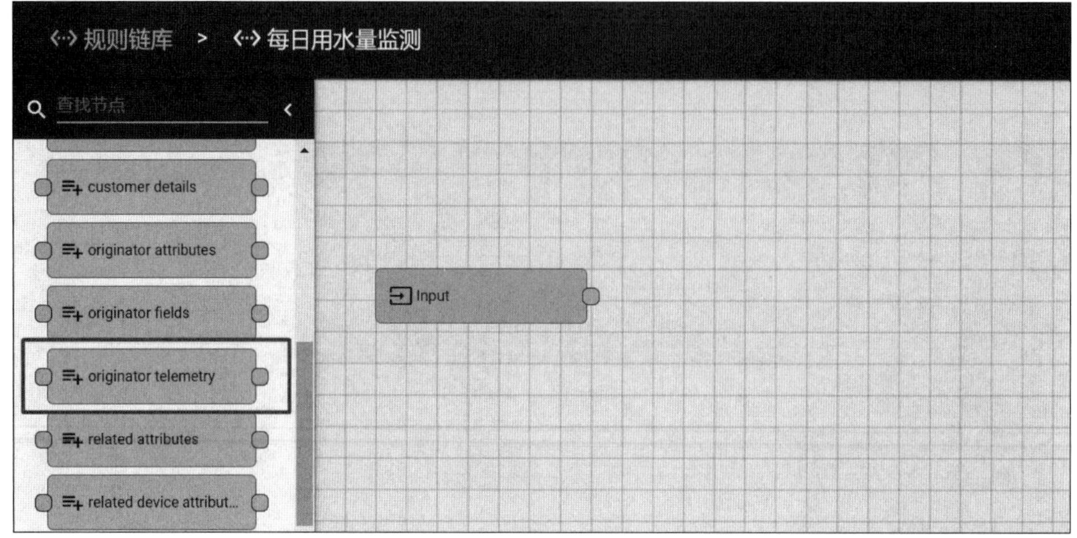

图 4-15

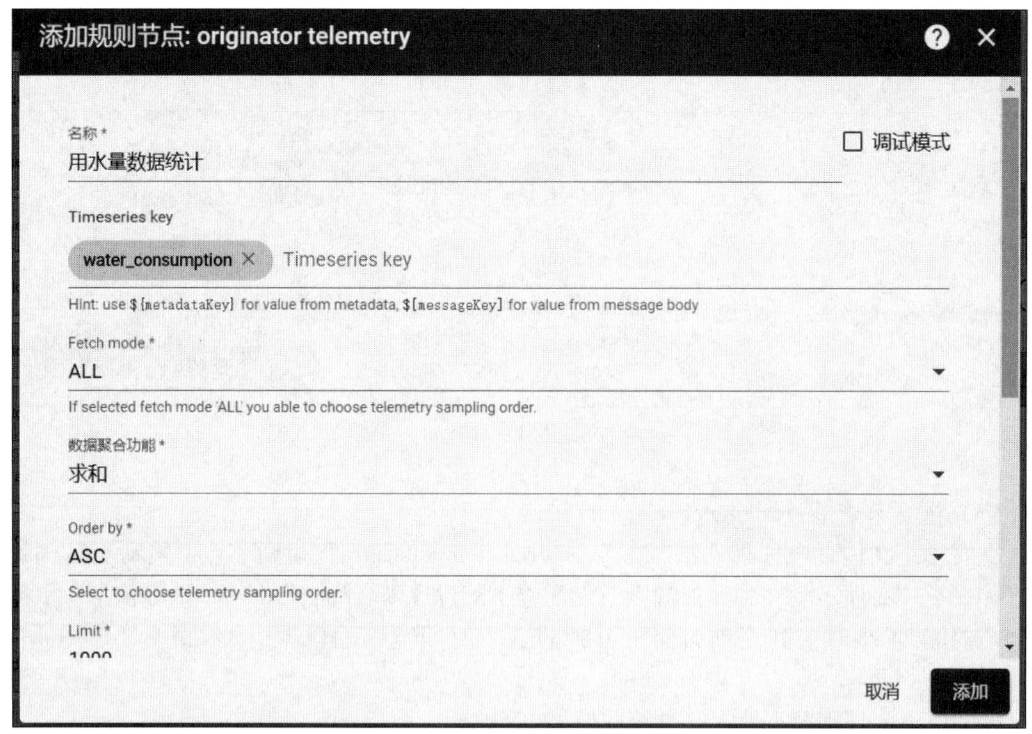

图 4-16

（2）配置节点 B：script 节点。

在规则链详情页中选择“变换”→“script”规则节点，拖动至右侧编辑区。在弹出的如图 4-18 所示的规则节点配置中配置规则名称、规则转换脚本。script 节点的数据分发规则脚本用于计算历史数据用水量数据之和，样例如下：

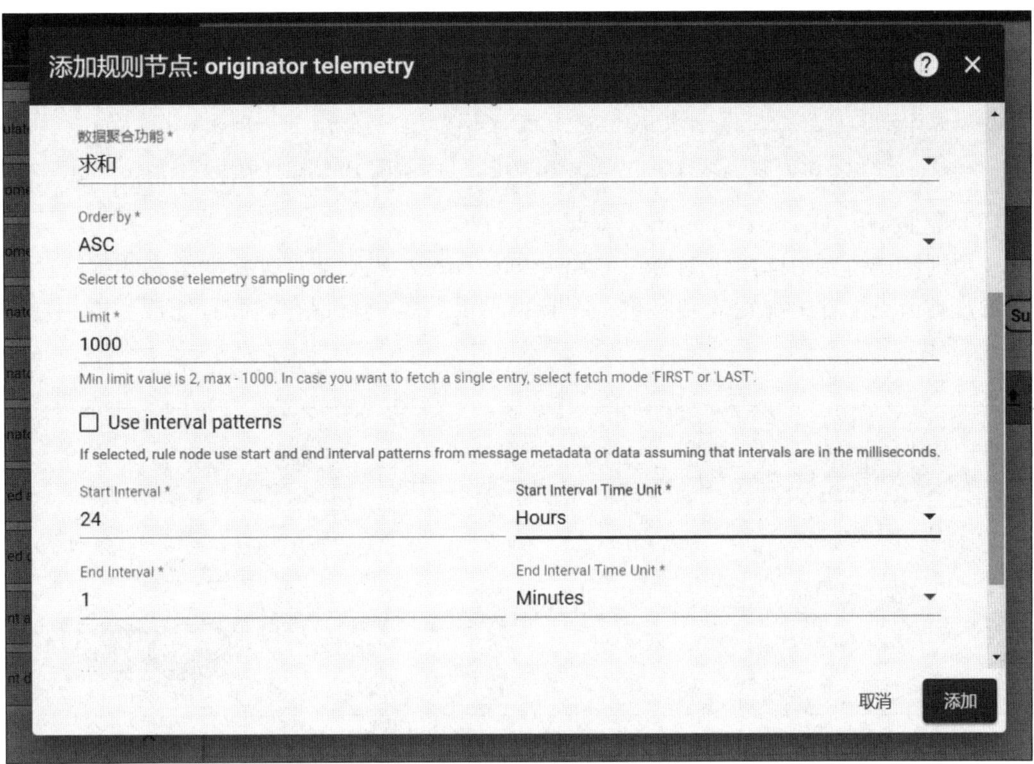
添加规则节点: originator telemetry
数据聚合功能 *
求和
Order by *
ASC
Select to choose telemetry sampling order.
Limit *
1000
Min limit value is 2, max - 1000. In case you want to fetch a single entry, select fetch mode 'FIRST' or 'LAST'.
Use interval patterns
If selected, rule node use start and end interval patterns from message metadata or data assuming that intervals are in the milliseconds.
Start Interval *
24
Start Interval Time Unit *
Hours
End Interval *
1
End Interval Time Unit *
Minutes
取消
添加

图 4－17

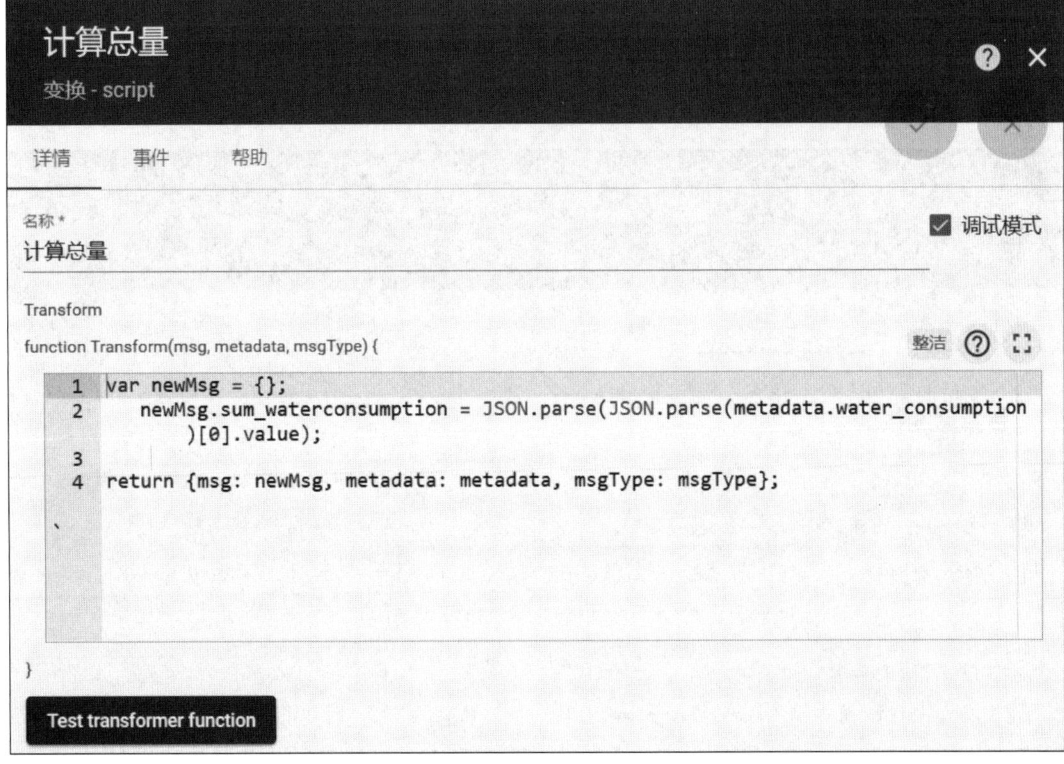
计算总量
变换 - script
详情
事件
帮助
名称 *
计算总量
调试模式
Transform
function Transform(msg, metadata, msgType) {
整洁
var newMsg = {};
newMsg.sum_waterconsumption = JSON.parse(JSON.parse(metadata.water_consumption)[0].value);
return {msg: newMsg, metadata: metadata, msgType: msgType};
}
Test transformer function

图 4－18

```
var newMsg = {};
newMsg. sum_waterconsumption =
JSON. parse(JSON. parse(metadata. water_consumption)[0]. value);
return{msg:newMsg,metadata:metadata,msgType:msgType};
```

（3）配置节点 C：save timeseries 节点。

在规则链详情页中选择“变换”→“save timeseries”规则节点，拖动至右侧编辑区。在弹出的规则节点配置中配置规则名称，将转换后的数据进行保存。配置完成后如图 4－19 所示。

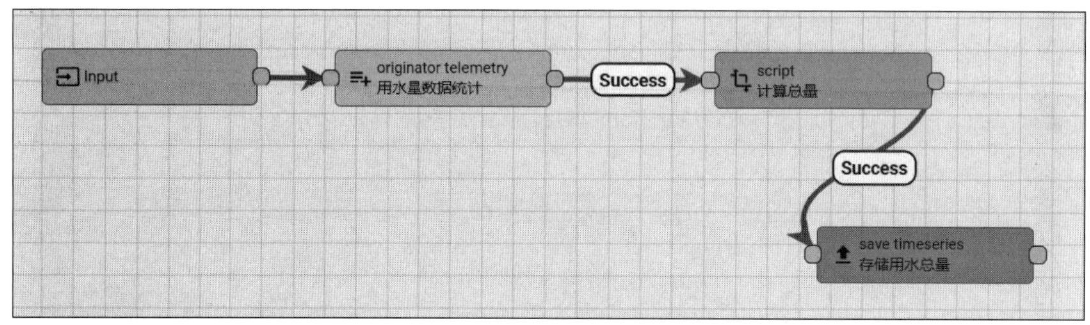

图 4－19

步骤 2：规则链测试

切换到设备列表页面，检查水表 A 的最新遥测数据，可以看到最新遥测数据中已增加 sum_waterconsumption 键名，价值则为我们定义时间范围内的水表的遥测数据 water_consumption 之和，如图 4－20 所示。

水表A

设备详细信息

详情 属性 最新遥测数据 警告 事件 关联 审计日志 Version control

最新遥测数据

最后更新时间	键名 ↑	价值
2023-01-19 16:00:52	sum_waterconsumption	1854.1
2023-01-19 15:55:40	sum_waterconsumption1	[{"ts":1674071710274,"value":1833.6000000000004}]
2023-01-19 16:00:52	water_consumption	16.4

图 4－20

任务 3　接入信息转换

本任务实现对遥测数据进行转换后，存入数据库。示例中，基于规则引擎中的“script”规则节点对遥测数据进行转换，将用水量单位“立方米”转换为“加仑”后，再进行数据的存储和可视化。

步骤 1：添加转换规则链

根据本项目任务 1 的步骤新增单位转换规则链，如图 4－21、图 4－22 所示。在“message type switch”和“save timeseries”规则节点之间新增变换的“script”规则节点，如图 4－23、图 4－24 所示。在弹出的规则节点配置中配置规则名称及单位换算脚本，如图 4－25、图 4－26 所示，脚本样例如下框中所示。设置规则点链接后即可完成配置，如图 4－27 所示。

```
function precisionRound(number,precision){
  var factor =Math.pow(10,precision);
  return Math.round(number* factor)/factor;
}
if(typeof msg.water_consumption!== 'undefined'){
    msg.gal_water_consumption = precisionRound((msg.water_consump-
tion)* 264,2);
}

return{msg:msg,metadata:metadata,msgType:msgType};
```

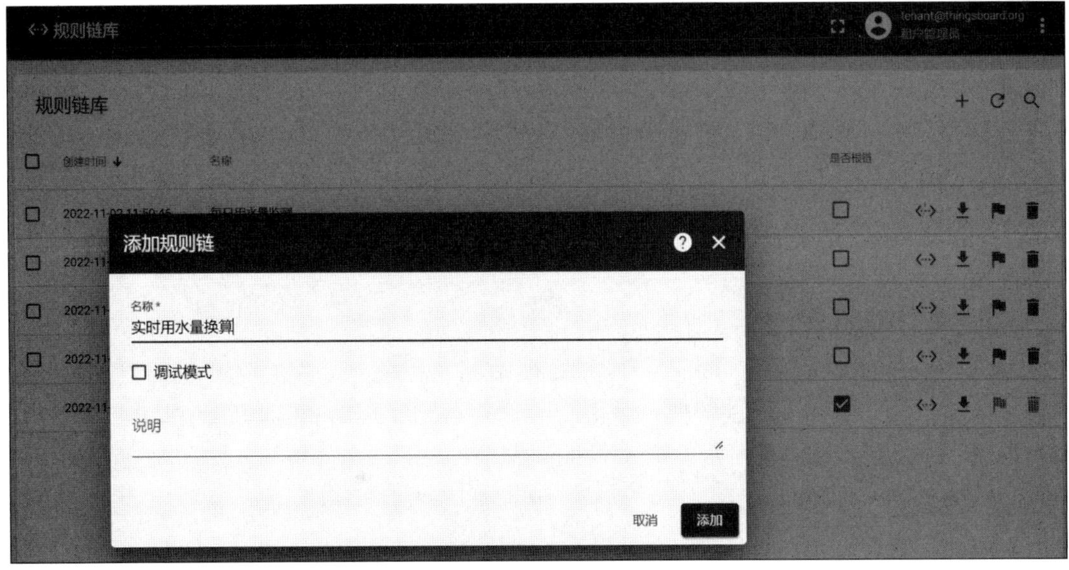

图 4－21

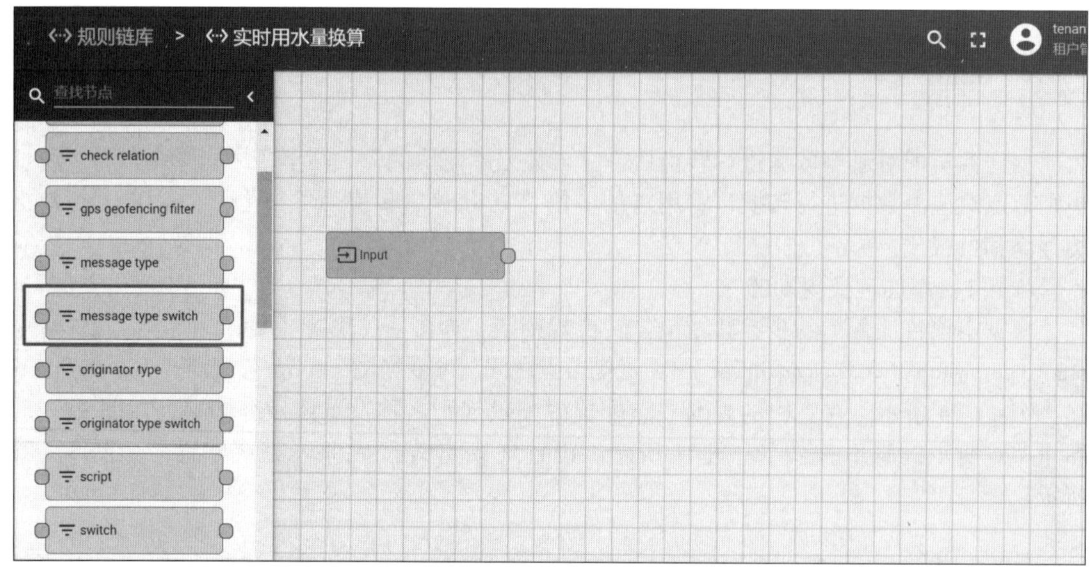

图 4-22

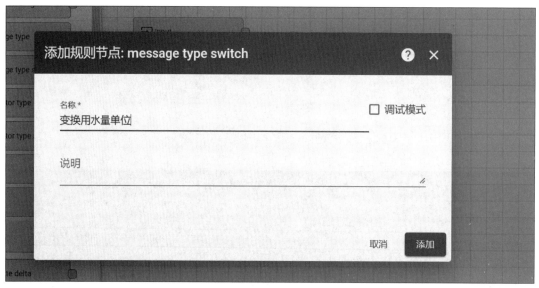

图 4-23

步骤 2：规则链测试

在“script”规则详情页，单击“Test transformer function”按钮进入“测试脚本功能”页面，在“消息”中输入测试数据，单击“测试”按钮，即可得到对应的输出，如图 4-28、图 4-29 所示。如本例所示，输入 water_consumption = 1（立方米），输出结果为 water_consumption = 264（加仑）。

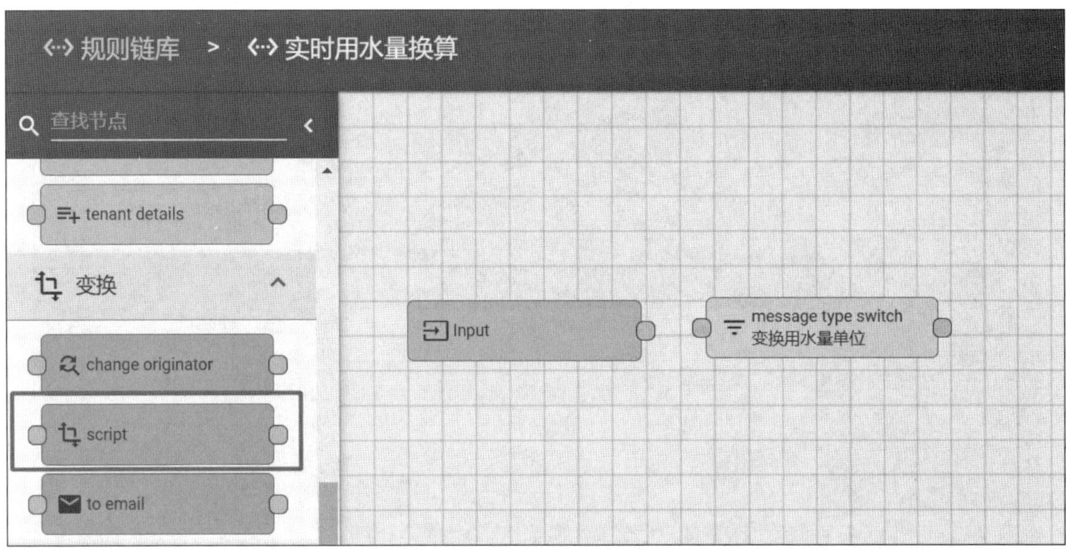

图 4 – 24

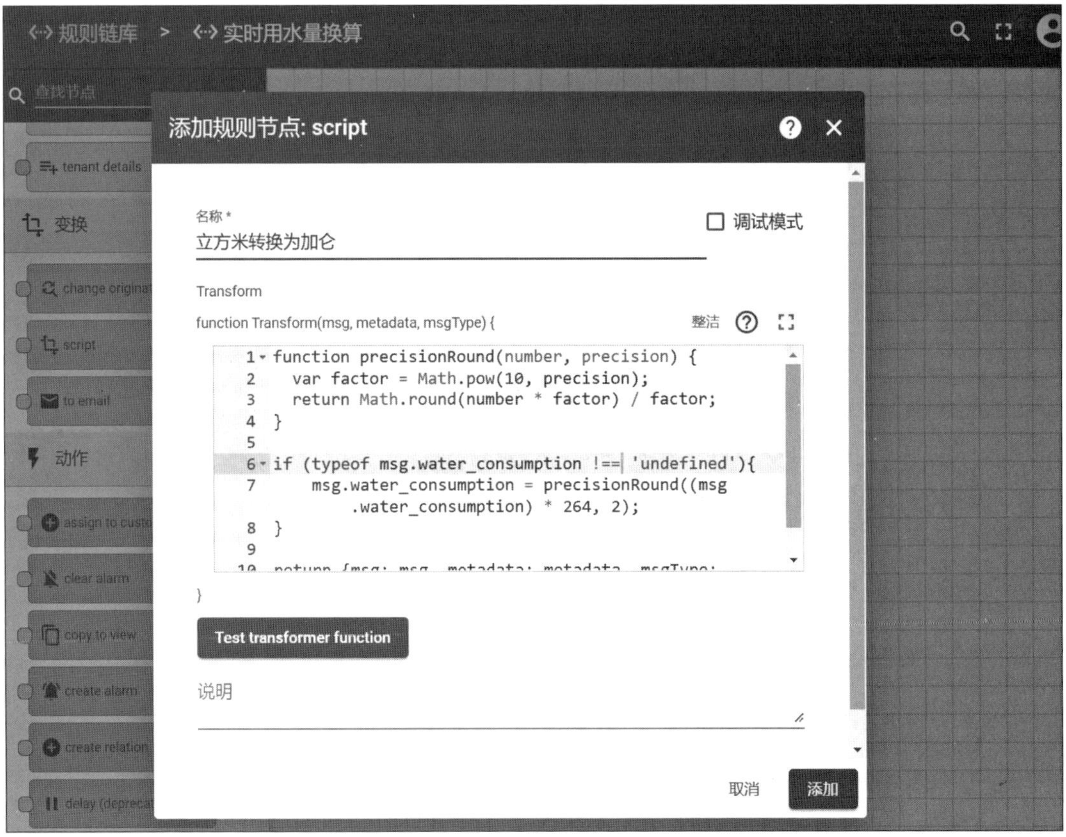

规则链库 > 实时用水量换算

添加规则节点: script

名称 *
立方米转换为加仑

调试模式

Transform

function Transform(msg, metadata, msgType) {

整洁

```
function precisionRound(number, precision) {
  var factor = Math.pow(10, precision);
  return Math.round(number * factor) / factor;
}

if (typeof msg.water_consumption !== 'undefined'){
    msg.water_consumption = precisionRound((msg
        .water_consumption) * 264, 2);
}

return {msg: msg, metadata: metadata, msgType:
```

}

Test transformer function

说明

取消　添加

图 4 – 25

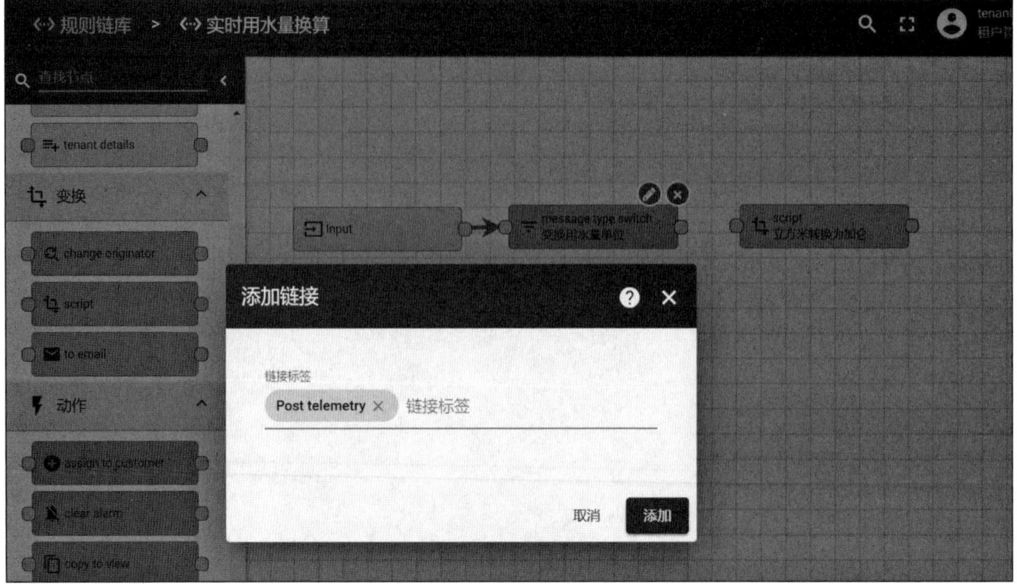

图 4-26

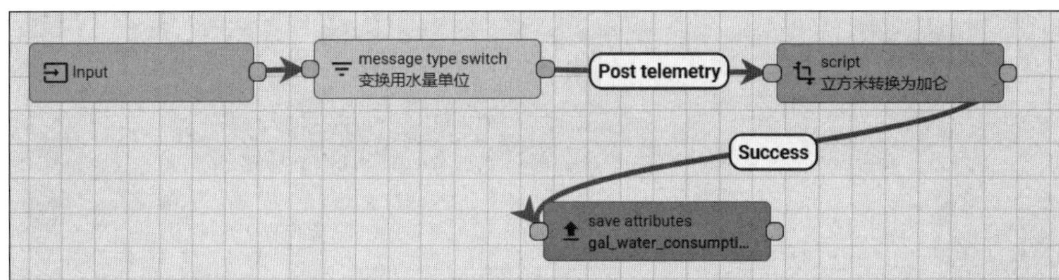

图 4-27

图 4-28

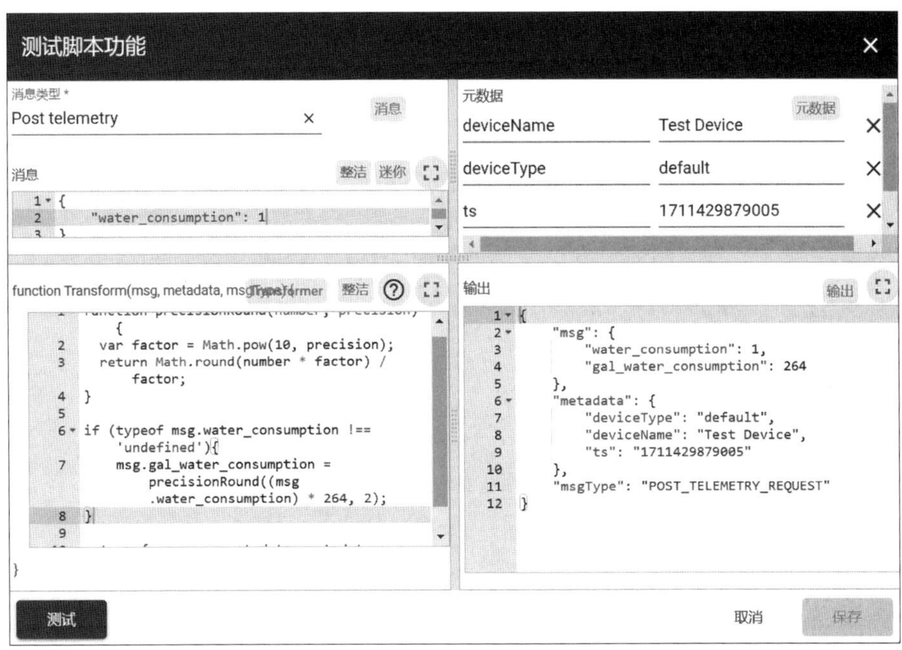

图 4－29

任务 4　多个设备数据的接入和处理

物联网应用系统中同时会有多个设备的数据接入，多组数据之间的差异可以提供更多的监测价值。本任务通过配置规则引擎，计算进水和用水的差值和变化量，得到新的遥测数据。

步骤 1：新增设备并配置资产和设备关联关系

（1）资产配置新增设备关联关系。

参考项目 2 步骤新增厂区“A 区进水表”、用水量“水表 A”。在资产“区域 A”的资产详情页单击“关联”页签，单击“＋”按钮新增关联关系，如图 4－30 所示。在弹出的“添

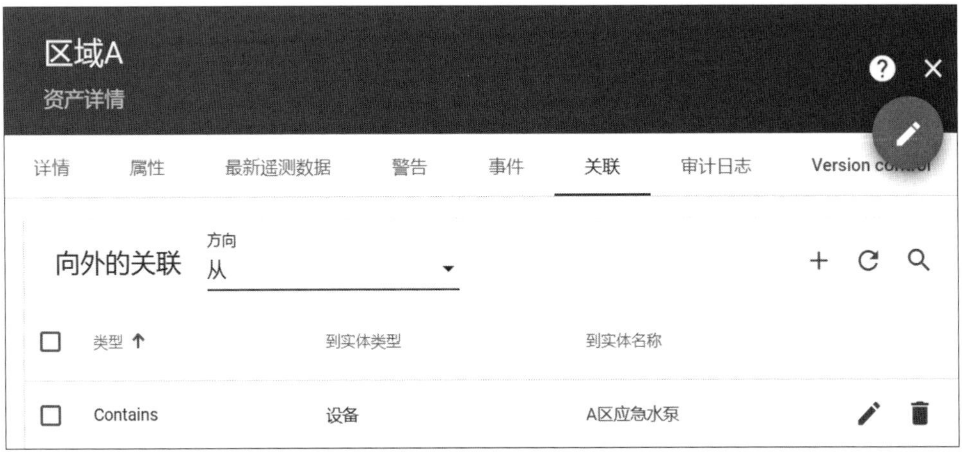

图 4－30

加关联”配置页面，关联类型选择“Contains”，关联到实体，实体类型选择“设备”，实体列表选择新增的“A 区进水表”“水表 A”，如图 4－31 所示。添加完成后，关联关系列表如图 4－32 所示。

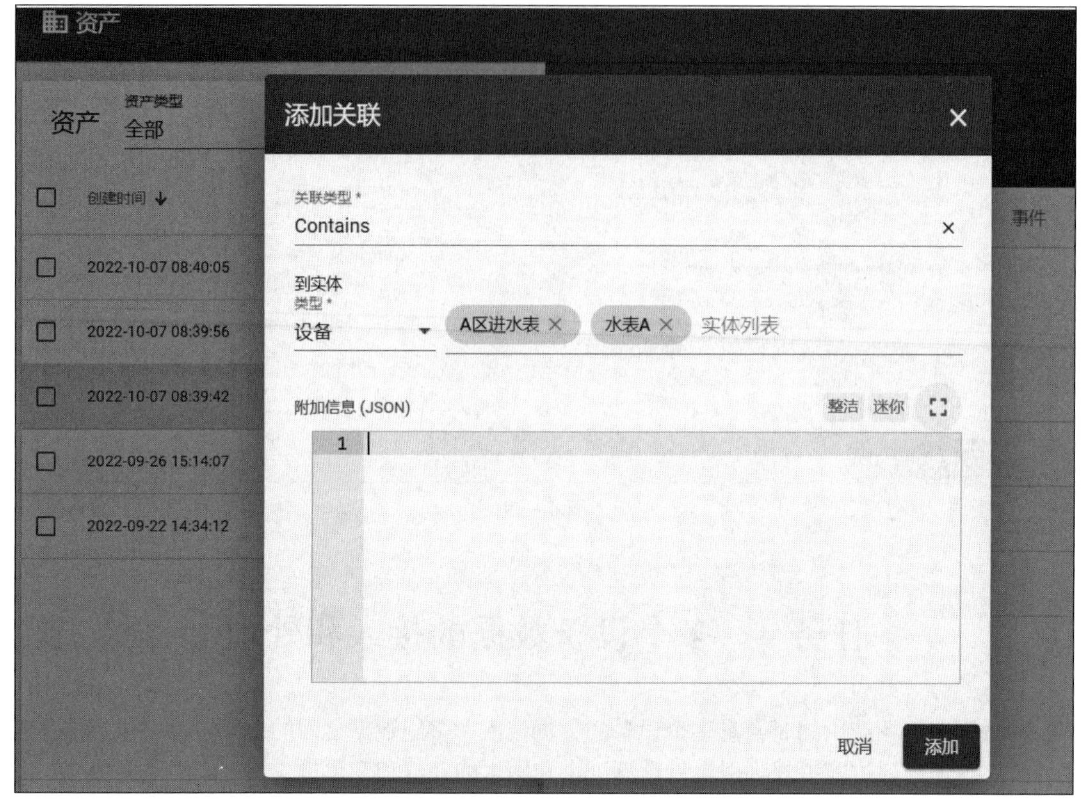

图 4－31

☐ Contains	设备	A区进水表	
☐ Contains	设备	水表A	

图 4－32

（2）设备配置新增资产关联关系。

在设备列表页，选择设备“A 区进水表”，进入到设备详情页，单击“关联”页签，单击“+”按钮新增关联关系。在弹出的“添加关联”配置页面，关联类型选择“Contains”，关联到实体，实体类型选择“资产”，实体列表选择“区域 A”，如图 4－33 所示。添加完成后，关联关系列表如图 4－34 所示。同理添加设备“水表 A”到资产的关联关系。

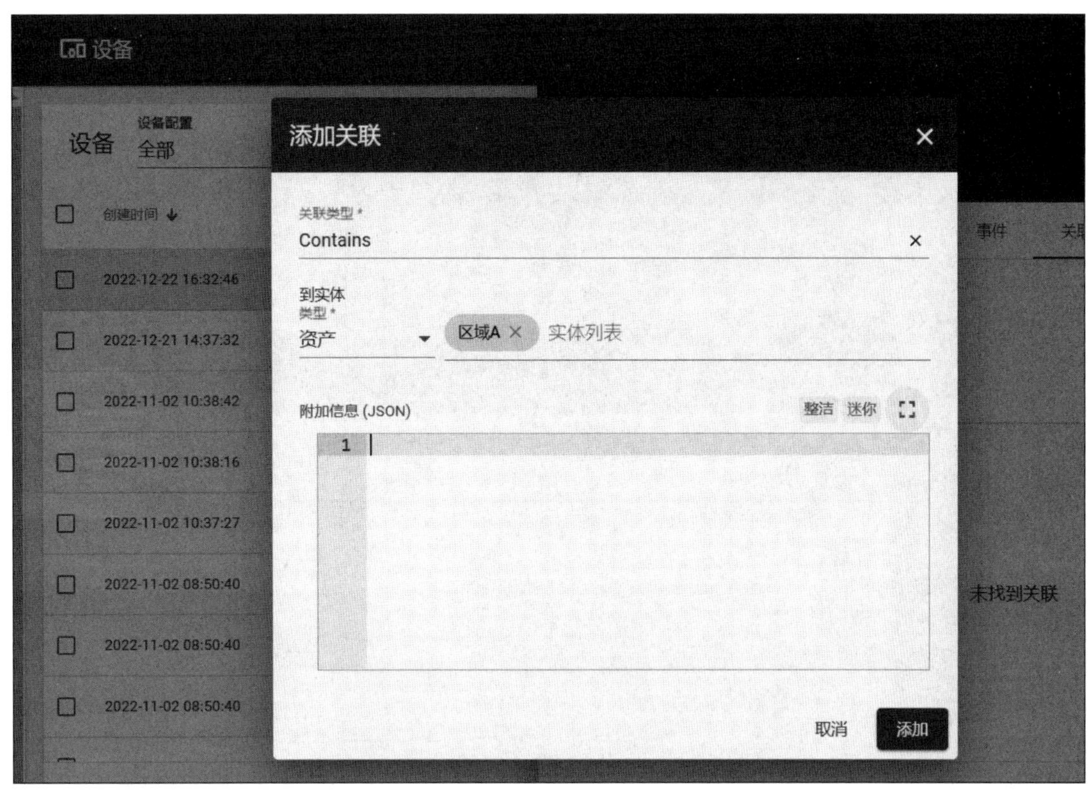

图 4-33

图 4-34

步骤 2：新增生成进水量和用水量规则链

创建模拟生成水量规则链，如图 4-35 所示。在规则链详情页中选择“动作”标签下的“generator”规则节点，拖动其至右侧编辑区，如图 4-36 所示。在弹出的规则节点配置中配置规则名称、数据生成周期（Period in seconds）及数据生成脚本，生成“A 区进水量”的数据生成规则，脚本样例如下框中所示。随机生成 A 区进水量数据，并且定义“deviceType”参数值为“A 区进水量”。同理完成“A 区用水量”的数据生成规则配置，如图 4－37 所示。

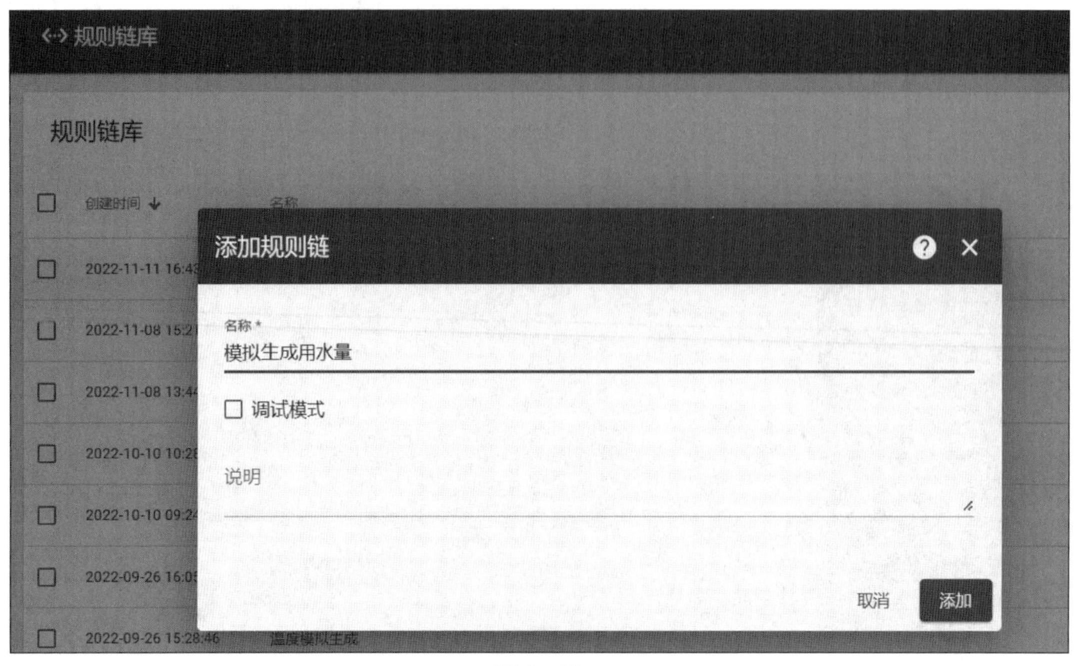

图 4－35

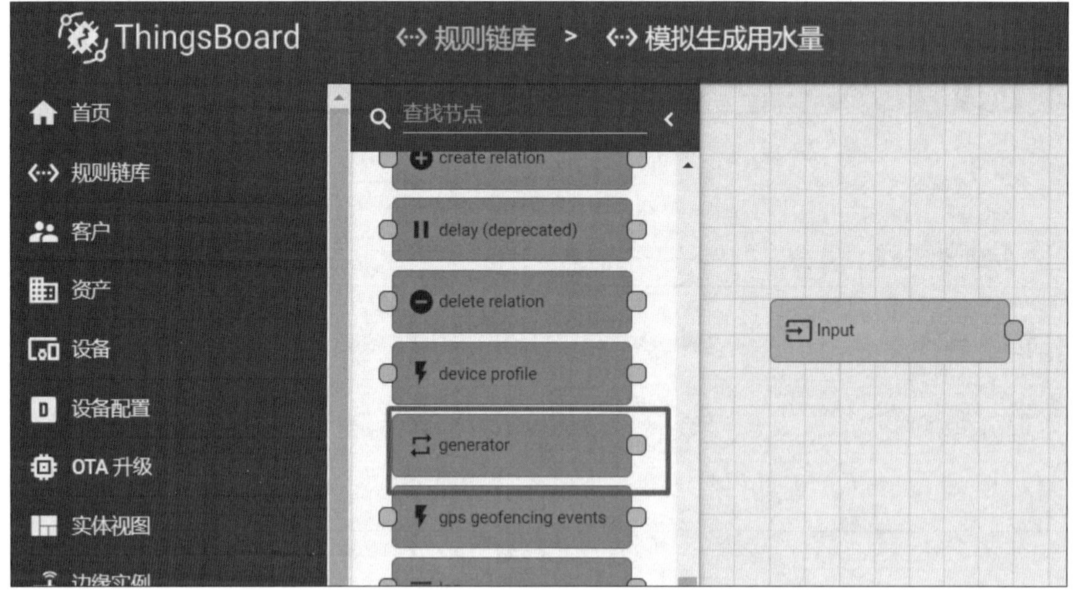

图 4－36

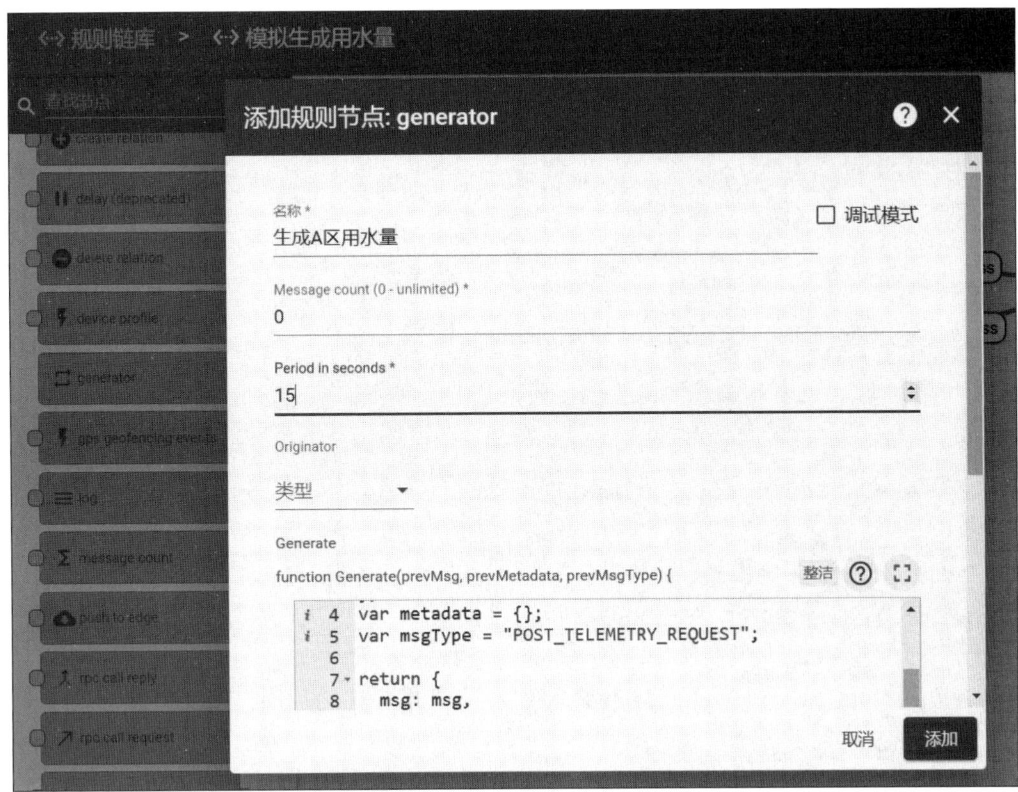

图 4 – 37

设置规则点链接后即可完成配置，如图 4 – 38 所示。

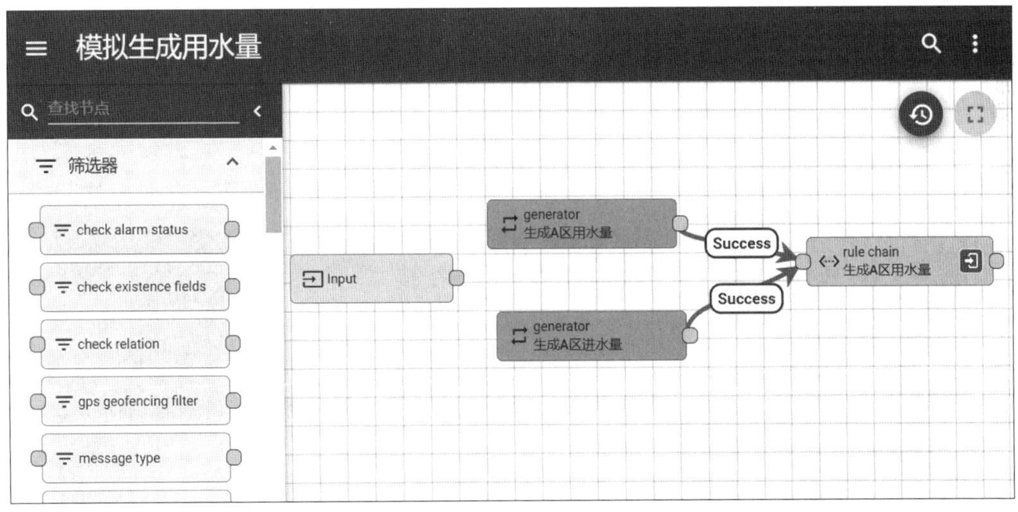

图 4 – 38

```
var msg = {
    water_consumption: + (Math.random() * 5 + 15).toFixed(1)
};
```

```
    var metadata = {};
    var msgType = "POST_TELEMETRY_REQUEST";
    return{
      msg:msg,
      metadata:{
        deviceType:"A 区用水量"
      },
      msgType:"POST_TELEMETRY_REQUEST"
    };
```

```
var msg = {
        water_consumption: +(Math.random()* 5 +25).toFixed(1)
    };
    var metadata = {};
    var msgType = "POST_TELEMETRY_REQUEST";

    return{
      msg:msg,
      metadata:{
        deviceType:"A 区进水量"
      },
      msgType:"POST_TELEMETRY_REQUEST"
    };
```

步骤 3：生成水位差规则链

按照前述步骤创建水位差计算规则链（见图 4－39），根据如下步骤进行规则配置，完成后如图 4－40 所示。

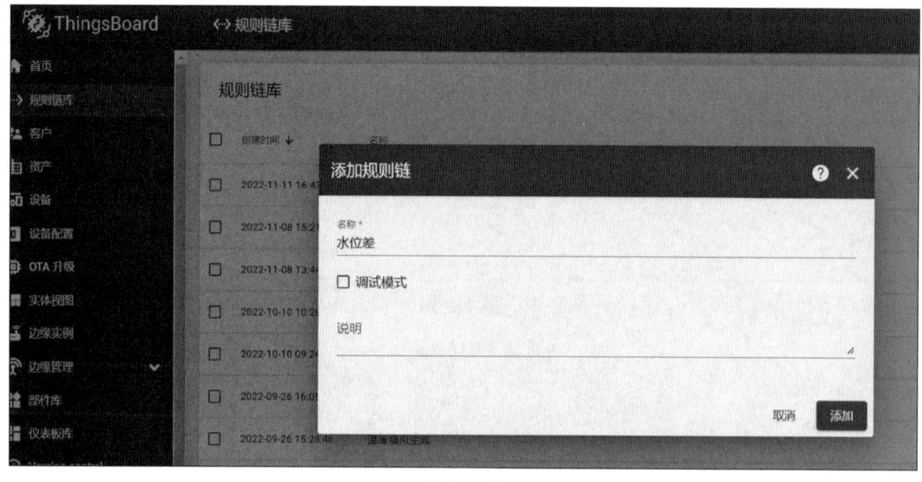

图 4－39

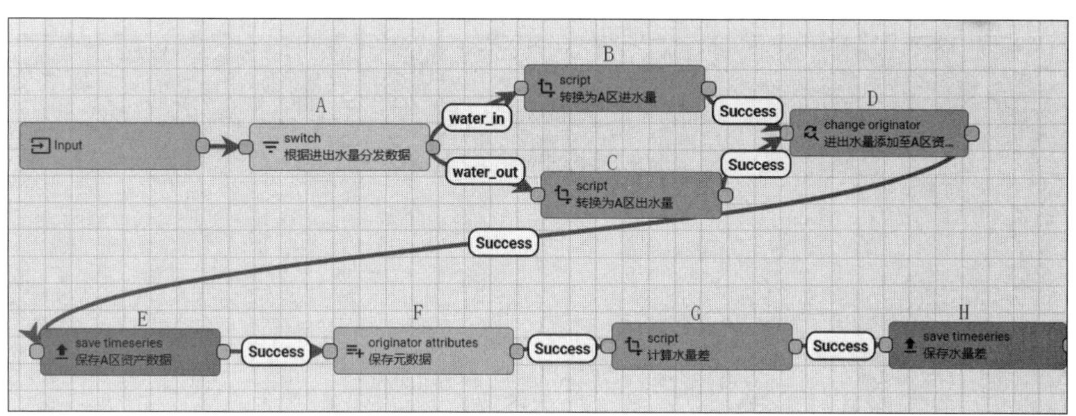

图4－40

（1）配置节点A：switch节点。

在规则链详情页中选择“筛选器”→“switch”规则节点，拖动至右侧编辑区，如图4－41所示。在弹出的规则节点配置中配置规则名称、规则转换脚本，如图4－42所示。从消息metadata中获取deviceType的值，如果值为“A区进水量”，则通过“water_in”关系类型分发到规则节点；如果值为“A区用水量”，则通过“water_out”关系类型分发到规则节点。

图4－41

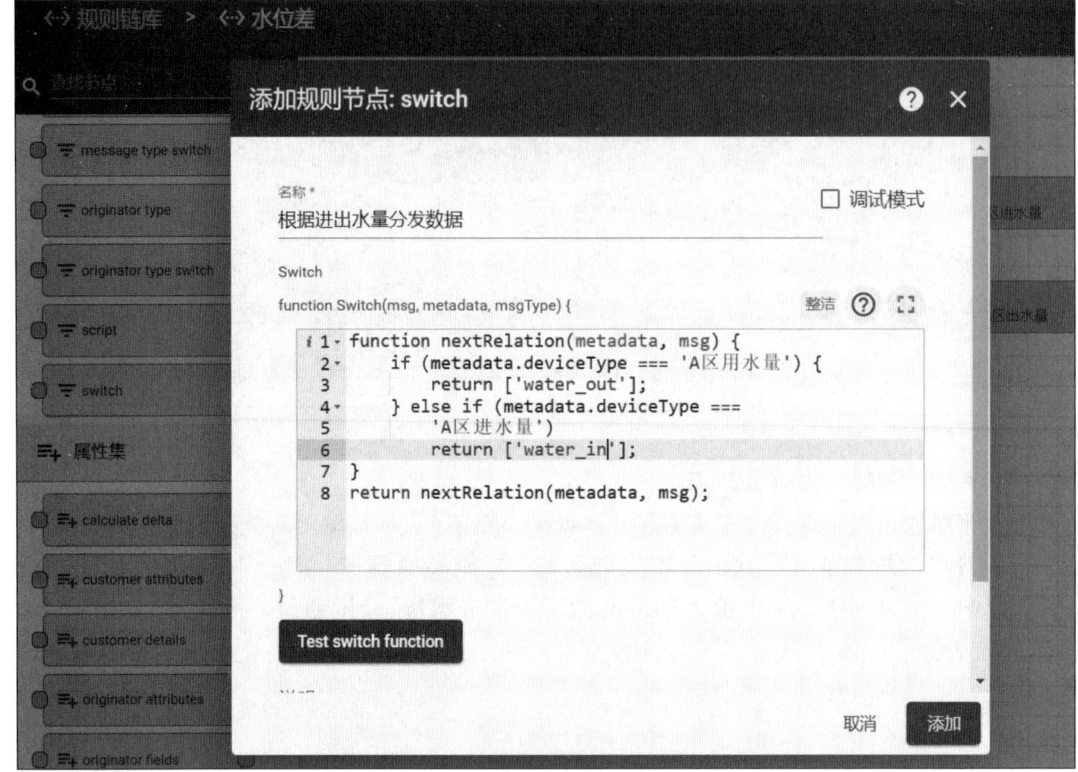

图 4 – 42

Switch 节点的数据分发规则脚本样例如下框中所示。

```
function nextRelation(metadata,msg){
    if(metadata.deviceType==='A 区用水量'){
        return['water_out'];
    }else if(metadata.deviceType===
        'A 区进水量')
        return['water_in'];
}
return nextRelation(metadata,msg);
```

（2）配置节点 B、C：script 节点

在规则链详情页中选择“变换”→“script”规则节点，拖动至右侧编辑区，如图 4 – 43 所示。在弹出的规则节点配置中配置规则名称、规则转换脚本，如图 4 – 44 所示。从消息 msg 中获取的 water_consumption 遥测数据变更为“water_in”或者“water_out”。

随后配置规则链，从节点 A 出发，通过“water_in”关系类型分发到节点 B，通过“water_out”关系类型分发到节点 C，如图 4 – 45 所示。配置完成后如图 4 – 46 所示。节点 B 和 C 中的核心代码如下所示。

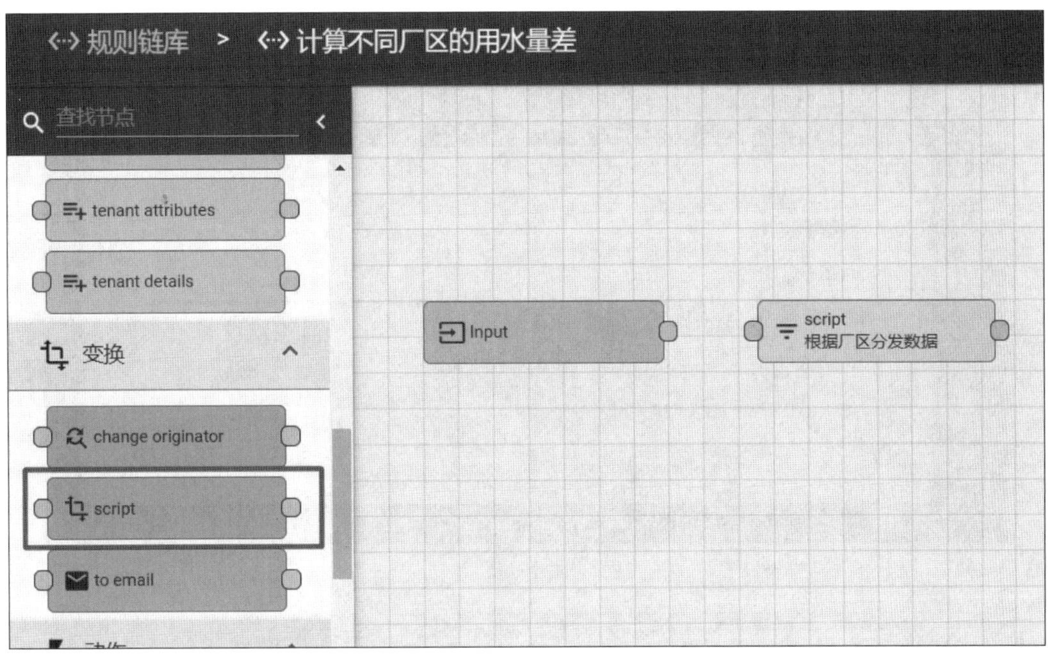

图 4-43

规则链库 > 水位差

查找节点

related attributes

related device attribut...

tenant attributes

tenant details

变换

change originator

script

to email

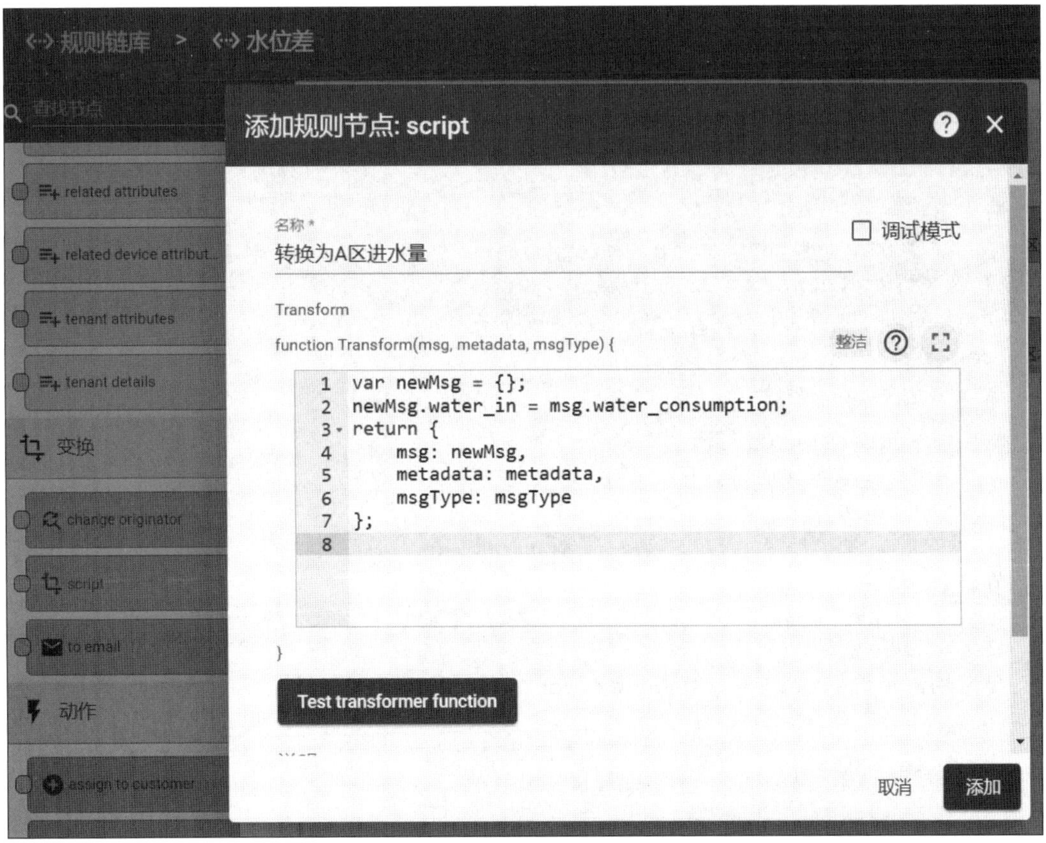

动作

assign to customer

添加规则节点: script

名称 *

转换为A区进水量

调试模式

Transform

function Transform(msg, metadata, msgType) {

整洁

```
var newMsg = {};
newMsg.water_in = msg.water_consumption;
return {
    msg: newMsg,
    metadata: metadata,
    msgType: msgType
};
```

}

Test transformer function

取消　添加

图 4-44

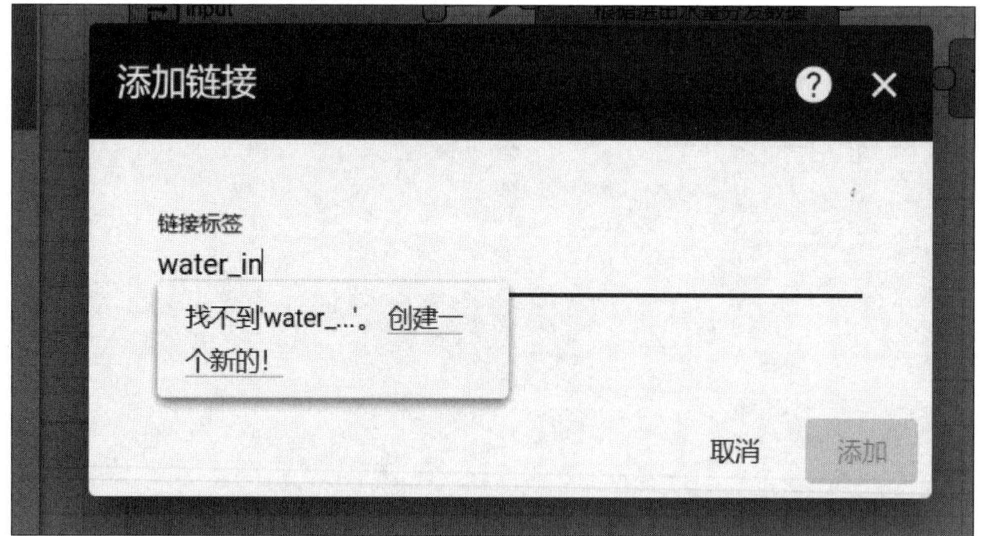

图 4-45

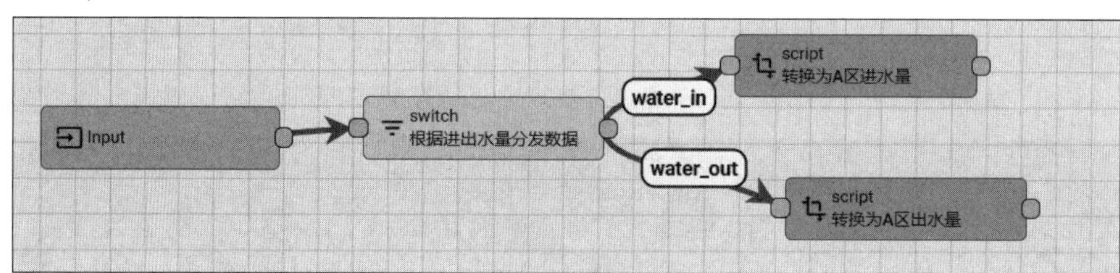

图 4-46

节点 B：

```
var newMsg = {};
newMsg.water_in = msg.water_consumption;
return{
    msg:newMsg,
    metadata:metadata,
    msgType:msgType
};
```

节点 C：

```
var newMsg = {};
newMsg.water_out = msg.water_consumption;
return{
    msg:newMsg,
    metadata:metadata,
    msgType:msgType
};
```

(3) 配置节点 D：change originator 节点。

在规则链详情页中选择“变换”→“change originator”规则节点，拖动至右侧编辑区。在弹出的规则节点配置中配置规则名称，Originator source 配置为“Related”，关联筛选器类型为“Contains”，实体类型为“资产”，如图 4-47 所示。用于将发起者从“水表设备”更改为相关资产“区域 A”并且所提交的消息将作为来自资产的消息进行处理。

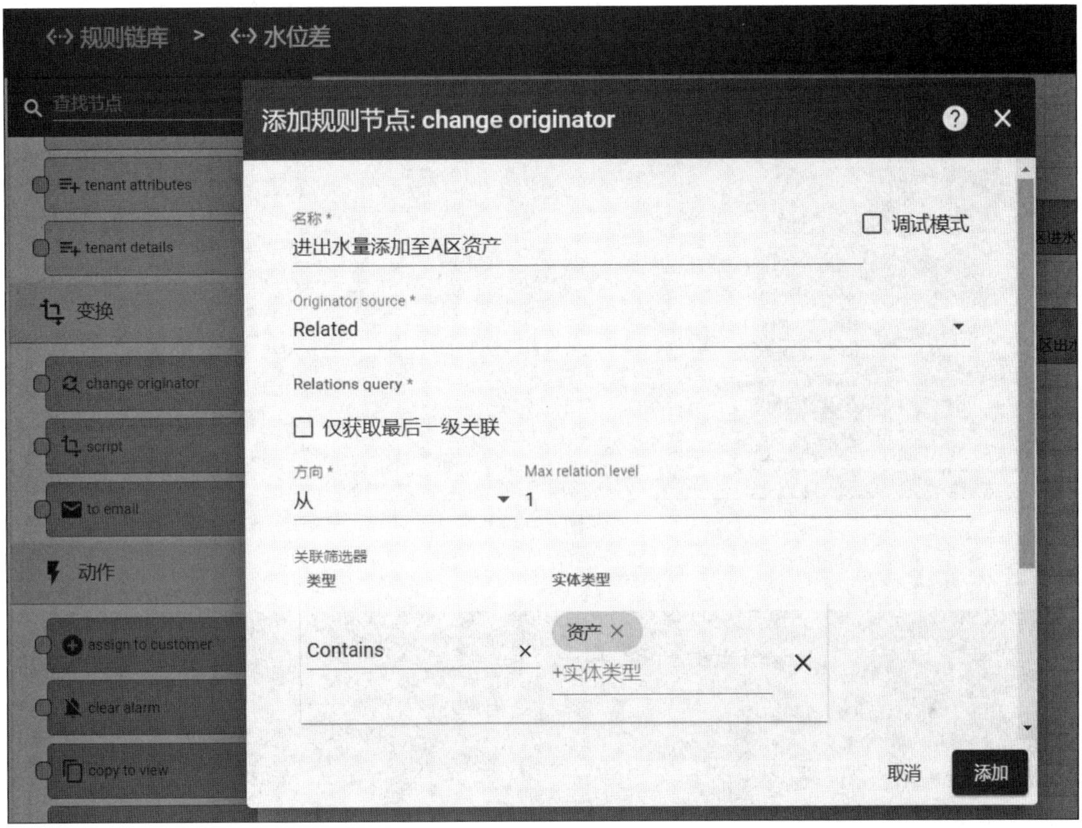

图 4-47

随后配置规则链，从节点 B、C 出发，通过“Success”关系类型分发到节点 D。配置完成后如图 4-48 所示。

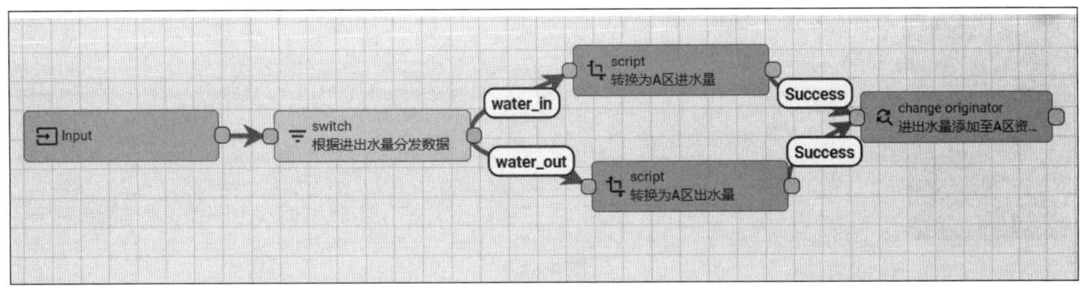

图 4-48

（4）配置节点 E：save timeseries 节点。

在规则链详情页中选择“变换”→“save timeseries”规则节点，拖动至右侧编辑区，如图 4－49 所示。在弹出的规则节点配置中配置规则名称，将转换后的数据进行保存，如图 4－50 所示。配置完成后如图 4－51 所示。

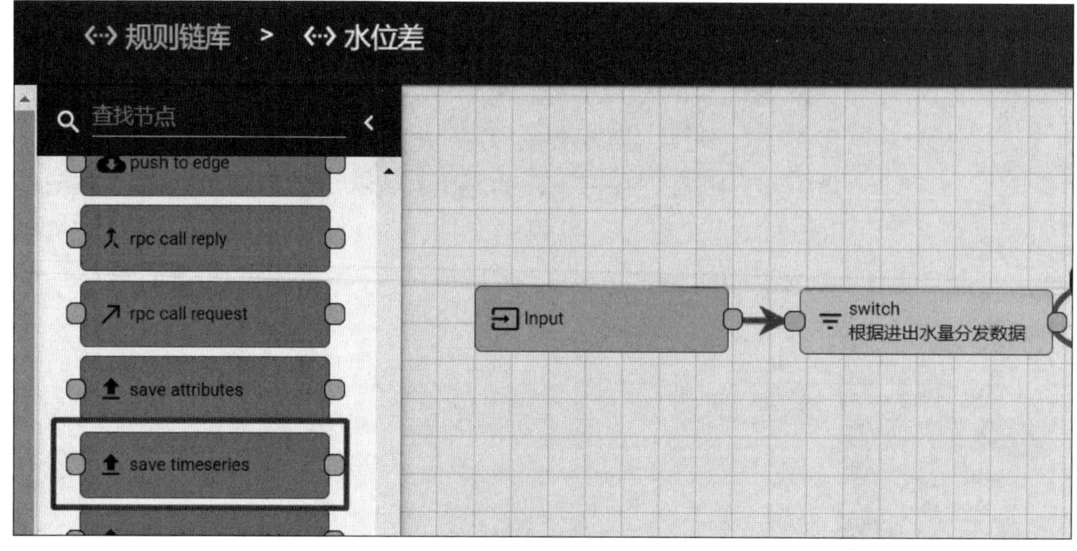

图 4－49

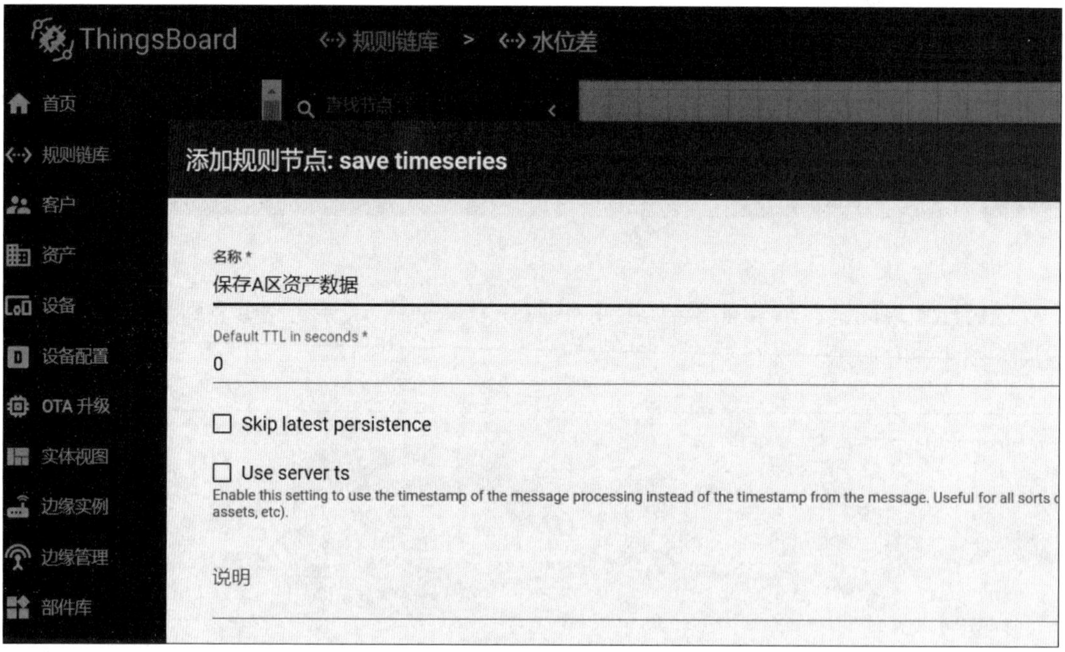

图 4－50

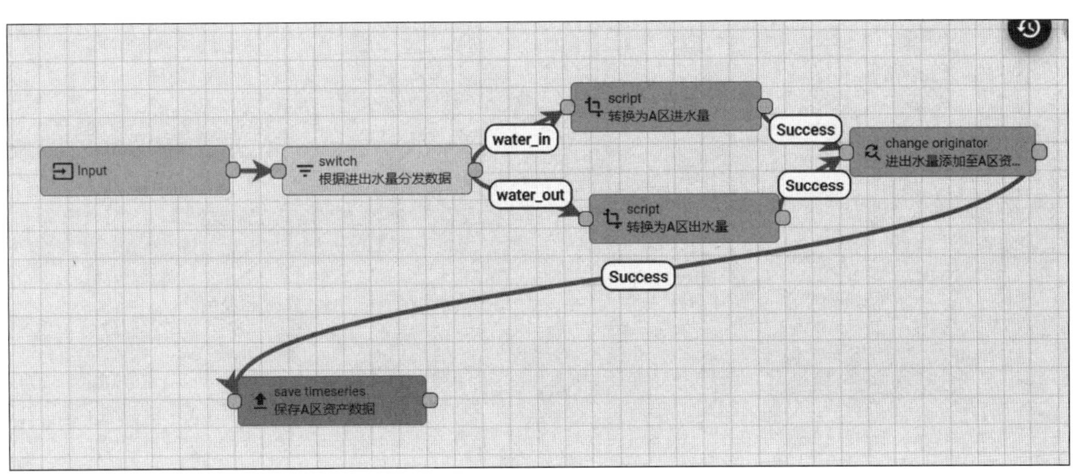

图4－51

（5）配置节点F：Originator attributes节点。

在规则链详情页中选择“属性集”→“Originator attributes”规则节点，拖动至右侧编辑区。在弹出的规则节点配置中配置规则名称，填写Latest timeseries的值为前述步骤定义的字段名，如图4－52所示。将消息始发者的最新遥测值添加到metadata消息结构中。配置完成后如图4－53所示。

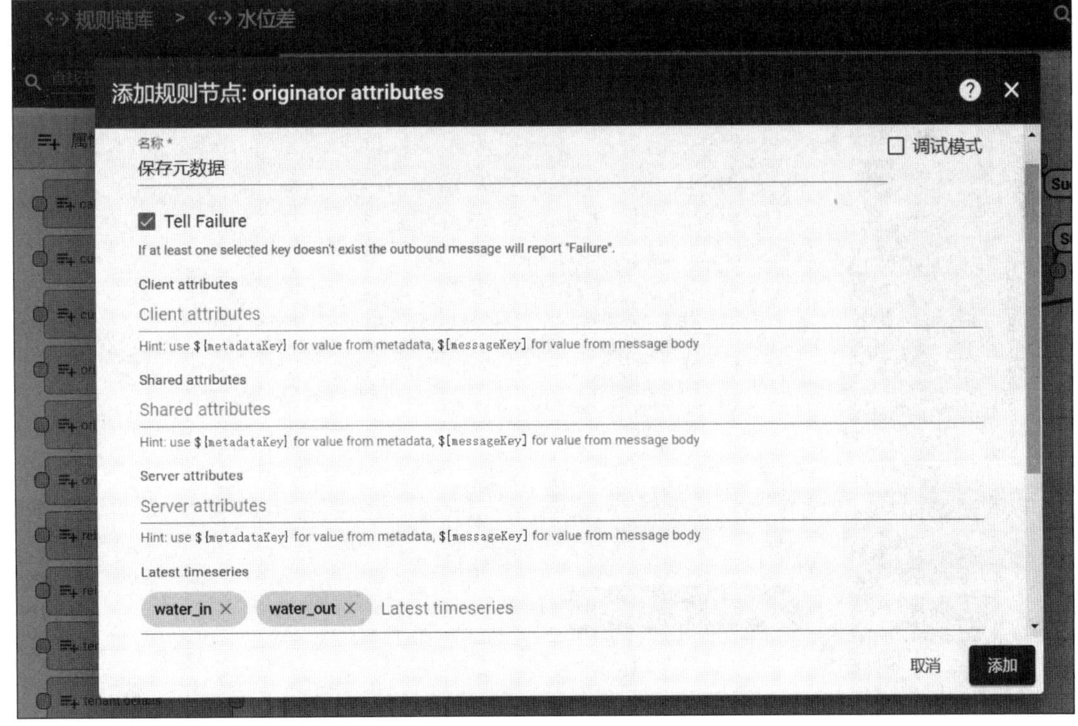

图4－52

Input
switch
根据进出水量分发数据
water_in
water_out
script
转换为A区进水量
script
转换为A区出水量
Success
Success
change originator
进出水量添加至A区资...
Success
save timeseries
保存A区资产数据
Success
originator attributes
保存元数据

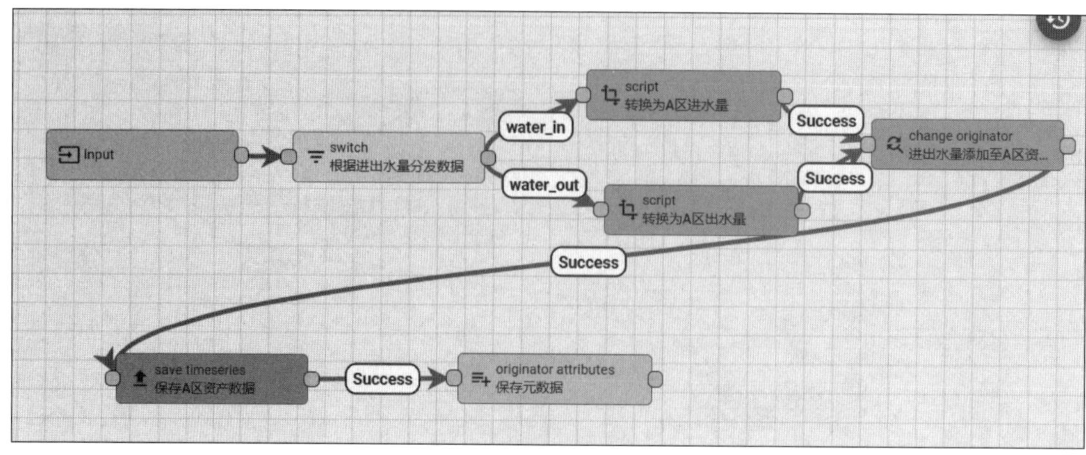

图 4－53

（6）配置节点 G、H：script 节点和数据保存 save timeseries 节点。

在规则链详情页中选择“变换”→“script”规则节点，拖动至右侧编辑区。在弹出的规则节点配置中配置规则名称、规则转换脚本。从上一步 metadata 消息“water_in”和“water_out”进行减法运算并取绝对值，如图 4－54、图 4－55 所示。

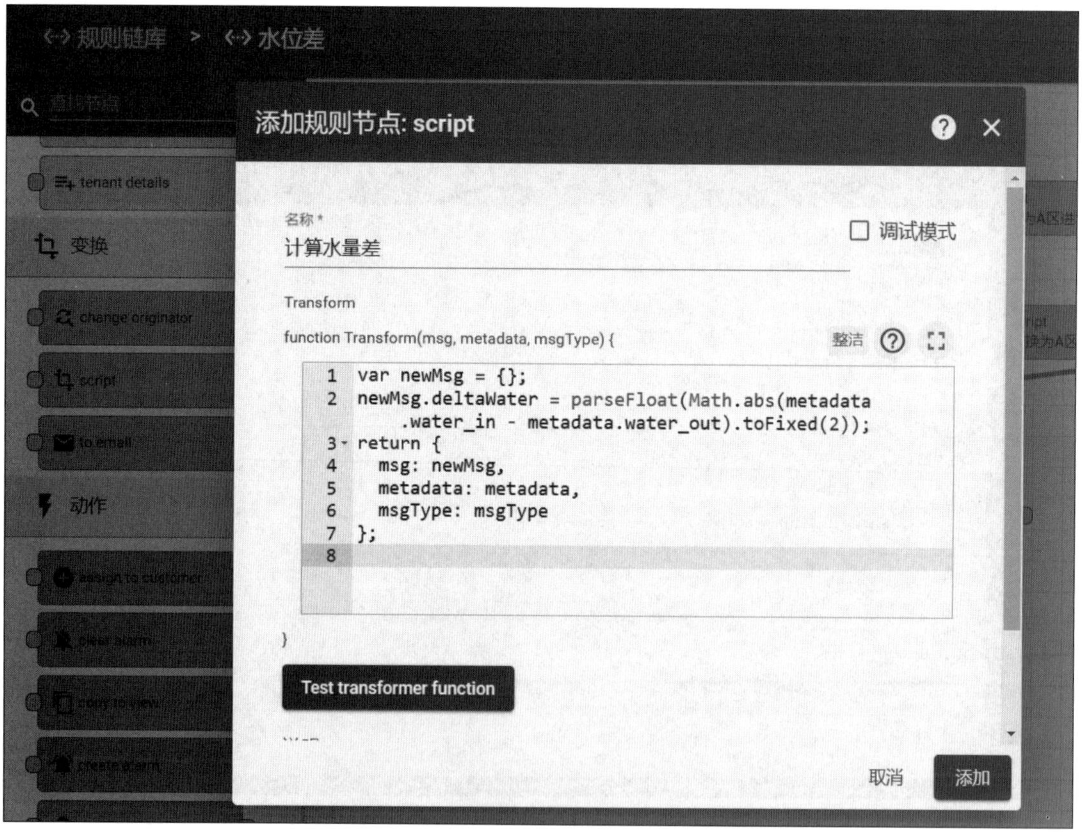

规则链库 > 水位差
添加规则节点: script
名称 *
计算水量差
调试模式
变换
动作
Transform
function Transform(msg, metadata, msgType) {
整洁
var newMsg = {};
newMsg.deltaWater = parseFloat(Math.abs(metadata
.water_in - metadata.water_out).toFixed(2));
return {
msg: newMsg,
metadata: metadata,
msgType: msgType
};
}
Test transformer function
取消
添加

图 4－54

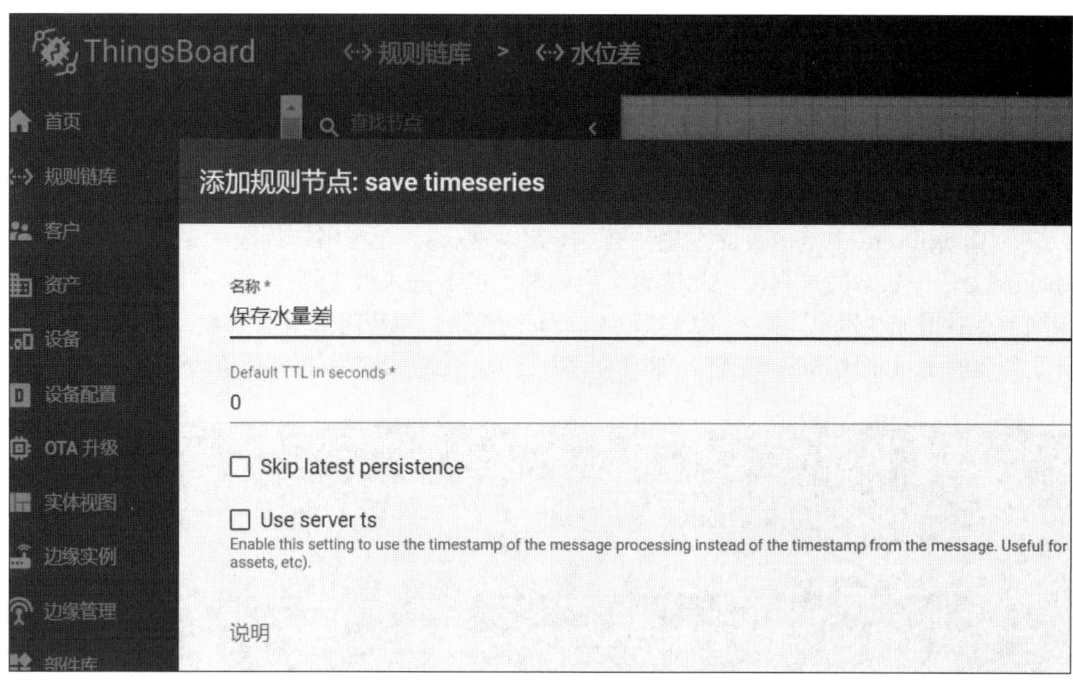

图 4－55

再次选择“变换”→“save timeseries”规则节点，拖动至右侧编辑区将节点 G 计算的结果进行保存，并配置规则链，配置完成后如图 4－56 所示。

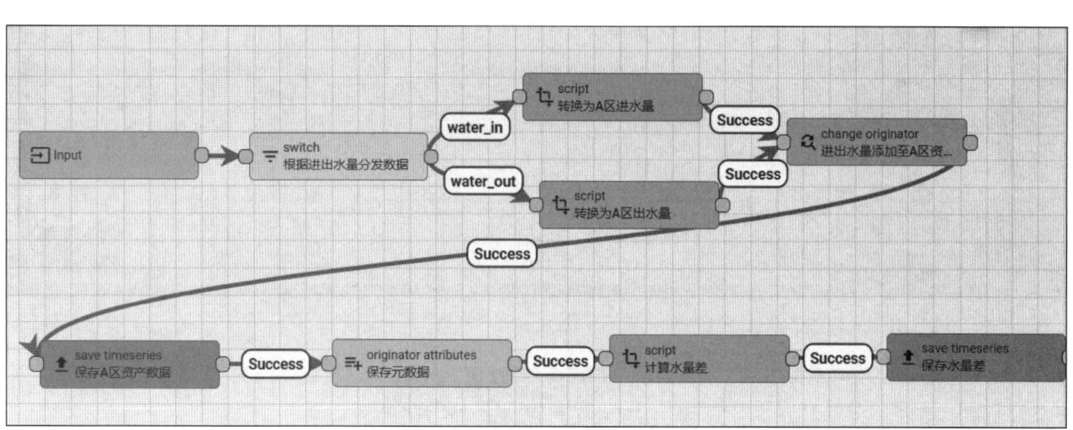

图 4－56

节点 G：

```
var newMsg = {};
newMsg.deltaWater = parseFloat(Math.abs(metadata.water_in - metadata.water_out).toFixed(2));
return{
```

```
    msg:newMsg,
    metadata:metadata,
    msgType:msgType
};
```

步骤4：修改根规则链

在 ThingsBoard 中单击页面左侧“规则链库”标签，在规则链列表中选择“Root Rule Chain”为选中状态的规则链，此链为根规则链。单击进入根规则链，在“save timeseries”规则节点后增加“Flow”标签下的“rule chain”规则，填写规则节点名称，规则链选择步骤3创建的水量差计算的规则链，如图4－57所示。配置完成后如图4－58所示。

图4－57

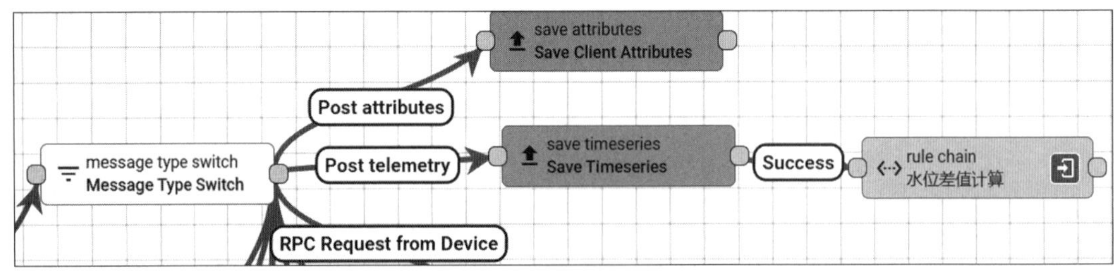

图4－58

步骤5：规则链测试

规则链实现数据处理过程中，可能会出现规则链的测试结果与预测结果不同，为了检查规则链的正确与否，ThingsBoard 支持设置规则链和规则节点为调试模式。调试模式支持规则链中每一步的数据处理结果。本例中，我们将采用 ThingsBoard 调试模式来检查规则链是否正确生效。

修改水量差规则链，编辑规则链中的最后一个节点“save timeseries”节点，勾选“调试模式”自选框使其生效，如图 4－59 所示，并保存规则链使其生效。

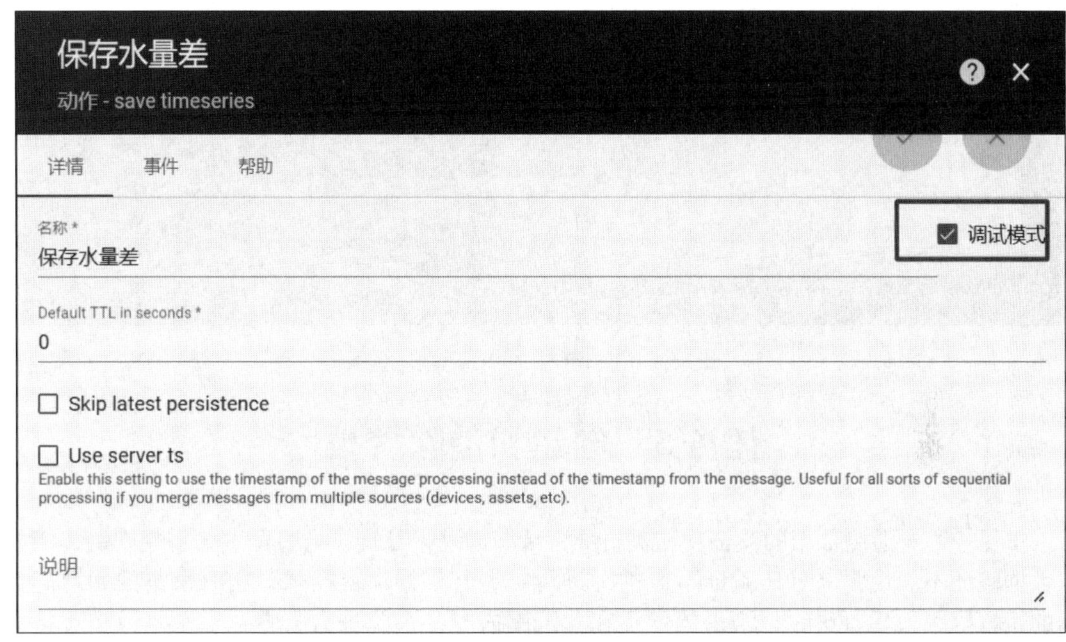

图 4－59

待进、出水量数据重新生成后，检查调试模式下规则链中事件的结果。进入“save timeseries”节点编辑界面，选择“事件”页，可以查看发生的事件信息。本例中，元数据进水量和出水量分别为 29.8 和 18.5，因此水量差值为 11.3，如图 4－60、图 4－61 所示。

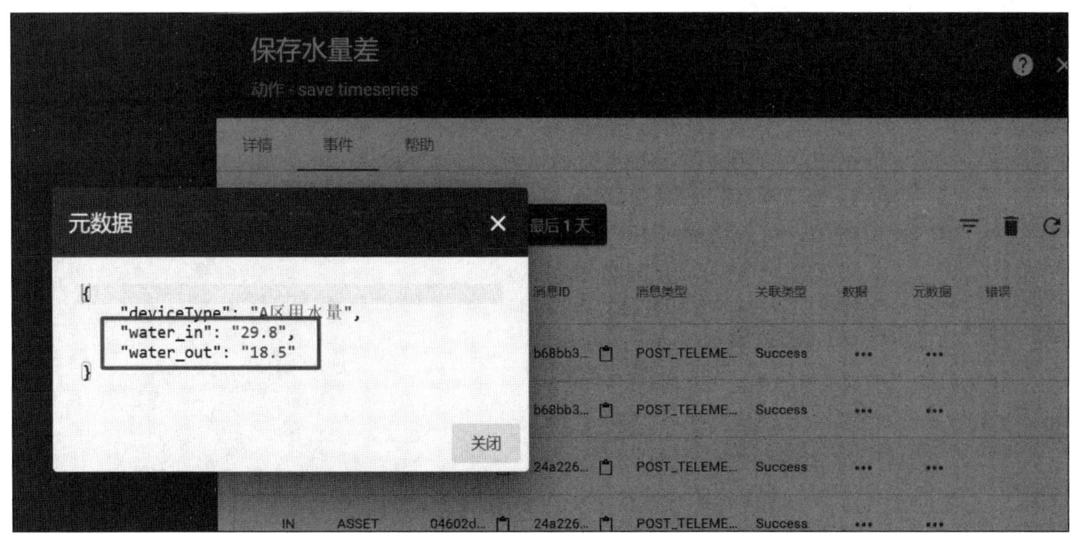

图 4－60

图 4-61

任务 5　创建和消除警报

本任务基于遥测数据的验证功能进行异常情况的警报处理，通过配置告警规则链，当接入数据验证不满足要求时（验证不通过）进行告警。根据项目需求，实时采集的用水量数据的正常范围为 0～80 m^3，当采集值不在此范围内时，系统进行告警；当采集值在正常范围内时，消除告警。

步骤 1：添加水量监测告警规则链

（1）创建水量监测规则节点。

参考本项目任务 1 的步骤创建水量实时监测规则链，如图 4-62、图 4-63 所示。将

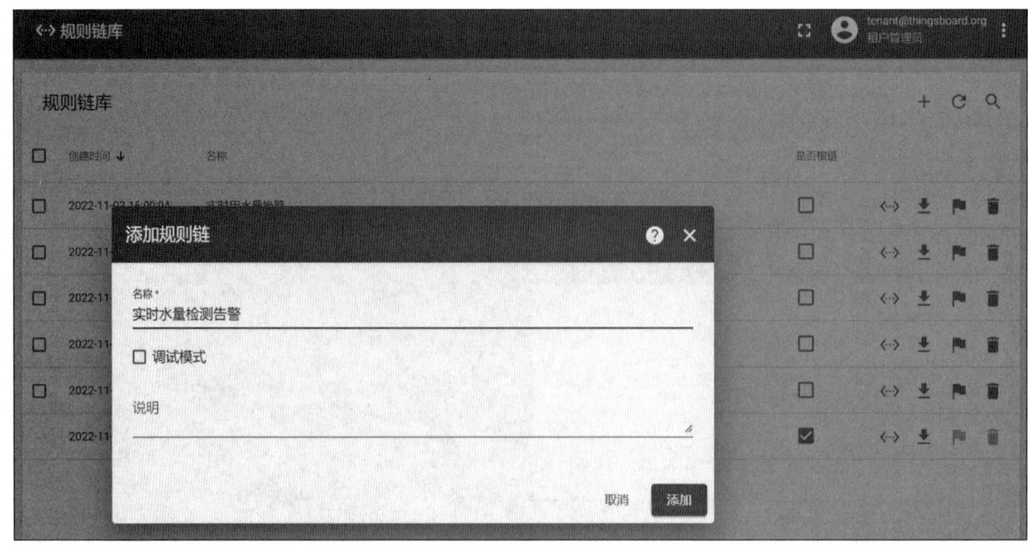

图 4-62

“script”规则节点的脚本修改为如下框所示。即 msg. water_consumption < 0 || msg. water_consumption >= 80 时返回为 True，进行告警。配置完成后如图 4-64 所示。

```
return msg.water_consumption <0 ||msg.water_consumption >=80;
```

图 4-63

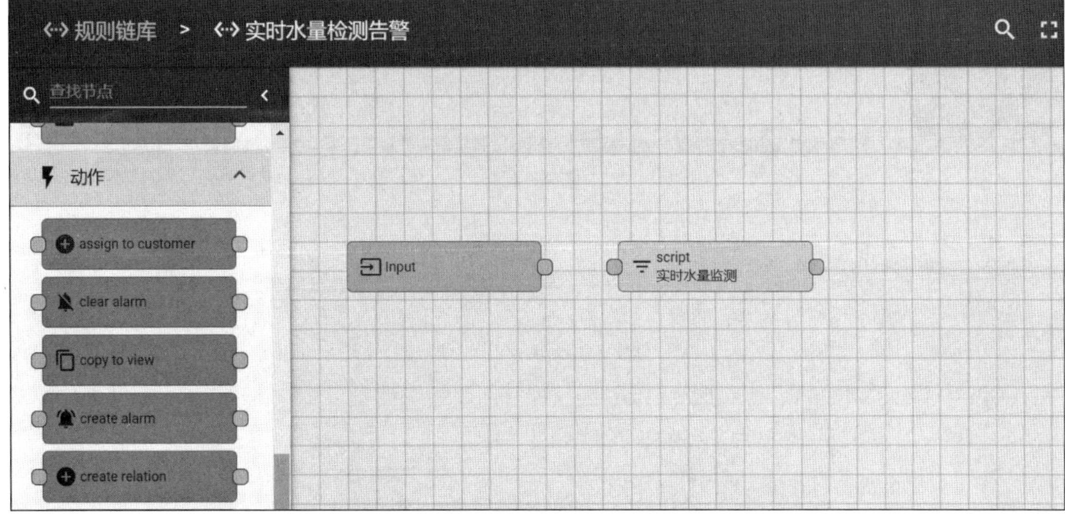

图 4-64

（2）创建告警规则节点。

在规则链详情页中选择“动作”→“create alarm”规则节点，拖动至右侧编辑区。在弹出的规则节点配置中配置规则名称、规则脚本等信息，如图 4－65 所示。如果发布的实时水量不在预期范围内（即该步骤第 1 节配置的过滤器脚本节点返回 True），则此节点将为消息发起方加载最新警报。“create alarm”规则脚本样例如下框中所示。进一步配置“script”规则节点到“create alarm”规则节点的链接，链接规则为“True”，配置完成后如图 4－66 所示。

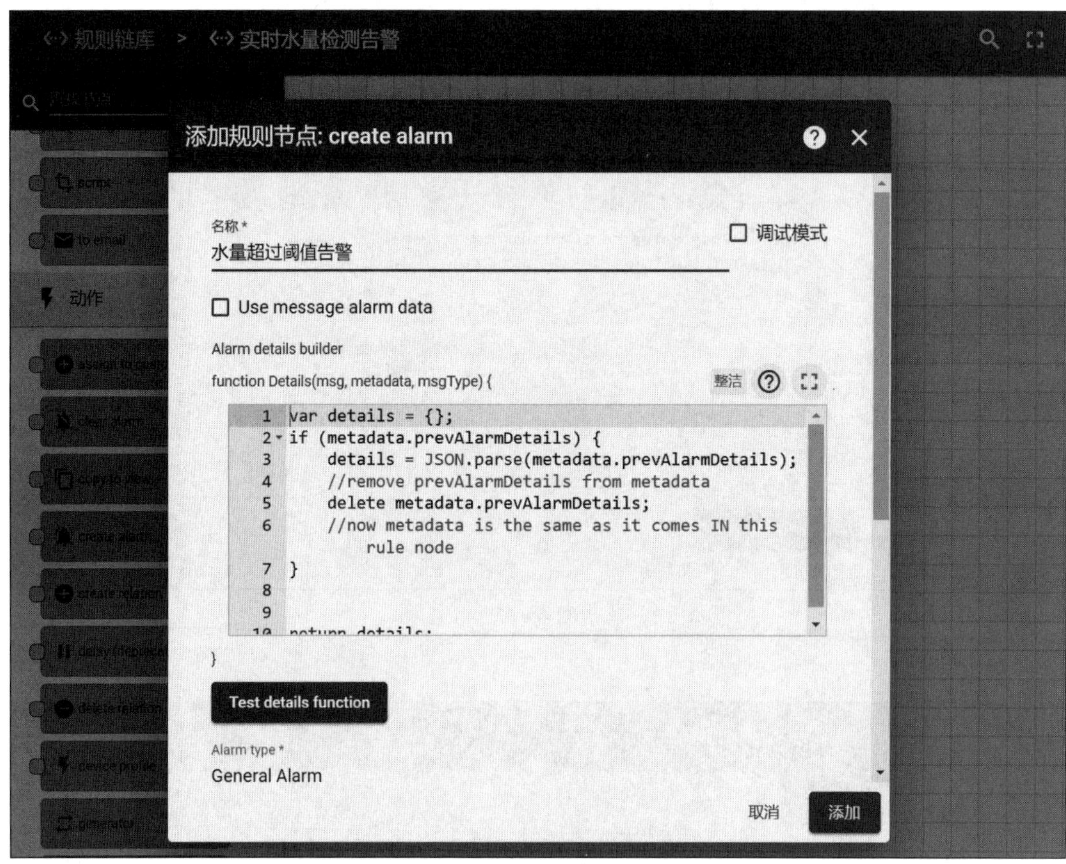

图 4－65

```
var details = {};
if(metadata.prevAlarmDetails){
    details = JSON.parse(metadata.prevAlarmDetails);
    //remove prevAlarmDetails from metadata
    delete metadata.prevAlarmDetails;
    //now metadata is the same as it comes IN this rule node
}
return details;
```

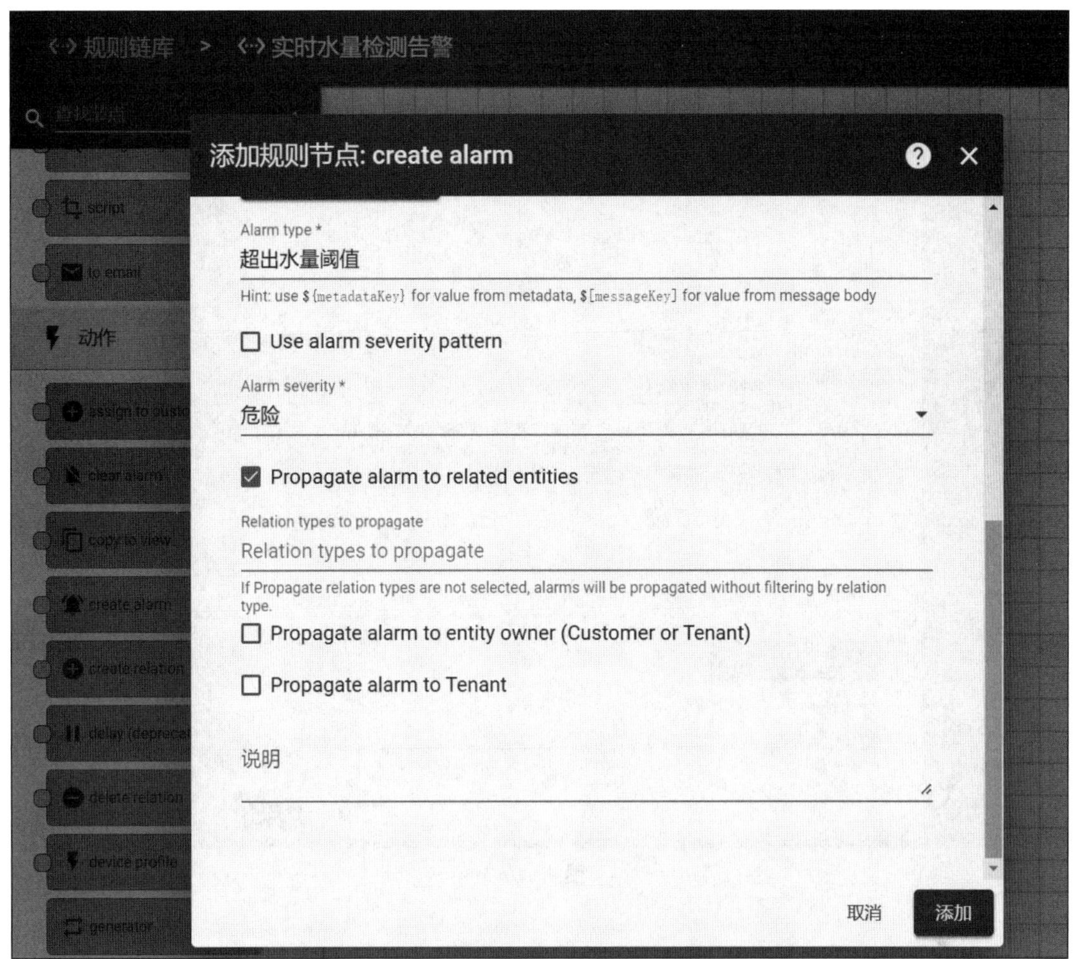

图4-66

(3) 创建告警消除规则节点。

在规则链详情页中选择“动作”→“clear alarm”规则节点，拖动至右侧编辑区。在弹出的规则节点配置中配置规则名称、规则脚本等信息，如图4-67所示。如果发布的实时水量在预设范围内（即该步骤第一节配置的过滤器脚本节点返回False），则清除最新告警。“clear alarm”规则脚本样例如下框中所示。进一步配置“script”规则节点到“clear alarm”规则节点的链接，链接规则为“False”，配置完成后如图4-68所示。

```
var details = {};
if(metadata.prevAlarmDetails){
    details = JSON.parse(metadata.prevAlarmDetails);
    //remove prevAlarmDetails from metadata
    delete metadata.prevAlarmDetails;
    //now metadata is the same as it comes IN this rule node
}
return details;
```

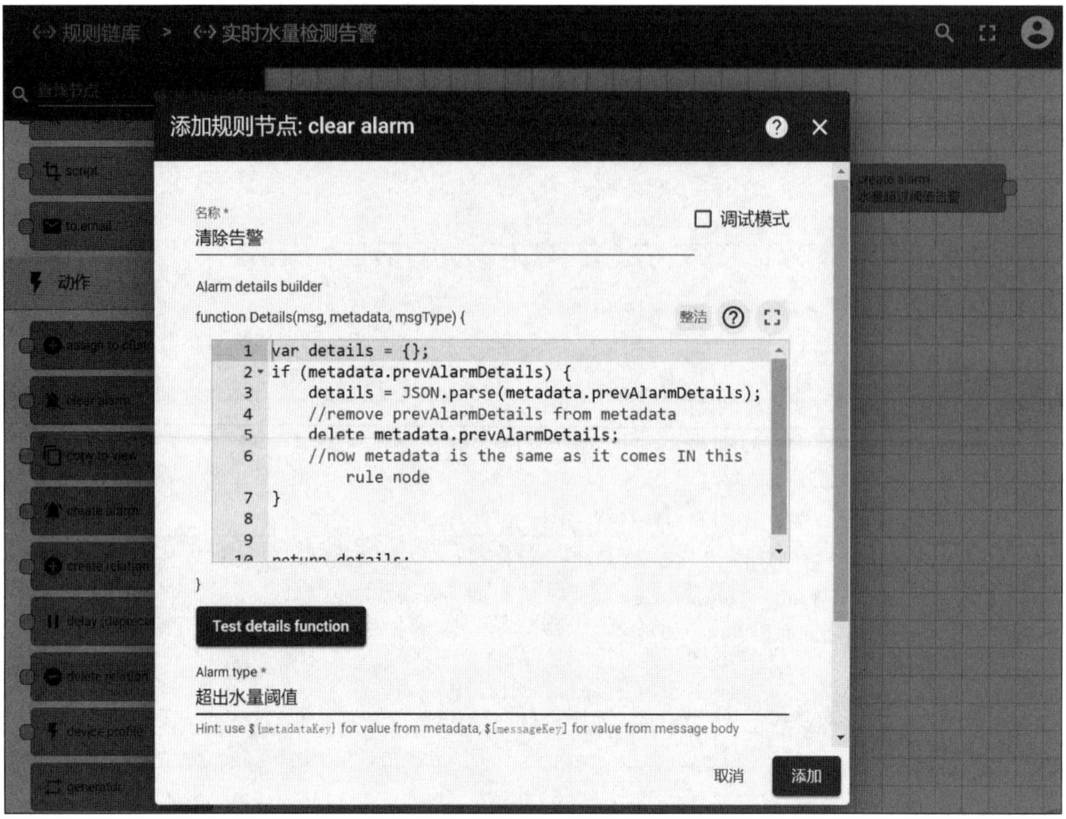

规则链库 > 实时水量检测告警

添加规则节点: clear alarm

名称 *
清除告警

调试模式

Alarm details builder

function Details(msg, metadata, msgType) {

```
var details = {};
if (metadata.prevAlarmDetails) {
    details = JSON.parse(metadata.prevAlarmDetails);
    //remove prevAlarmDetails from metadata
    delete metadata.prevAlarmDetails;
    //now metadata is the same as it comes IN this
        rule node
}


return details;
```

}

Test details function

Alarm type *
超出水量阈值

Hint: use ${metadataKey} for value from metadata, $[messageKey] for value from message body

取消 添加

图 4-67

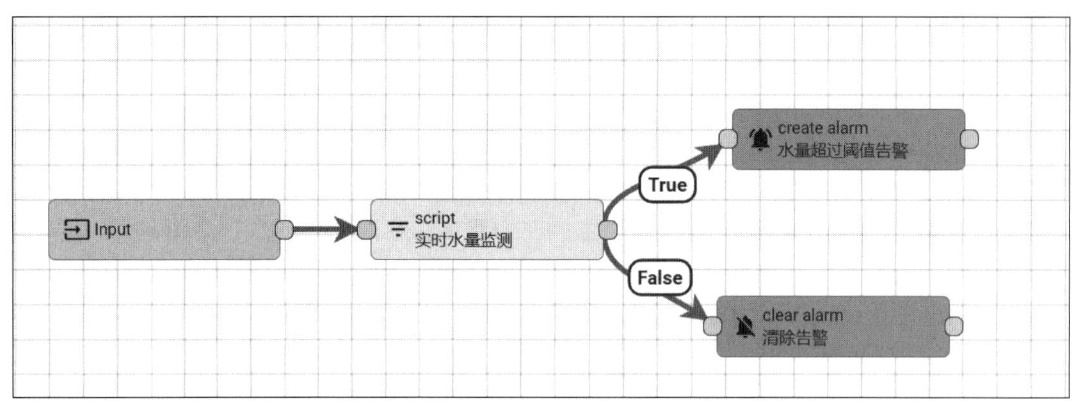

图 4-68

步骤 2：修改根规则链

参考任务 4 步骤 4，添加 Rule Chain 节点并将其连接到关联类型为 True 的 Filter Script 节点，如图 4-69、图 4-70 所示。在 rule chain 中输入规则节点名称，选择规则链为步骤 1 中创建的水量监测告警规则链，如图 4-71 所示。配置完成后如图 4-72 所示。

步骤 3：创建和消除警报

<·‧> 规则链库

规则链库

	创建时间 ↓	名称	是否根链	
☐	2024-03-26 12:56:15	厂区用水量监测	☐	⋮
☐	2023-11-23 15:52:17	A1A2水量生成规则链	☐	⋮
☐	2023-01-18 10:58:36	计数器规则链	☐	⋮
☐	2023-01-16 17:12:09	用水量梯度规则链	☐	⋮
☐	2023-01-16 11:53:31	A区用水量聚合规则链	☐	⋮

图 4－69

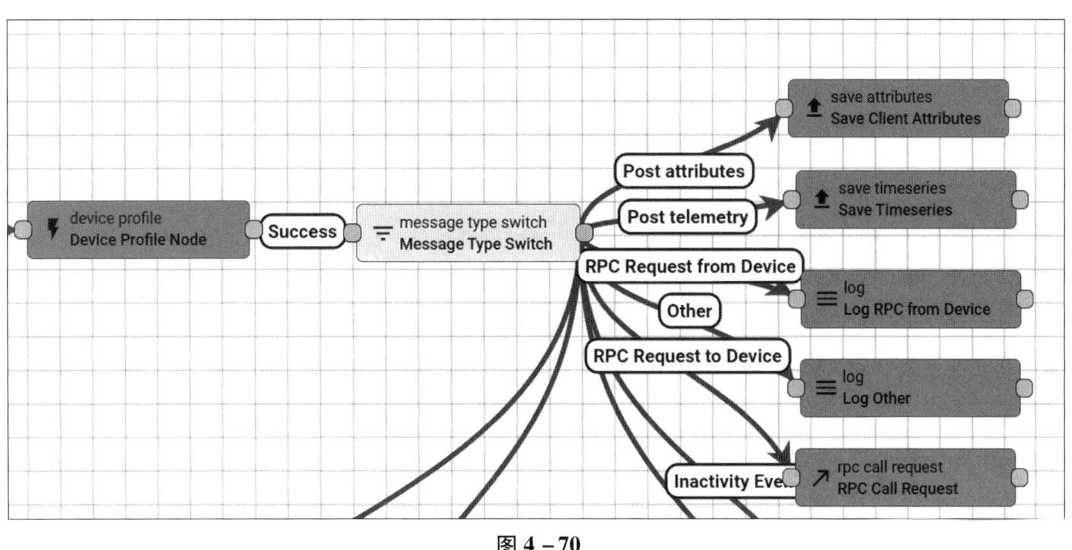

图 4－70

（1）创建告警。

使用项目 3 任务 4 步骤 1 的方法，模拟水量传感器设备向 ThingsBoard 发送水表 A 的用水量数据，设置最新用水量为 90。ThingsBoard 收到最新遥测数据后，展示告警如图 4－73 所示。（需要删除设备告警的配置）

```
mqtt pub -v -h "http://172.24.35.175/" -p 1883 -t "v1/devices/me/telemetry" -u "token_watermeter_A" -m "{"water_consumption":"90"}"
```

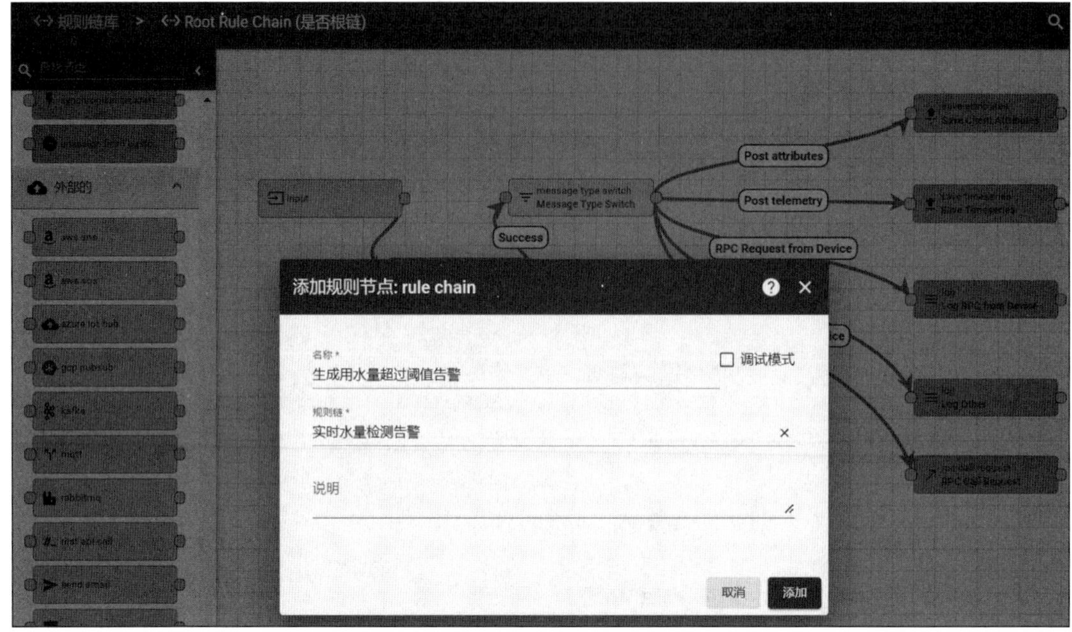

图 4 - 71

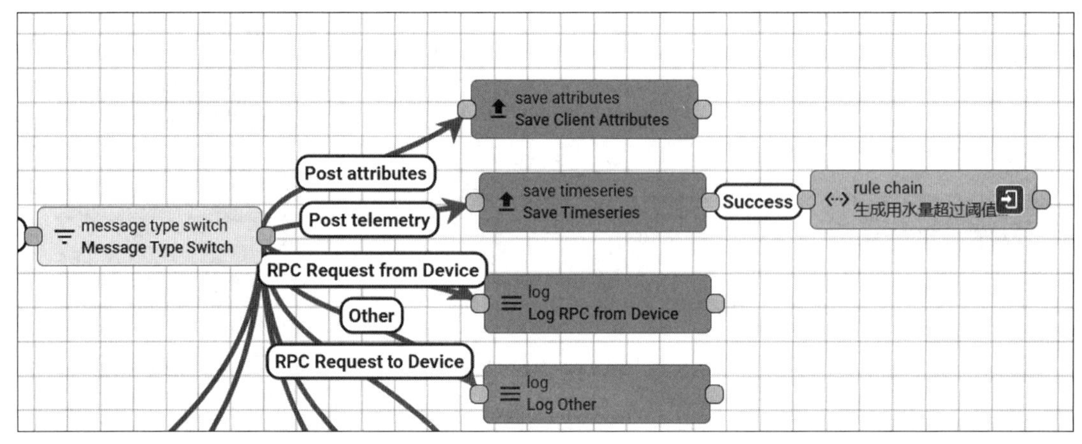

图 4 - 72

（2）消除告警。

模拟水量传感器设备向 ThingsBoard 发送水表 A 的用水量数据，设置最新用水量为 70。

```
mqtt pub -v -h "http://172.24.35.175/" -p 1883 -t "v1/devices/me/telemetry" -u "token_watermeter_A" -m "{"water_consumption":"70"}"
```

ThingsBoard 收到最新遥测数据后，最新告警信息展示“告警消除”，如图 4 - 74 所示。

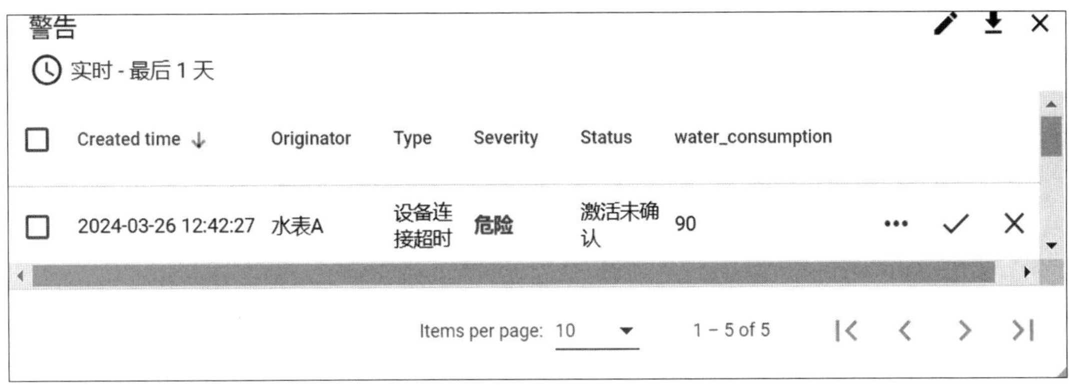

图 4－73

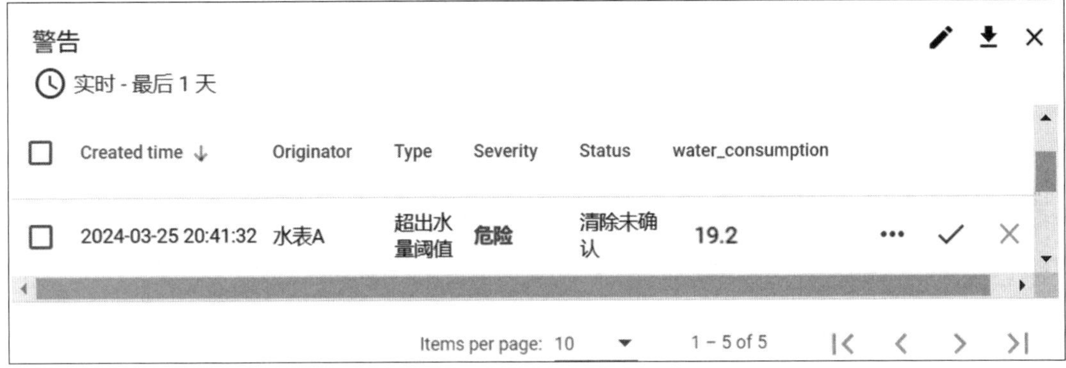

图 4－74

任务 6　警报信息的详细处理

本任务通过配置，在告警中增加详细的警报信息内容，在报警组件的“警报详细信息”字段中添加出现告警时的具体用水量数据和清除告警时的用水量数据。同时，增加告警出现次数的信息。

步骤 1：修改告警信息

修改如图 4－75 所示的“create alarm”组件，修改脚本如下框中所示。注意，details 函数需要先进行定义，在 if 语句中判断是否是新的警报或警报已经存在。如果已存在告警，则取前一个 count 字段并递增，如图 4－76 所示。

```
var details = {};
details.water_consumption = msg.water_consumption;
if(metadata.prevAlarmDetails){
    var prevDetails = JSON.parse(metadata.prevAlarmDetails);
    details.count = prevDetails.count + 1;
}else{
```

```
    details.count =1;
}
return details;
```

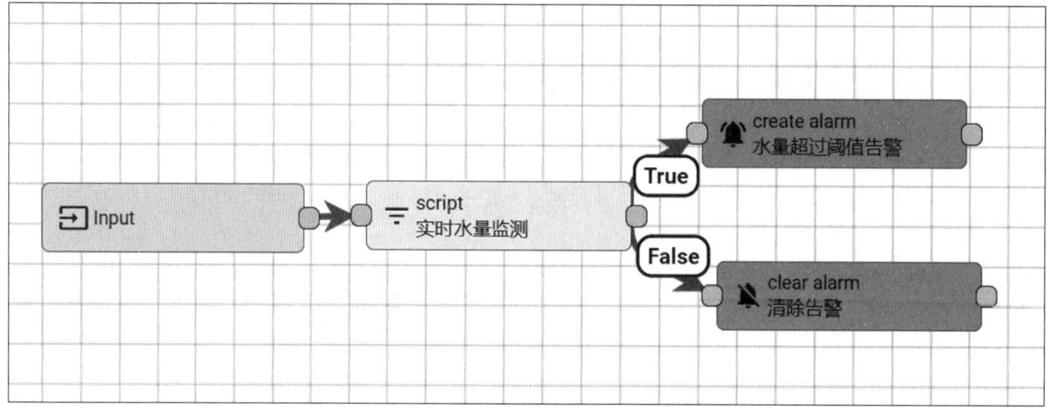

图 4 –75

水量超过阈值告警

动作 - create alarm

详情 事件 帮助

名称 *

水量超过阈值告警

☐ 调试模式

☐ Use message alarm data

Alarm details builder

function Details(msg, metadata, msgType) {

整洁

```
var details = {};
details.water_consumption = msg.water_consumption;
if (metadata.prevAlarmDetails) {
    var prevDetails = JSON.parse(metadata.prevAlarmDetails);
    details.count = prevDetails.count + 1;
} else {
    details.count = 1;
}
return details;
```

}

Test details function

Alarm type *

超出水量阈值

图 4 –76

修改如图 4 -75 所示的“clear alarm”组件，修改脚本如下框中所示。修改界面如图 4 -77 所示。

```
var details = {};
if(metadata.prevAlarmDetails){
    details = JSON.parse(metadata.prevAlarmDetails);
}

details.cleared_water_consumption = msg.water_consumption;
return details;
```

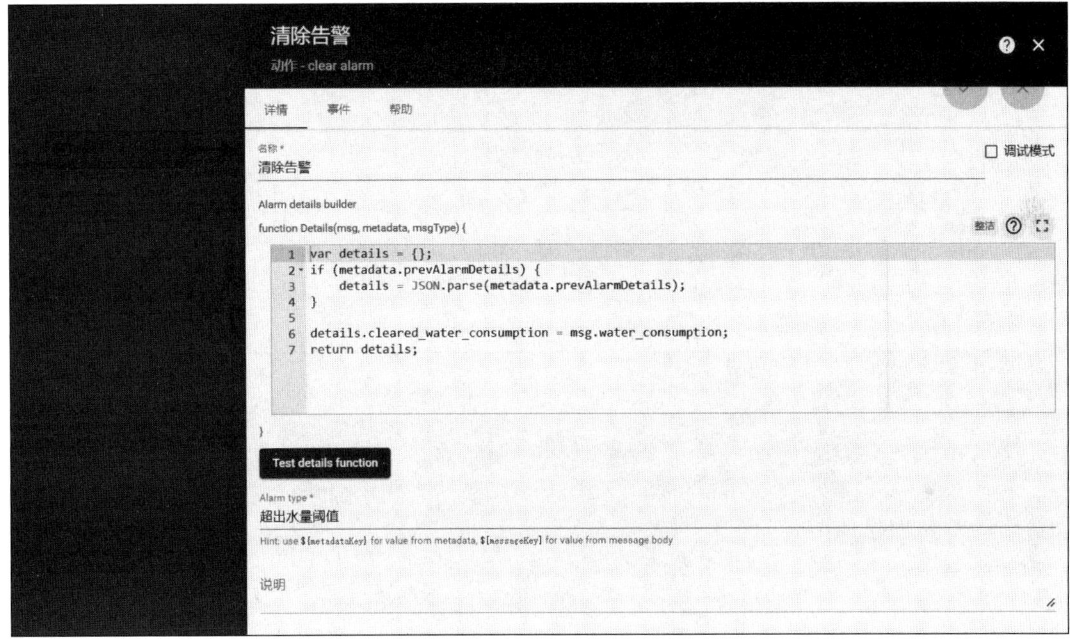

图 4 -77

步骤 2：修改仪表板中的告警组件

编辑 Alarm widgets 组件，在告警源配置中添加其他 alarm fields。如图 4 -78 所示，本例中将新增 details. temperature、details. count、details. clearedTemperature 三个字段。并单击字段上的“edit”按钮重命名每个字段的标签如下：

details. temperature→Event Temperature.

details. count→Events count.

details. clearedTemperature→Clear Temperature.

配置完成后如图 4 -79 所示。

步骤 3：发送告警信息

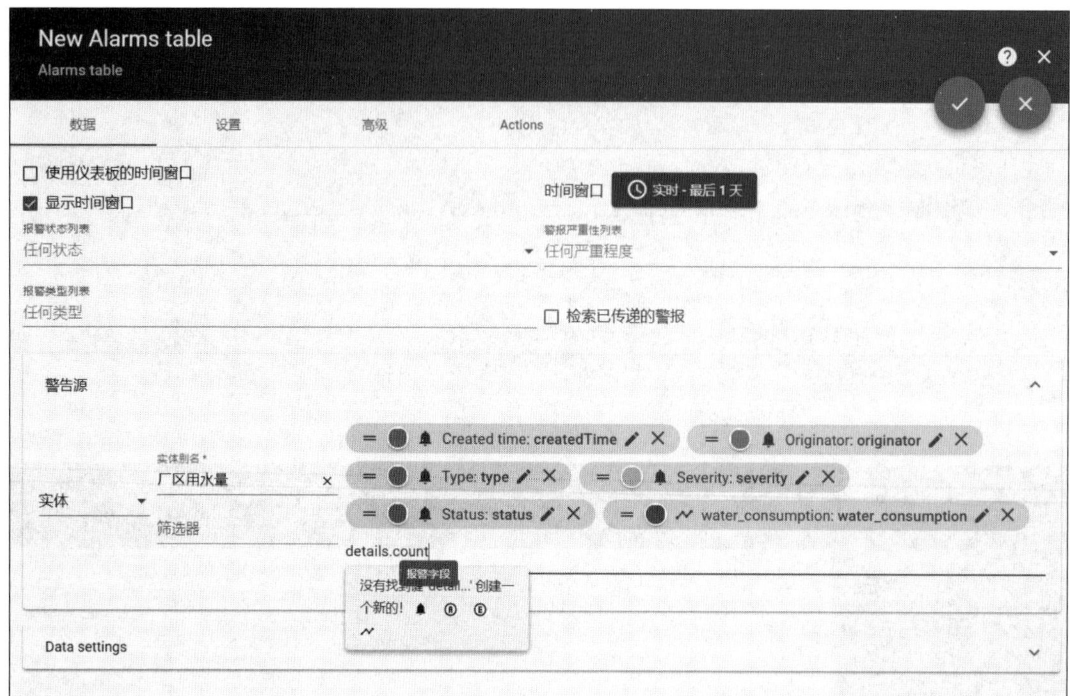

图 4－78

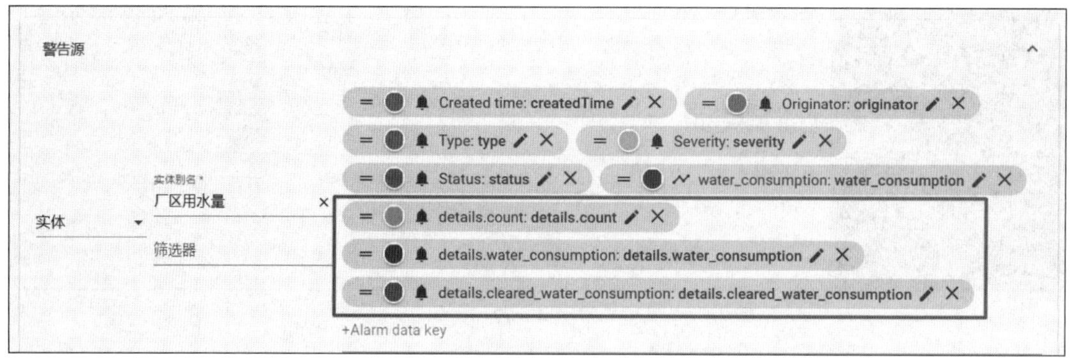

图 4－79

基于本书项目 2 中的 MQTT 命令行工具，分别发布 water_consumption＝90，water_consumption＝120 及 water_consumption＝30 的信息至 ThingsBoard 平台，发送指令如下所示。

```
mqtt pub -v -h "http://172.24.35.175/" -p 1883 -t "v1/devices/me/telemetry" -u "token_watermeter_A" -m "{"water_consumption":"90"}"
mqtt pub -v -h "http://172.24.35.175/" -p 1883 -t "v1/devices/me/telemetry" -u "token_watermeter_A" -m "{"water_consumption":"120"}"
mqtt pub -v -h "http://172.24.35.175/" -p 1883 -t "v1/devices/me/telemetry" -u "token_watermeter_A" -m "{"water_consumption":"30"}"
```

发布 water_consumption＝90。创建警报，如图 4－80 所示。

警告

实时 - 最后 1 天

	Created time ↓	Originator	Type	Severity	Status	water_consumption	Eventcounts	Water_consumption
☐	2022-11-03 10:29:51	水表A	超出水量阈值	危险	激活未确认	90	1	90

图 4－80

发布 water_consumption = 120。更新警报，计数字段 Eventcounts 应增加，如图 4－81 所示。

警告

实时 - 最后 1 天

	Created time ↓	Originator	Type	Severity	Status	water_consumption	Eventcounts	Water_consumption
☐	2022-11-03 10:29:51	水表A	超出水量阈值	危险	激活未确认	120	2	120

图 4－81

发布 water_consumption = 30。消除警报并显示清除的用水量，如图 4－82 所示。

警告

实时 - 最后 1 天

	Created time ↓	Originator	Type	Severity	Status	water_consumption	Eventcounts	Water_consumption	Cleared_water_
☐	2022-11-03 10:29:51	水表A	超出水量阈值	危险	清除未确认	30	2	120	30

图 4－82

任务7　设备在线监测和告警

基于前述任务，本任务中通过告警规则链的创建和配置操作，对前述任务中的多个水表设备进行在线检测，当设备离线时，进行异常告警，当设备恢复在线状态后，消除异常告警。

ThingsBoard 设备状态服务负责监视设备连接状态并触发推送到规则引擎的设备连接事件。ThingsBoard 支持4种类型的事件，如表4-1所示。

表4-1　ThingsBoard 支持的事件类型

事件类型	描述
连接（Connect）	在设备连接到 ThingsBoard 时触发
断开（Disconnect）	当设备与 ThingsBoard 断开连接时触发
活动（Activity）	在设备推动遥测，属性更新或 RPC 命令时触发
不活动（Inactivity）	在设备在一段时间内处于非活动状态时触发

本任务中将展示 Inactivity 和 Activity 两种事件的用法。

步骤1：修改根规则链，新增创建告警和告警消除节点

单击“Root Rule Chain”进入根规则链，在规则链详情页中选择“动作”→“create alarm”规则节点和“动作”→“clear alarm”规则节点。详细步骤可参考本项目任务5的步骤1，如图4-83～图4-85所示。创建完成后，配置“message type switch”到“create alarm”的连接，连接配置为“Inactivity Event”；到“clear alarm”的连接，连接配置为“Activity Event”。配置完成后如图4-86所示。

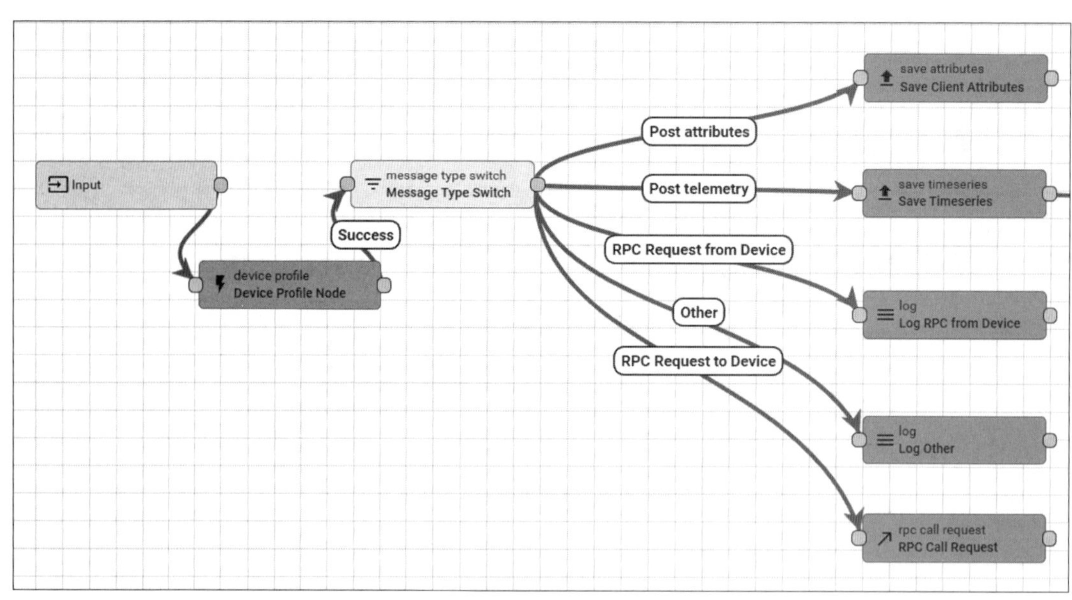

图4-83

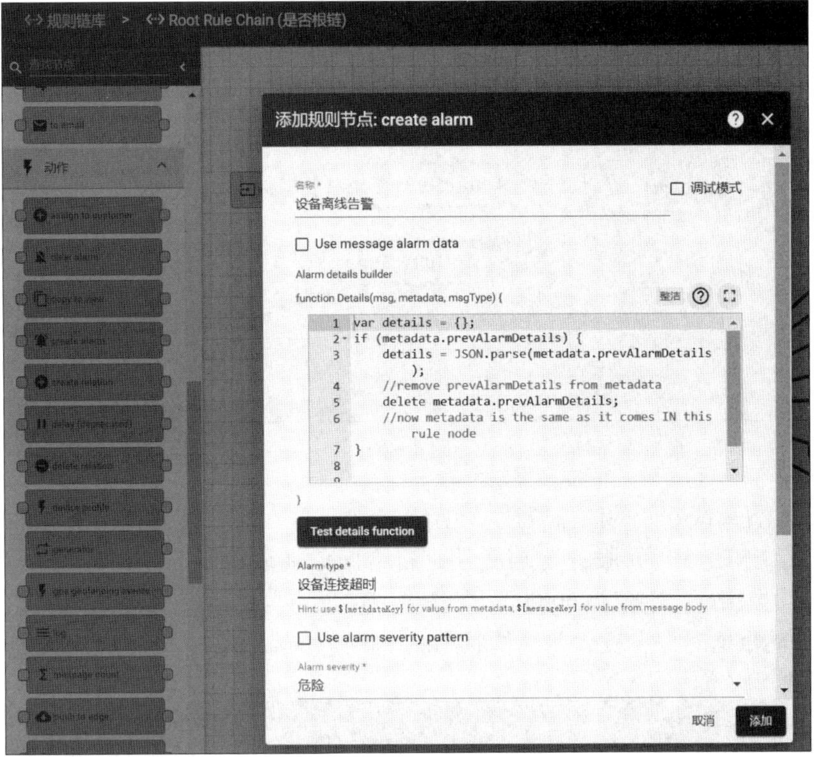

<-> 规则链库 > <-> Root Rule Chain (是否根链)
添加规则节点: create alarm
名称 *
设备离线告警
调试模式
Use message alarm data
Alarm details builder
function Details(msg, metadata, msgType) {
整洁
var details = {};
if (metadata.prevAlarmDetails) {
details = JSON.parse(metadata.prevAlarmDetails
);
//remove prevAlarmDetails from metadata
delete metadata.prevAlarmDetails;
//now metadata is the same as it comes IN this
rule node
}
}
Test details function
Alarm type *
设备连接超时
Hint: use ${metadataKey} for value from metadata, $[messageKey] for value from message body
Use alarm severity pattern
Alarm severity *
危险
取消
添加

图 4 – 84

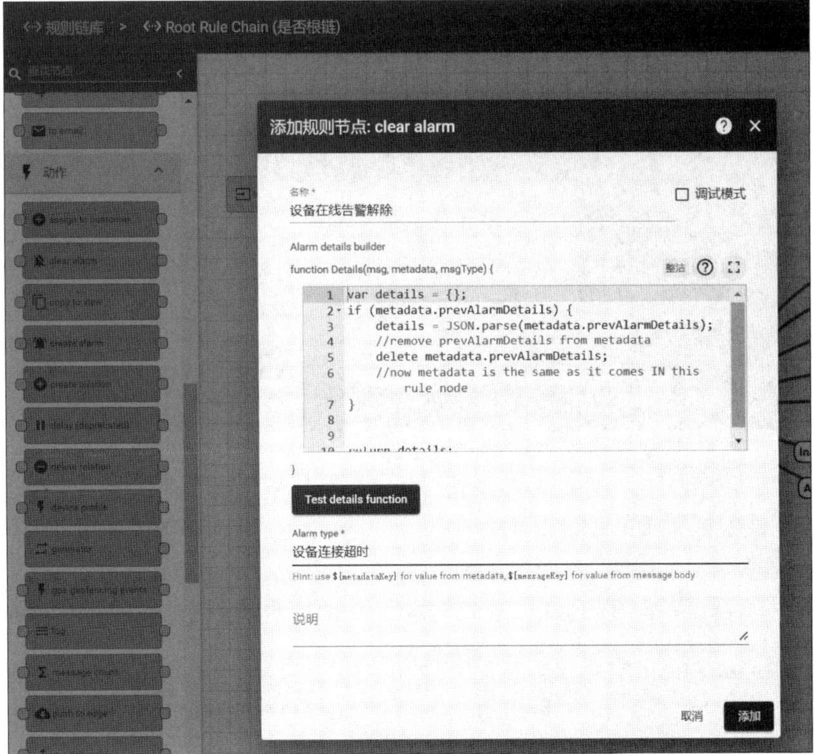

<-> 规则链库 > <-> Root Rule Chain (是否根链)
添加规则节点: clear alarm
名称 *
设备在线告警解除
调试模式
Alarm details builder
function Details(msg, metadata, msgType) {
整洁
var details = {};
if (metadata.prevAlarmDetails) {
details = JSON.parse(metadata.prevAlarmDetails);
//remove prevAlarmDetails from metadata
delete metadata.prevAlarmDetails;
//now metadata is the same as it comes IN this
rule node
}
}
Test details function
Alarm type *
设备连接超时
Hint: use ${metadataKey} for value from metadata, $[messageKey] for value from message body
说明
取消
添加

图 4 – 85

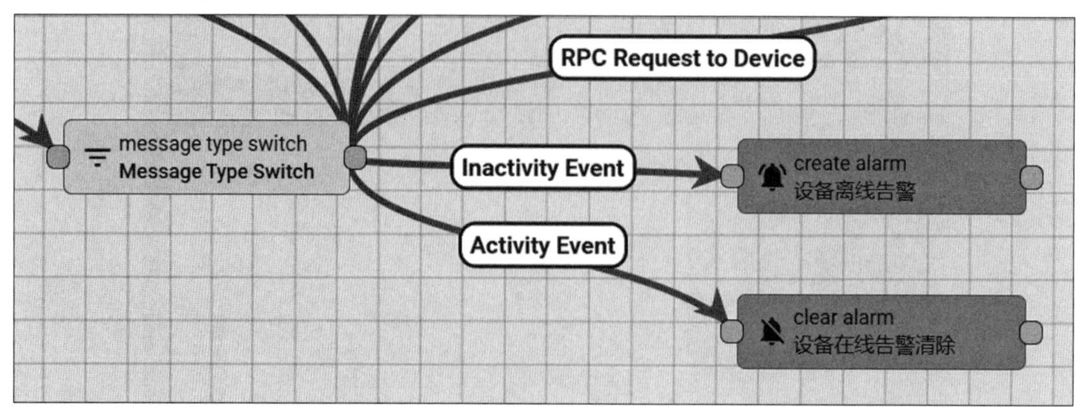

图 4-86

步骤 2：配置离线判断的阈值属性

设置设备“水表 A”的服务器端属性，新增服务端属性 inactivityTimeout（以 ms 为单位），值类型为数字，数字值为 60 000，如图 4-87 所示。即 60 s 为上报遥测数据，当超过 60 s 未收到遥测数据时，水表 A 为离线状态。

图 4-87

步骤 3：测试验证警报的创建和消除

（1）创建告警。

模拟水量传感器设备向 ThingsBoard 发送水表 A 的用水量数据，设置最新用水量为 30。

```
mqtt pub -v -h "http://172.24.35.175/" -p 1883 -t "v1/devices/me/telemetry" -u "token_watermeter_A" -m "{"water_consumption":"30"}"
```

ThingsBoard 收到最新遥测数据后，展示最新遥测数据如图 4-88 所示。等待 60 s 停止上报新数据。60 s 后在设备详细信息的“警告页签”和仪表板库的设备告警图表均出现设备连接超时告警，如图 4 – 89、图 4 – 90 所示。

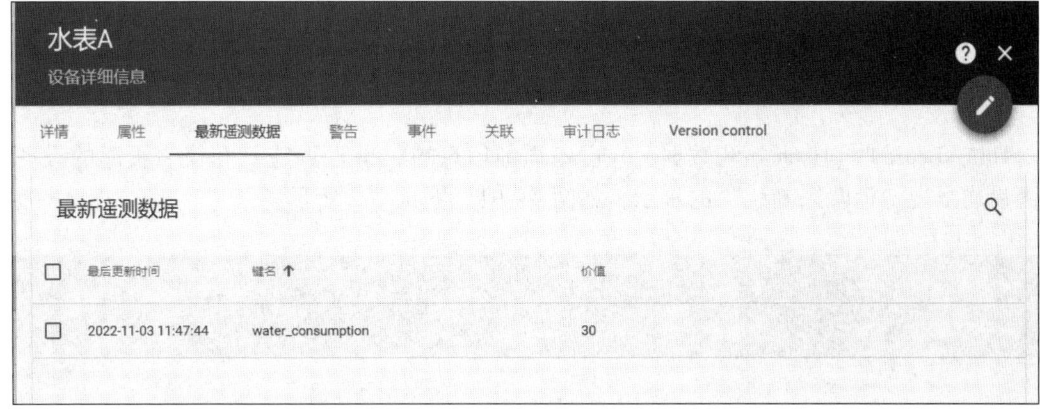

图 4 – 88

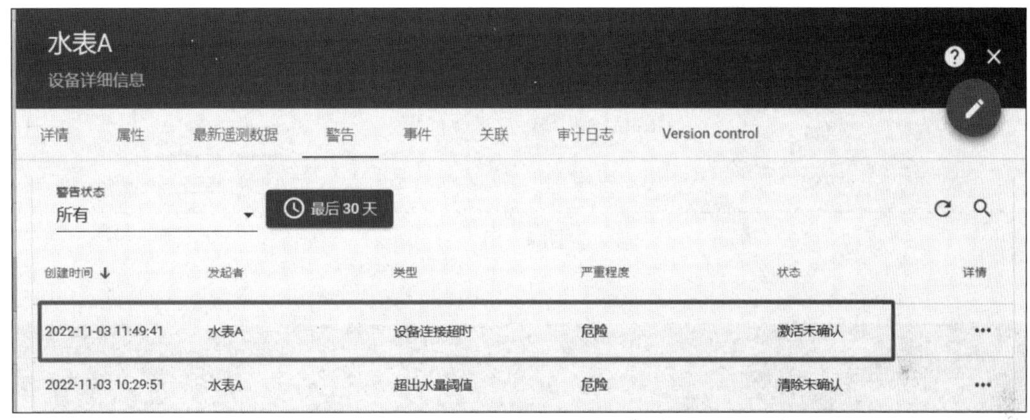

图 4 – 89

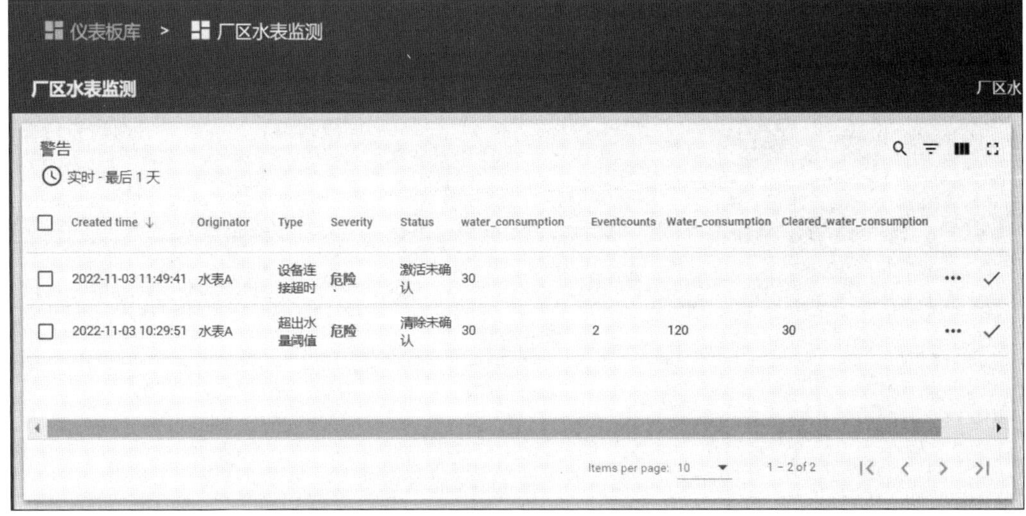

图 4 – 90

（2）消除告警。

模拟水量传感器设备向 ThingsBoard 发送水表 A 的用水量数据，设置最新用水量为 45。

```
    mqtt pub -v -h "http://172.24.35.175/" -p 1883 -t "v1/devices/me/telemetry" -u "token_watermeter_A" -m "{"water_consumption":"45"}"
```

ThingsBoard 收到最新遥测数据后，设备详细信息的“警告页签”和仪表板库的设备告警图表均出现“消除未确认”的提示，如图 4－91、图 4－92 所示。

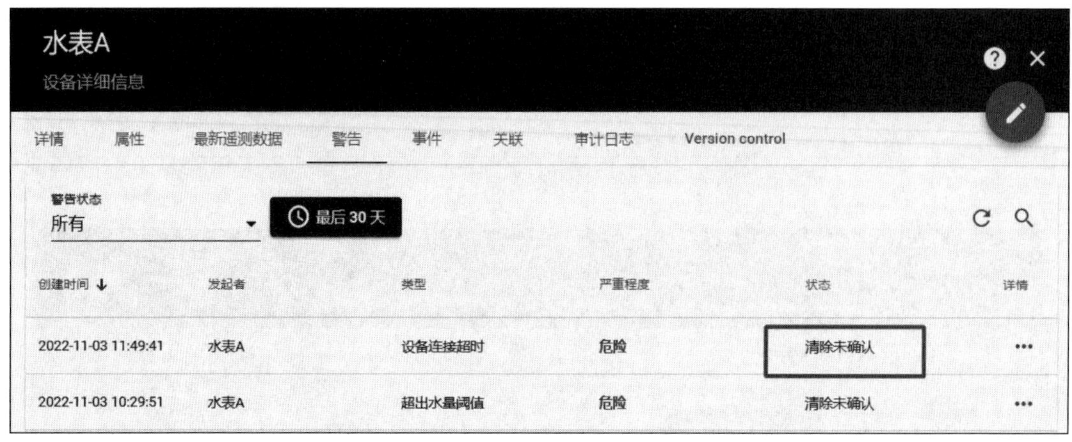

图 4－91

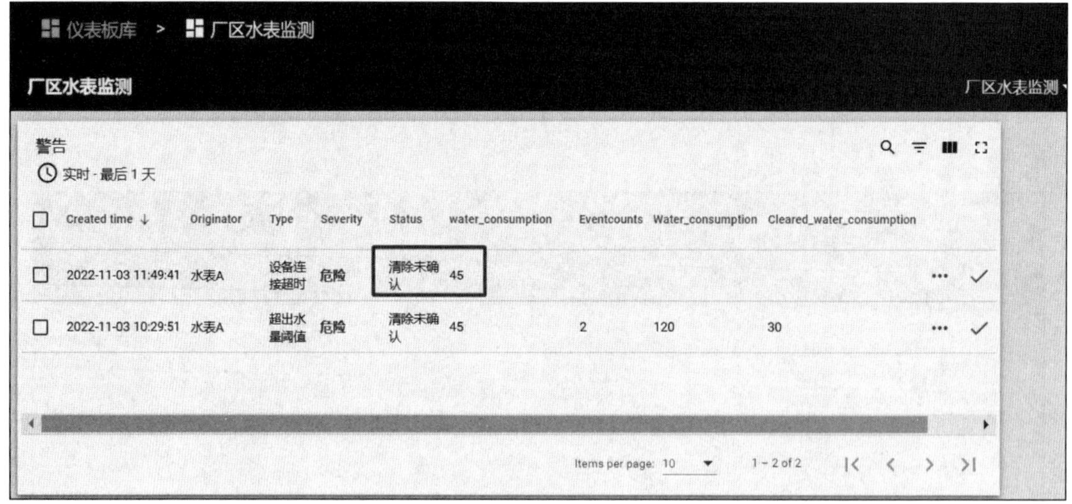

图 4－92

任务8　基于 RPC 的设备远程控制

本任务通过仪表盘和规则引擎的配置操作，从服务端应用程序向设备发送远程调用（Remote Procedure Call，RPC）指令，从而实现对设备的手动和自动控制，当用水量的实时数据超过 80 m^3 时，打开应急水泵系统。

步骤1：添加应急水泵设备和关联关系

（1）添加新设备——应急水泵。

新增设备类型和新设备，设备名称为“A 区应急水泵”，并配置凭据为“waterpump_A”，如图4－93、图4－94 所示。

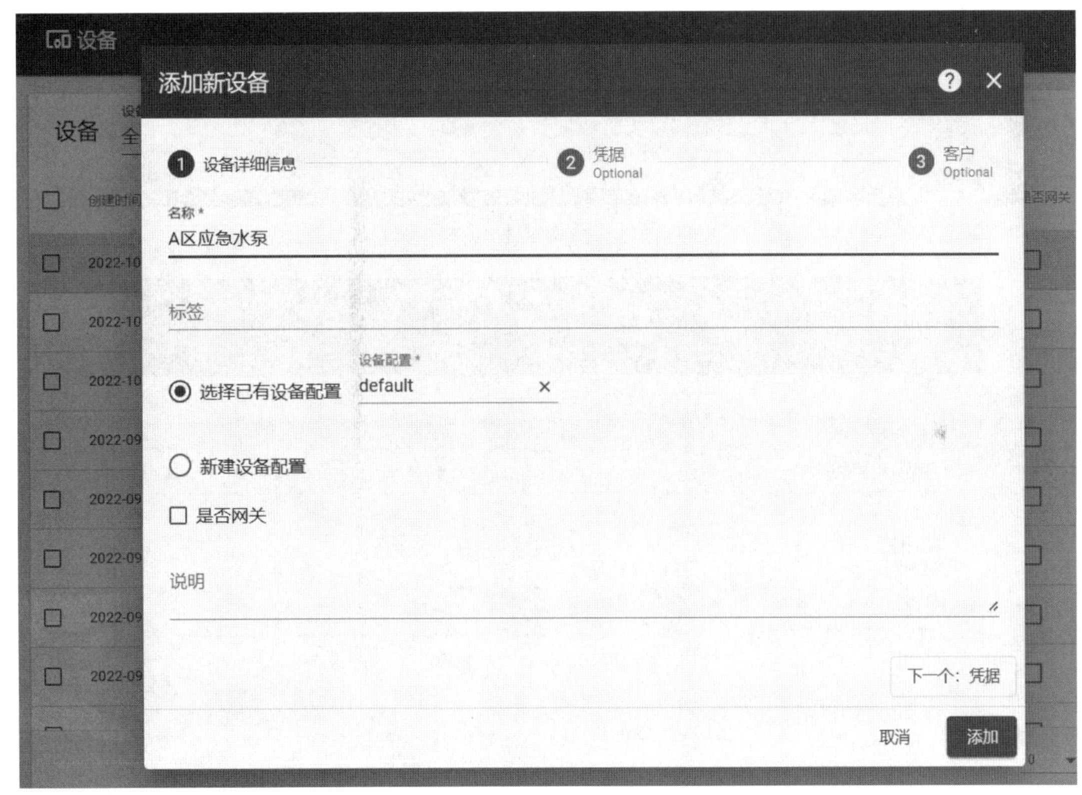

图4－93

（2）添加资产和设备关联关系。

参考前述步骤，配置资产“厂区 A”和设备“A 区应急水泵”关联关系，如图4－95 所示。配置完成后如图4－96 所示。

（3）添加设备和设备关联关系。

在水表 A 配置页面，配置设备“水表 A”和设备“A 区应急水泵”关联关系，如图4－97 所示。配置完成后如图4－98 所示。

设备
添加新设备
设备详细信息
2 凭据 Optional
3 客户 Optional
添加凭据
凭据类型
Access token
访问令牌 *
waterpump_A
后退
下一个：客户
取消
添加

图 4 – 94

添加关联
关联类型 *
Contains
到实体
类型 *
设备
A区应急水泵
实体列表
附加信息 (JSON)
整洁
迷你
1
取消
添加

图 4 – 95

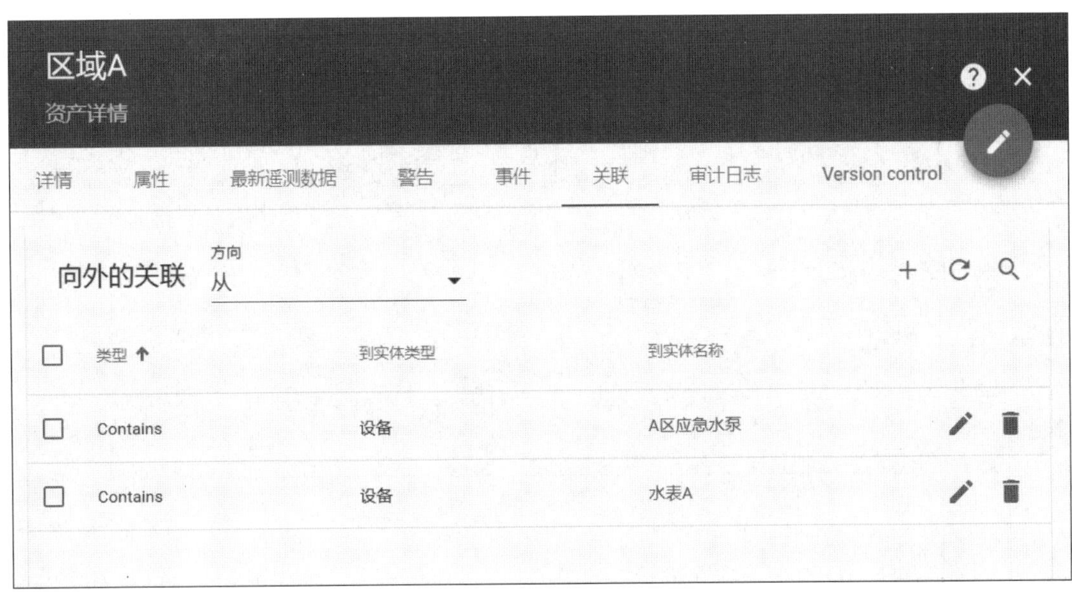

图4－96

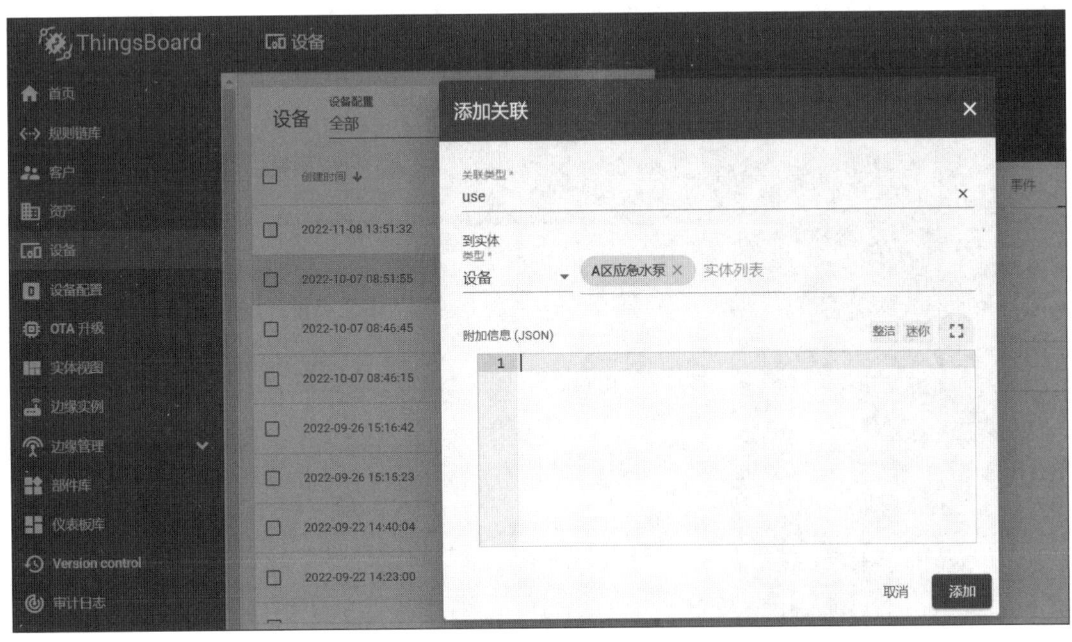

图4－97

步骤2：添加仪表盘的开关组件，手动控制设备

（1）创建远程控制仪表组件。

在“厂区水表监测”仪表板库中新增实体别名，别名为“应急水泵控制”，筛选器类型为“设备类型”，设备类型选择应急水泵的设备类型，如图4－99所示。新增组建时选择

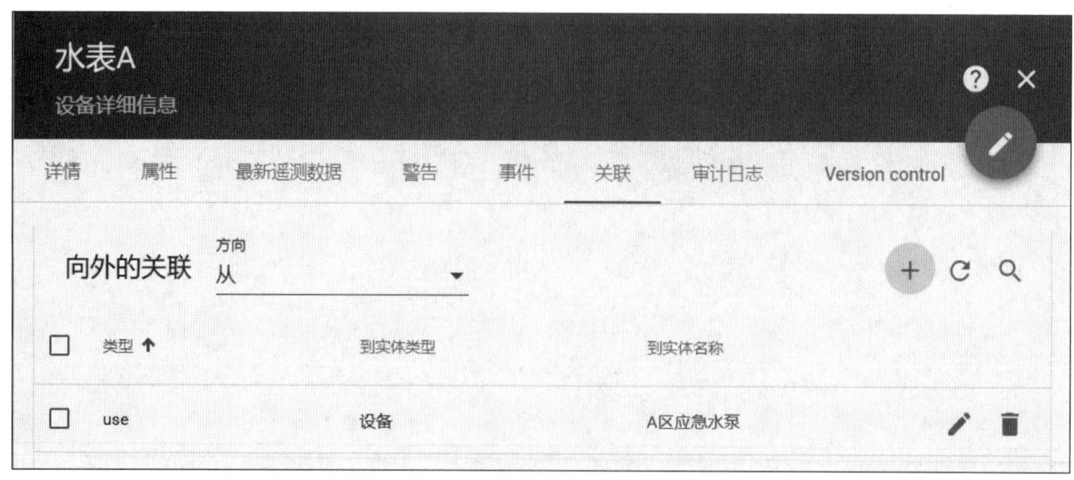

图 4-98

“Control widgets”部件包，进一步选择“Switch Control”部件，目标设备选择新增的实体别名，单击“添加”按钮后完成，如图 4-100 ~ 图 4-103 所示。

图 4-99

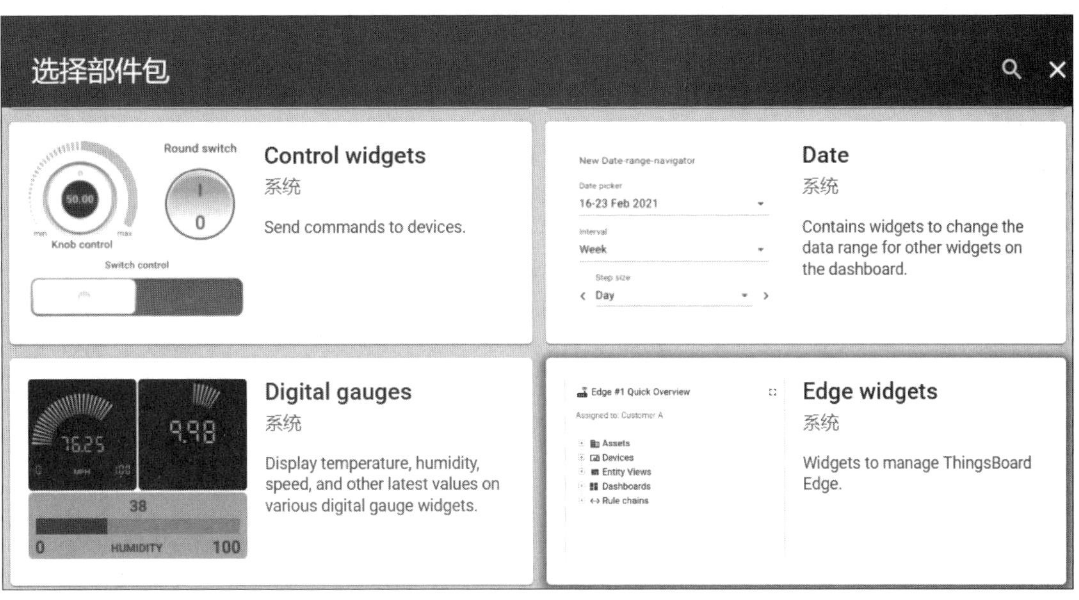
选择部件包
Round switch
Knob control
Switch control
Control widgets
系统
Send commands to devices.
Date
系统
Contains widgets to change the data range for other widgets on the dashboard.
Digital gauges
系统
Display temperature, humidity, speed, and other latest values on various digital gauge widgets.
Edge widgets
系统
Widgets to manage ThingsBoard Edge.

图 4－100

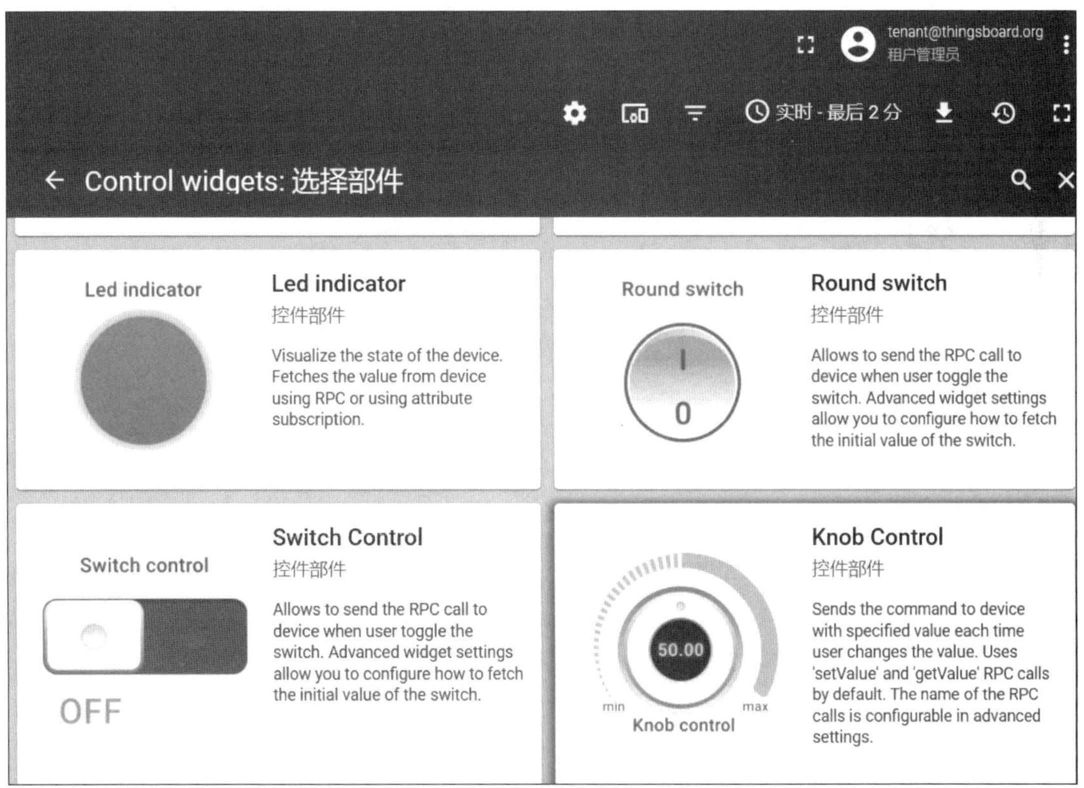
tenant@thingsboard.org
租户管理员
实时 - 最后 2 分
Control widgets: 选择部件
Led indicator
Led indicator
控件部件
Visualize the state of the device. Fetches the value from device using RPC or using attribute subscription.
Round switch
Round switch
控件部件
Allows to send the RPC call to device when user toggle the switch. Advanced widget settings allow you to configure how to fetch the initial value of the switch.
Switch control
OFF
Switch Control
控件部件
Allows to send the RPC call to device when user toggle the switch. Advanced widget settings allow you to configure how to fetch the initial value of the switch.
50.00
min
max
Knob control
Knob Control
控件部件
Sends the command to device with specified value each time user changes the value. Uses 'setValue' and 'getValue' RPC calls by default. The name of the RPC calls is configurable in advanced settings.

图 4－101

图 4 – 102

图 4 – 103

（2）测试远程设备的调用。

通过 mqtt 发送信息至 ThingsBoard 平台，订阅平台消息。在 Window 控制台中输入 mqtt 消息订阅指令，指令格式如下框所示。当打开开关时，mqtt 接收到消息 {"method":"setValue","params":true}，如图 4 – 104 所示；当关闭开关时，mqtt 接收到消息 {"method":"setValue","params":False}，如图 4 – 105 所示。同时，在设备“A 区应急水泵”，审计日志中可以看到 RPC 调用日志，如图 4 – 106 所示。

```
mqtt sub -v -h "192.168.3.90" -p 1883 -t "v1/devices/me/rpc/request/+" -u "waterpump_A"
```

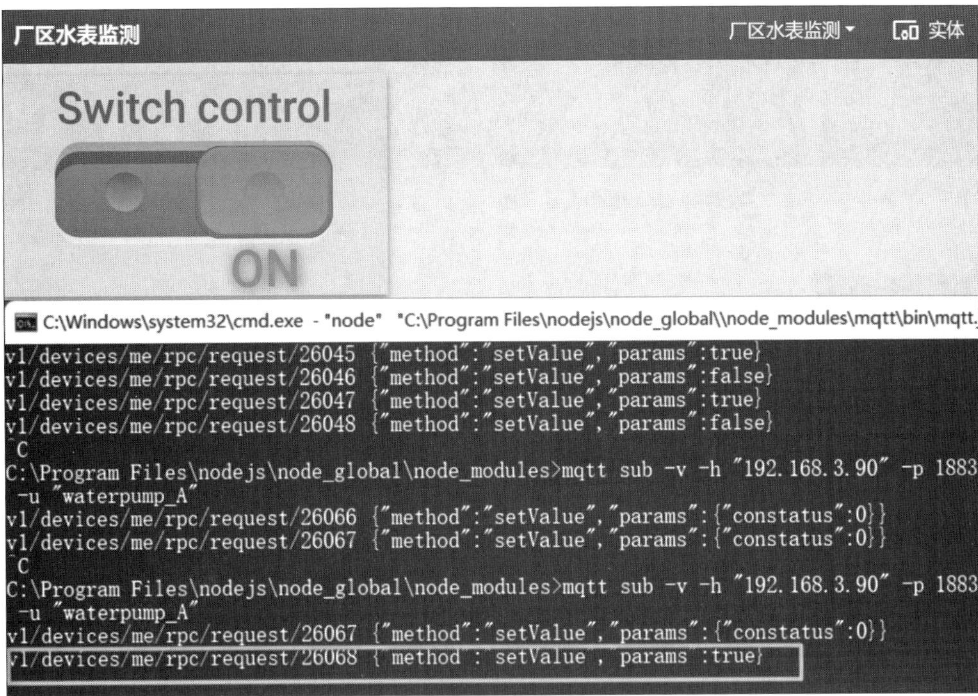
厂区水表监测
厂区水表监测
实体
Switch control
ON
C:\Windows\system32\cmd.exe - "node" "C:\Program Files\nodejs\node_global\\node_modules\mqtt\bin\mqtt.
v1/devices/me/rpc/request/26045 {"method":"setValue","params":true}
v1/devices/me/rpc/request/26046 {"method":"setValue","params":false}
v1/devices/me/rpc/request/26047 {"method":"setValue","params":true}
v1/devices/me/rpc/request/26048 {"method":"setValue","params":false}
^C
C:\Program Files\nodejs\node_global\node_modules>mqtt sub -v -h "192.168.3.90" -p 1883
-u "waterpump_A"
v1/devices/me/rpc/request/26066 {"method":"setValue","params":{"constatus":0}}
v1/devices/me/rpc/request/26067 {"method":"setValue","params":{"constatus":0}}
^C
C:\Program Files\nodejs\node_global\node_modules>mqtt sub -v -h "192.168.3.90" -p 1883
-u "waterpump_A"
v1/devices/me/rpc/request/26067 {"method":"setValue","params":{"constatus":0}}
v1/devices/me/rpc/request/26068 {"method":"setValue","params":true}

图 4－104

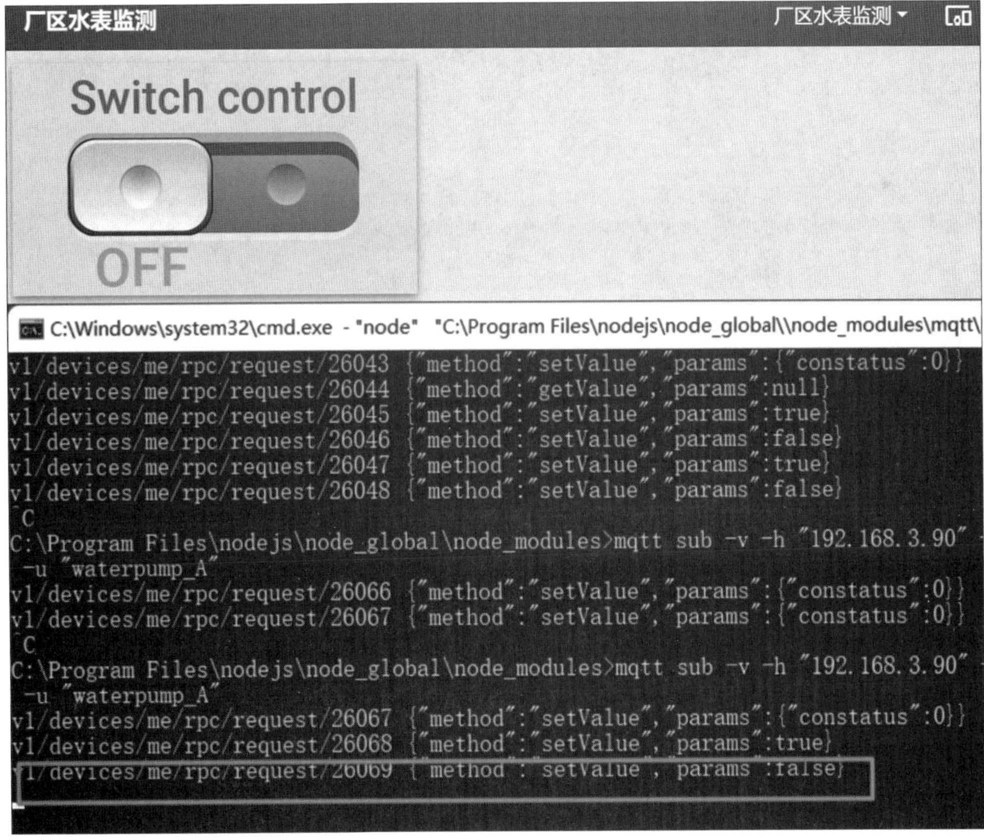
厂区水表监测
厂区水表监测
Switch control
OFF
C:\Windows\system32\cmd.exe - "node" "C:\Program Files\nodejs\node_global\\node_modules\mqtt\
v1/devices/me/rpc/request/26043 {"method":"setValue","params":{"constatus":0}}
v1/devices/me/rpc/request/26044 {"method":"getValue","params":null}
v1/devices/me/rpc/request/26045 {"method":"setValue","params":true}
v1/devices/me/rpc/request/26046 {"method":"setValue","params":false}
v1/devices/me/rpc/request/26047 {"method":"setValue","params":true}
v1/devices/me/rpc/request/26048 {"method":"setValue","params":false}
^C
C:\Program Files\nodejs\node_global\node_modules>mqtt sub -v -h "192.168.3.90"
-u "waterpump_A"
v1/devices/me/rpc/request/26066 {"method":"setValue","params":{"constatus":0}}
v1/devices/me/rpc/request/26067 {"method":"setValue","params":{"constatus":0}}
^C
C:\Program Files\nodejs\node_global\node_modules>mqtt sub -v -h "192.168.3.90"
-u "waterpump_A"
v1/devices/me/rpc/request/26067 {"method":"setValue","params":{"constatus":0}}
v1/devices/me/rpc/request/26068 {"method":"setValue","params":true}
v1/devices/me/rpc/request/26069 {"method":"setValue","params":false}

图 4－105

图 4－106

步骤 3：添加规则链，自动控制设备

按照前述步骤创建“应急水泵开关控制”规则链，如图 4－107 所示，根据如下步骤进行规则配置。配置完成后如图 4－108 所示。

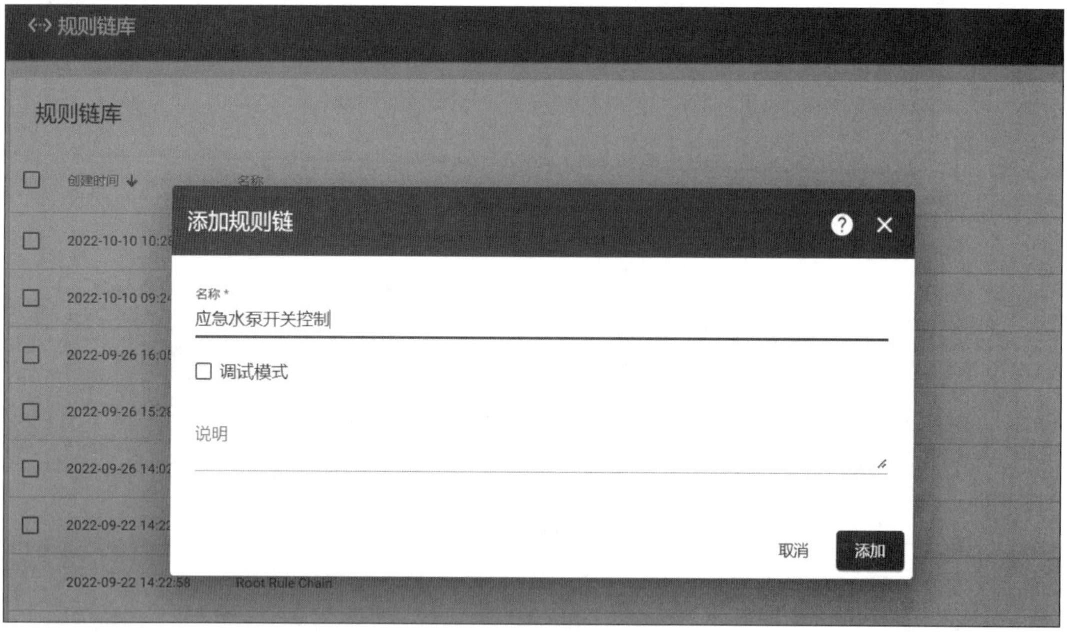

图 4－107

（1）配置节点 A：change originator 节点。

在规则链详情页中选择“变换”→“change originator”规则节点，拖动至右侧编辑区。在弹出的规则节点配置中配置规则名称，Originator source 配置为“Related”，关联筛选器类

C
rpc call request
发送到设备
A
B
Input
change originator
用水量应急水泵转换
Success
script
RPC命令
Success
D
Success
save timeseries
保存应急水泵开关记录

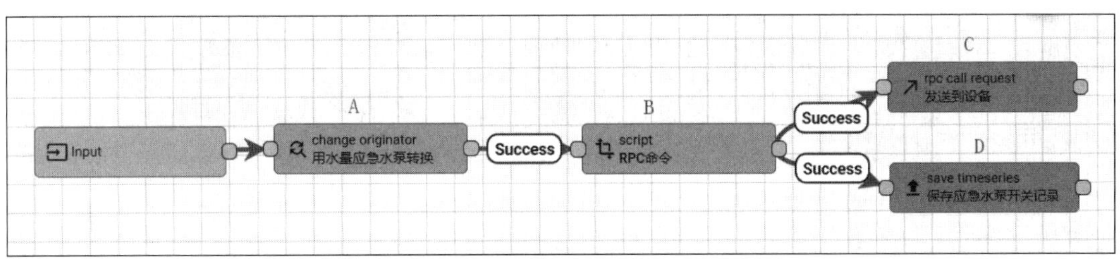

图 4－108

型为“use”，实体类型为“设备”，如图 4－109 所示。用于将发起者从“水表设备”更改为应急水泵设备“A 区应急水泵”并且所提交的消息将作为来自应急水泵设备的消息进行处理。

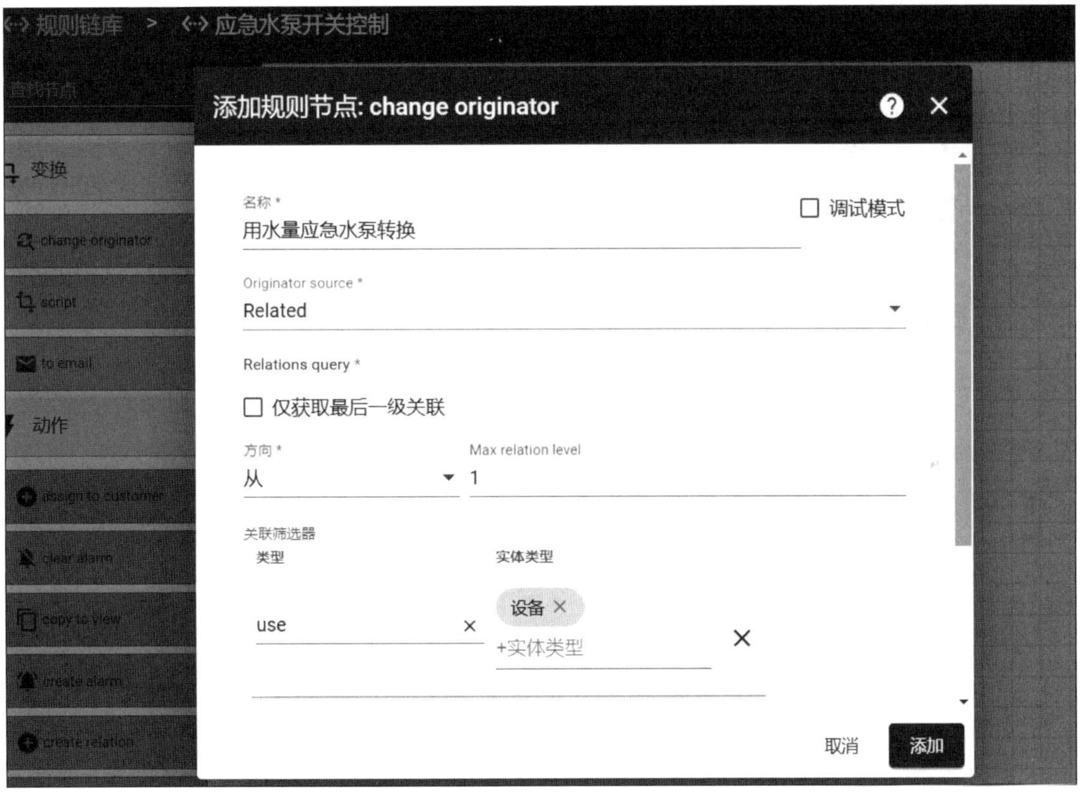

规则链库 ＞ 应急水泵开关控制
添加规则节点: change originator
变换
change originator
script
to email
动作
名称 *
用水量应急水泵转换
调试模式
Originator source *
Related
Relations query *
仅获取最后一级关联
方向 *
从
Max relation level
1
关联筛选器
类型
实体类型
use
设备
+实体类型
取消
添加

图 4－109

（2）配置节点 B：script 节点。

在规则链详情页中选择“变换”→“script”规则节点，拖动至右侧编辑区。在弹出的规则节点配置中配置规则名称、规则转换脚本，如图 4－110 所示。从消息 msg 中获取的 water_consumption 遥测数据大于 80 时，开启应急水泵开关，设置 constatus＝1；当遥测数据小于 40 时，关闭应急水泵开关，设置 constatus＝0。script 节点的数据分发规则脚本样例如下框中所示。随后配置规则链，从节点 A 出发，通过“success”关系类型分发到节点 B。

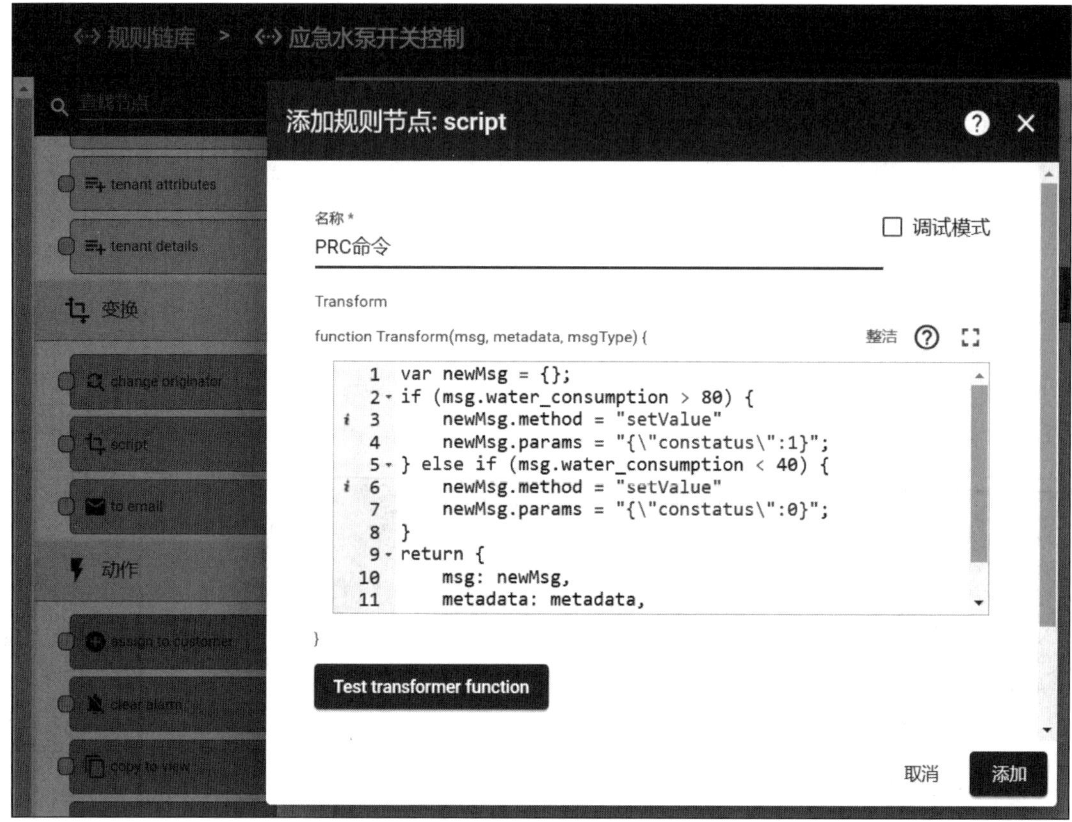

图 4-110

```
var newMsg = {};
if(msg.water_consumption >80){
    newMsg.method = "setValue"
    newMsg.params = "{\"constatus\":1}";
}else if(msg.water_consumption <40){
    newMsg.method = "setValue"
    newMsg.params = "{\"constatus\":0}";
}
return{
    msg:newMsg,
    metadata:metadata,
    msgType:msgType
};
```

（3）配置节点 C：rpc call request 节点。

在规则链详情页中选择“动作”→“rpc call request”规则节点，拖动至右侧编辑区。在弹出的规则节点配置中配置规则名称、设备超时时间，如图 4-111 所示。目的是将 RPC 请求发送到设备并将设备的响应数据发送到下一个规则节点，消息发起者必须是 device 实体，因为只能向设备发起 RPC 请求。随后配置规则链，从节点 B 出发，通过“success”关系类型分发到节点 C。

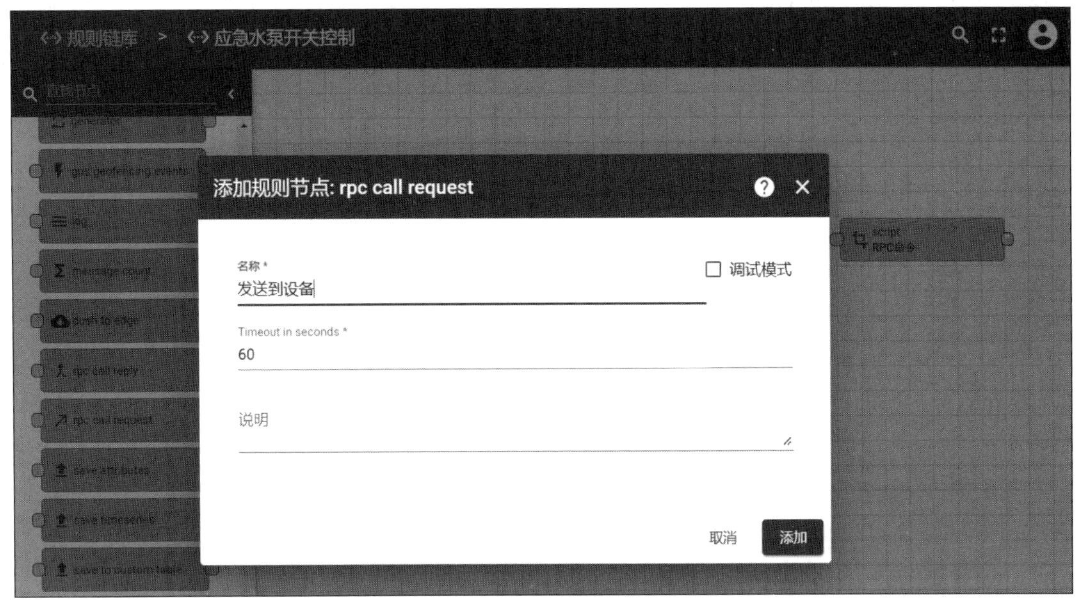

图 4-111

（4）配置节点 D：save timeseries 节点。

在规则链详情页中选择“变换”→“save timeseries”规则节点，拖动至右侧编辑区。在弹出的规则节点配置中配置规则名称，将转换后的数据进行保存。配置完成后如图 4-112 所示。

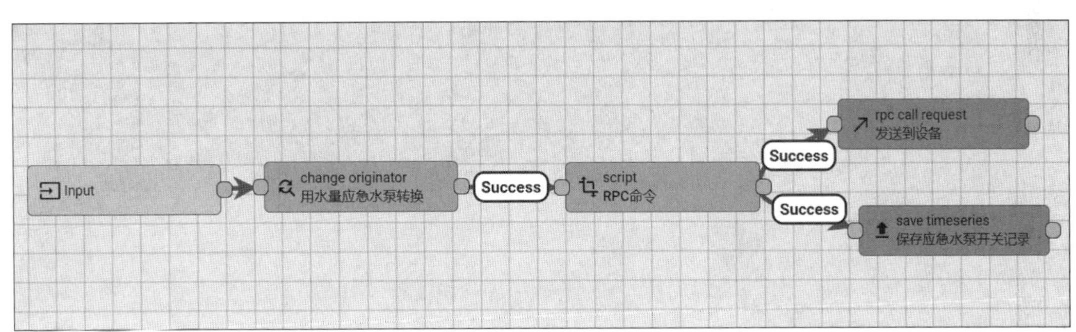

图 4-112

（5）修改根规则链。

参考任务 4 步骤 4，添加 rule chain 规则节点并将其连接到关联类型为 Post telemetry 的 message type switch 节点之后。在 rule chain 中输入规则节点名称，选择规则链为前述步骤中创建的“应急水泵开关控制”规则链，如图 4-113、图 4-114 所示。配置完成后如图 4-115 所示。

规则链库
Root Rule Chain (是否根链)
查找节点
gcp pubsub
kafka
mqtt
rabbitmq
rest api call
send email
send sms
Flow
acknowledge
checkpoint
添加规则节点: rule chain
名称 *
应急水泵控制
调试模式
规则链 *
应急水泵开关控制
说明
取消
添加
save attributes
Save Client Attributes
save timeseries
Save Timeseries
log
Log RPC from Device
log
Log Other
rpc call request
RPC Call Request

图 4－113

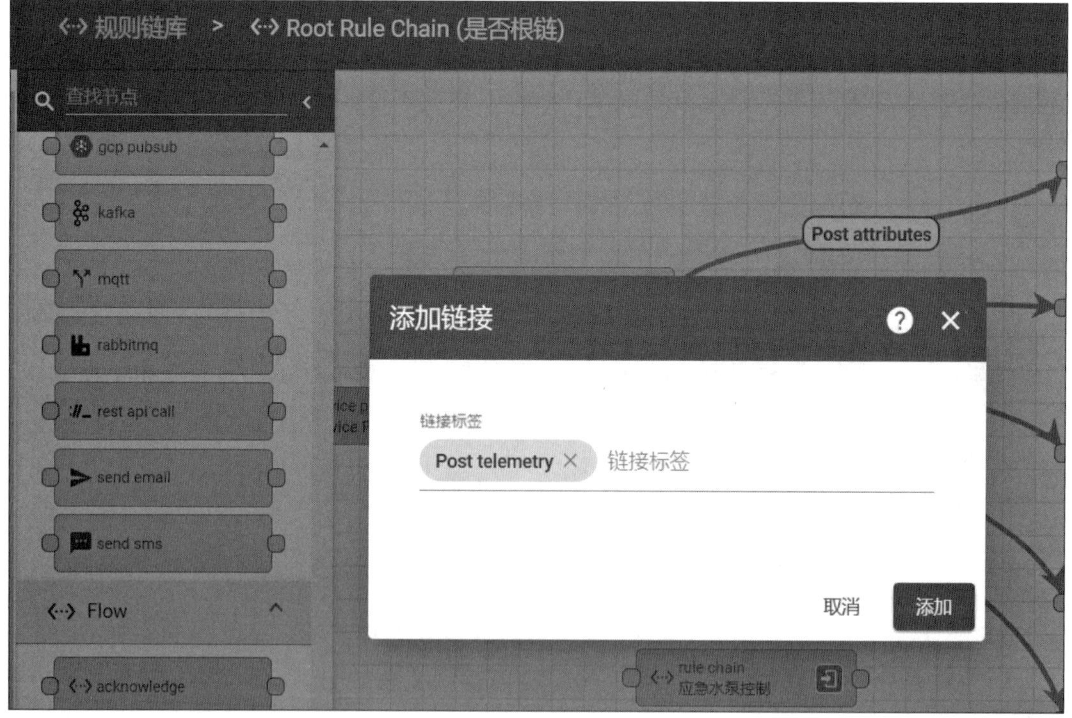
规则链库
Root Rule Chain (是否根链)
查找节点
gcp pubsub
kafka
mqtt
rabbitmq
rest api call
send email
send sms
Flow
acknowledge
Post attributes
添加链接
链接标签
Post telemetry
链接标签
取消
添加
rule chain
应急水泵控制

图 4－114

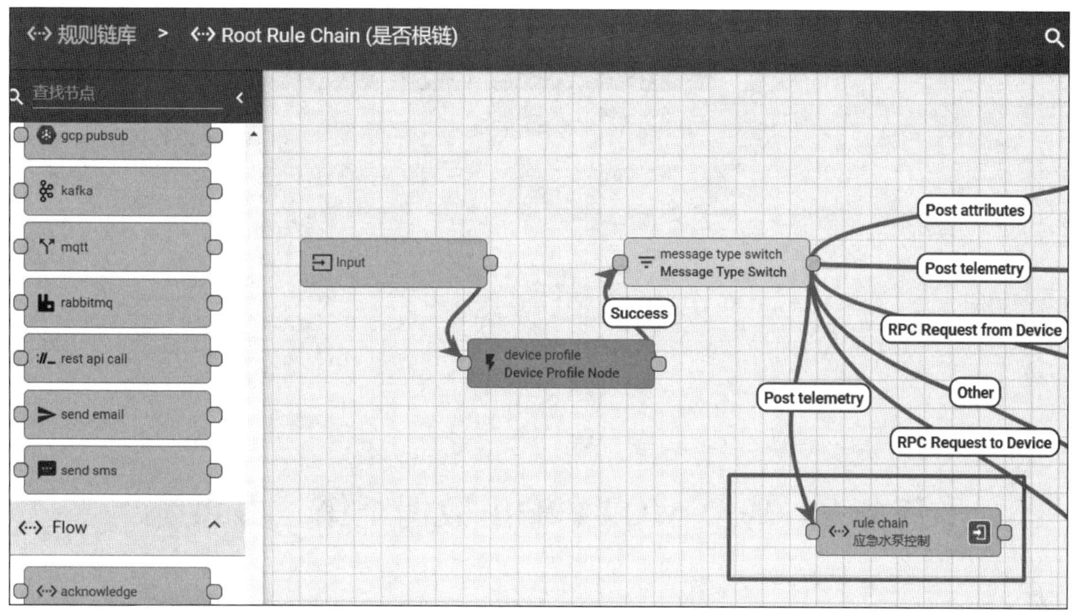

图 4－115

（6）远程设备调用测试。

通过 MQTT 发送信息至 ThingsBoard 平台，订阅平台消息。在 Windows 控制台中输入 MQTT 消息订阅指令，指令格式如下框所示。

```
mqtt sub -v -h "192.168.3.90" -p 1883 -t "v1/devices/me/rpc/request/+" -u "waterpump_A"
```

重新打开 Windows 控制台，输入 mqtt 消息发布指令，先发布水表数据 water_consumption = 90，可以看到 mqtt 接收到 ThingsBoard 回复的反馈消息｛"method":"setValue","params":｛"constatus":1｝；然后，继续基于 mqtt 发布水表数据 water_consumption = 35，正常情况下，可以看到 mqtt 接收到 ThingsBoard 回复的反馈｛"method":"setValue","params":｛"constatus":0｝，如图 4－116 所示。同时，在设备“A 区应急水泵”可查看最新遥测数据 constatus = 1 或 0，如图 4－117 所示。

```
C:\Program Files\nodejs\node_global\node_modules>mqtt pub -v -h "192.168.3.90" -p 1883 -t "v1/devices/me/telemetry" -u
"token_watermeter_A" -m "{"water_consumption":"90"}"

C:\Program Files\nodejs\node_global\node_modules>mqtt pub -v -h "192.168.3.90" -p 1883 -t "v1/devices/me/telemetry" -u
"token_watermeter_A" -m "{"water_consumption":"35"}"

C:\Program Files\nodejs\node_global\node_modules>mqtt sub -v -h "192.168.3.90" -p 1883 -t "v1/devices/me/rpc/request/+"
 -u "waterpump_A"
v1/devices/me/rpc/request/26122 {"method":"setValue","params":{"constatus":0}}
v1/devices/me/rpc/request/26123 {"method":"setValue","params":{"constatus":1}}
v1/devices/me/rpc/request/26124 {"method":"setValue","params":{"constatus":0}}
v1/devices/me/rpc/request/26125 {"method":"setValue","params":{"constatus":0}}
```

图 4－116

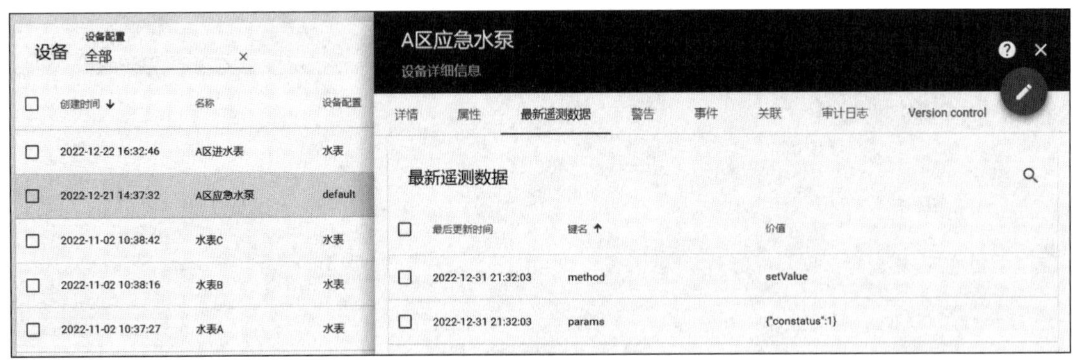

图 4－117

任务 9　基于 MQTT 输出数据至第三方系统

本任务通过 ThingsBoard 平台数据传输规则链的配置操作和 MQTT 消息代理服务器的搭建，实现数据从 ThingsBoard 发送至外部第三方系统。

步骤 1：安装 MQTT 消息代理服务器软件 mosquitto

（1）下载 mosquitto 软件。

在 mosquitto 官网（https://mosquitto.org/download/）下载 Windows64 版本的 mosquitto 软件，如图 4－118 所示。

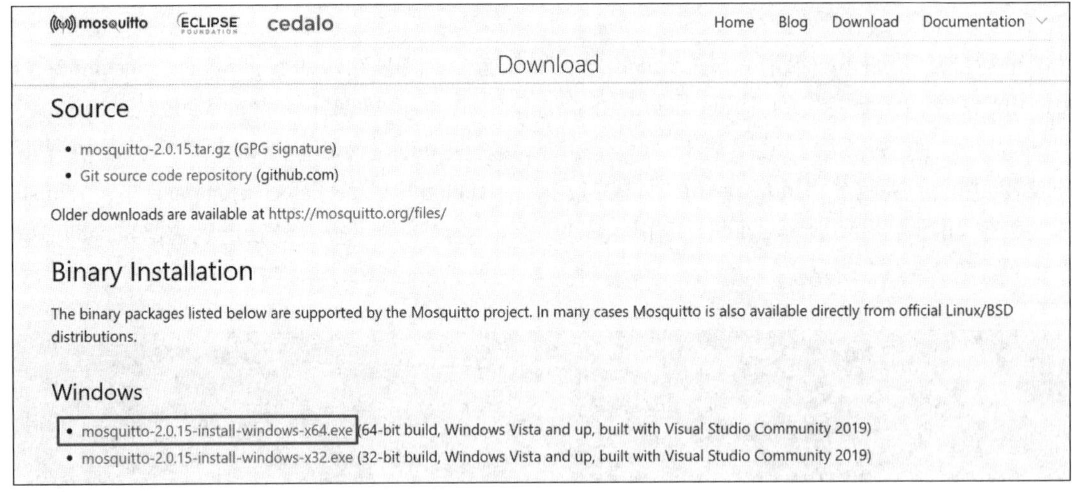

图 4－118

（2）安装 mosquitto 软件。

获取到软件之后，直接双击安装即可，可以默认安装路径，也可以重新选择安装路径。单击“Install”按钮后等待完成安装，如图 4－119 所示。

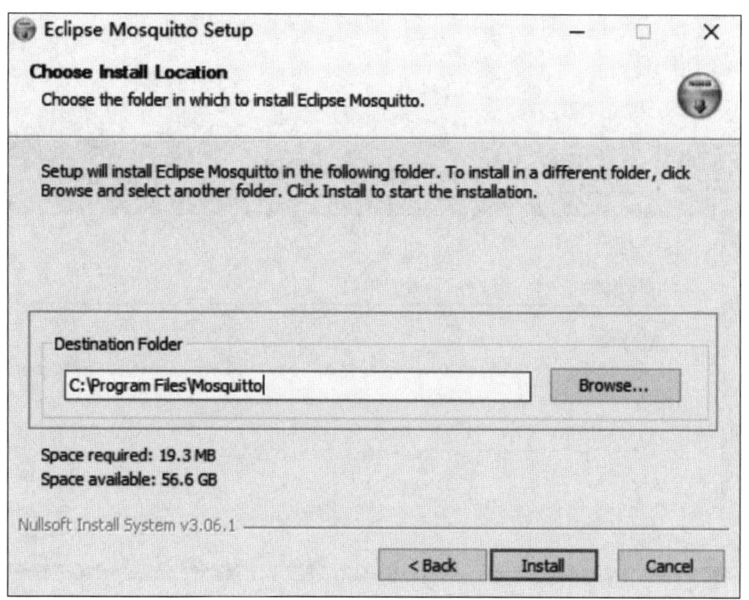

图 4-119

（3）mosquitto.conf 关键配置修改。

①# listener port-number[ip address/host name/unix socket path]

mqtt 服务端监听端口，默认为 1883，也可以设置为其他端口号。

②# allow_anonymous false

是否允许匿名登录，默认是不允许匿名登录，如果允许匿名登录，那么修改为 allow_anonymous true。

（4）MQTT 服务端启动。

在 mosquitto 的安装路径下执行 cmd 命令启动 MQTT 服务，命令如下：

```
\mosquitto -c.\mosquitto.conf -v
```

启动后展示如图 4-120 所示，表示启动成功。

```
C:\Program Files\mosquitto>.\mosquitto -c .\mosquitto.conf -v
1671676714: mosquitto version 2.0.15 starting
1671676714: Config loaded from .\mosquitto.conf.
1671676714: Opening ipv6 listen socket on port 1883.
1671676714: Opening ipv4 listen socket on port 1883.
1671676714: mosquitto version 2.0.15 running
1671676733: New connection from 192.168.3.82:59484 on port 1883.
```

图 4-120

步骤 2：配置 MQTT 数据传输规则链

按照前述步骤创建“mqtt 数据转换”的规则链，如图 4-121 所示，根据如下步骤进行规则配置。配置完成后如图 4-122 所示。

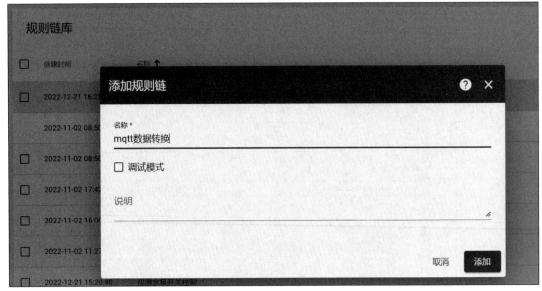

图 4－121

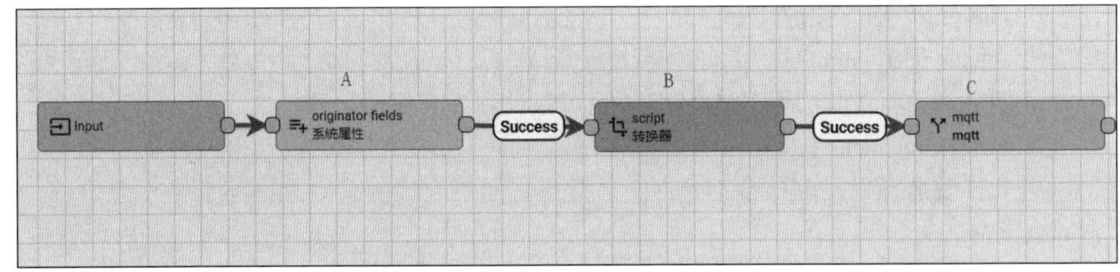

图 4－122

（1） 配置节点 A：originator fields 节点。

在规则链详情页中选择“属性集”→“originator fields”规则节点，拖动至右侧编辑区。在弹出的规则节点配置中配置规则名称、新增 id 到 id 字段的映射后保存，如图 4－123 所示。此节点可以获取消息发起者实体的属性值并将其添加到消息元数据中。节点中可以配置实体属性名称和元数据属性名称之间的映射关系。

（2） 配置节点 B：script 节点。

在规则链详情页中选择“变换”→“script”规则节点，拖动至右侧编辑区。在弹出的规则节点配置中配置规则名称、规则转换脚本。从消息 msg 中获取的 water_consumption 的值赋值给 water_consumption，id 的值赋值给 deviceId。script 节点的数据分发规则脚本样例如下框中所示。

随后配置规则链，从节点 A 出发，通过“success”关系类型分发到节点 B。配置完成后如图 4－124 所示。

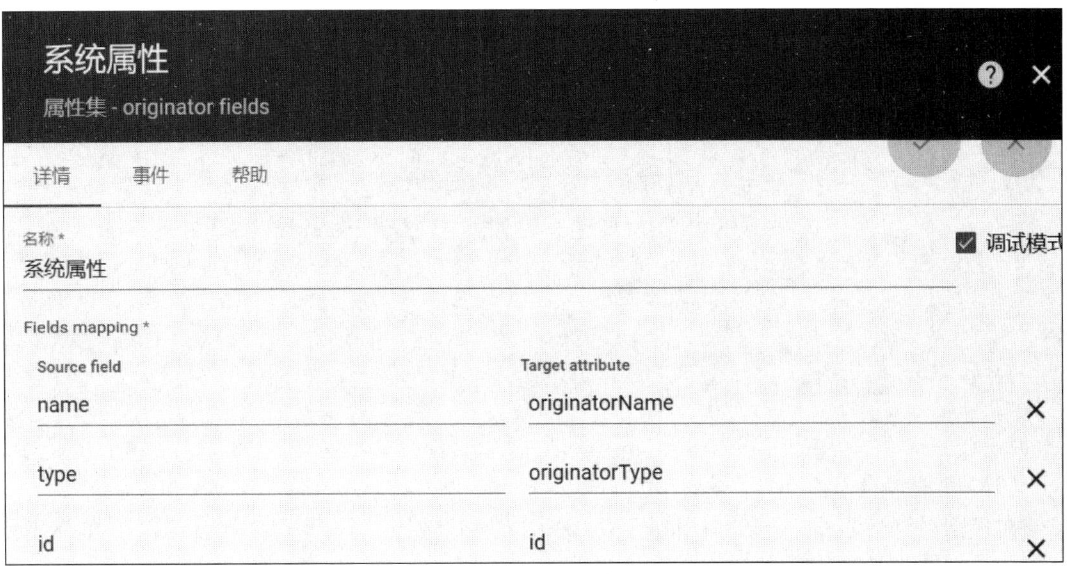

系统属性
属性集 - originator fields
详情
事件
帮助
名称 *
系统属性
调试模式
Fields mapping *
Source field
Target attribute
name
originatorName
type
originatorType
id
id

图 4 – 123

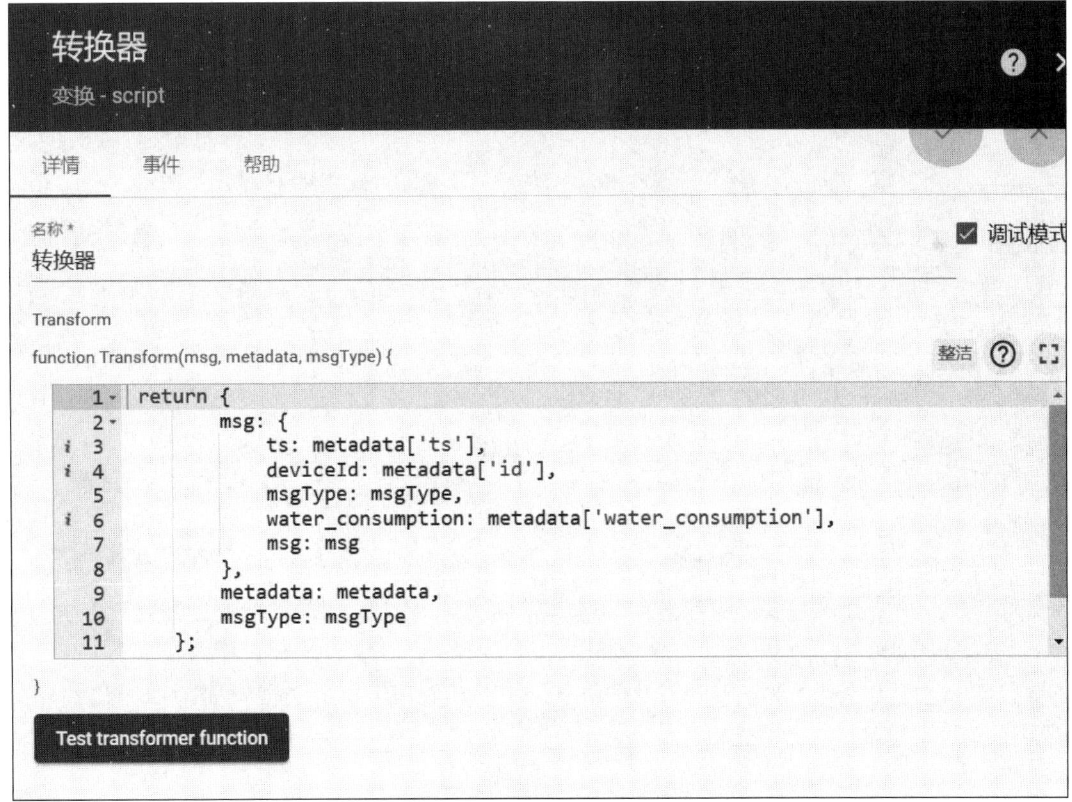

转换器
变换 - script
详情
事件
帮助
名称 *
转换器
调试模式
Transform
function Transform(msg, metadata, msgType) {
整洁
return {
msg: {
ts: metadata['ts'],
deviceId: metadata['id'],
msgType: msgType,
water_consumption: metadata['water_consumption'],
msg: msg
},
metadata: metadata,
msgType: msgType
};
}
Test transformer function

图 4 – 124

```
return{
        msg:{
            ts:metadata['ts'],
            deviceId:metadata['id'],
            msgType:msgType,
            water_consumption:metadata['water_consumption'],
            msg:msg
        },
        metadata:metadata,
        msgType:msgType
};
```

（3）配置节点 C：MQTT 发布节点。

在规则链详情页中选择“外部的”-“mqtt”规则节点，拖动至右侧编辑区。在弹出的规则节点配置中配置 MQTT 服务端的配置信息。Topic pattern 为配置的订阅 topic 名称。Host 为 MQTT 服务端的地址，Port 为端口号，timeout 为连接超时时间，如图 4-125 所示。

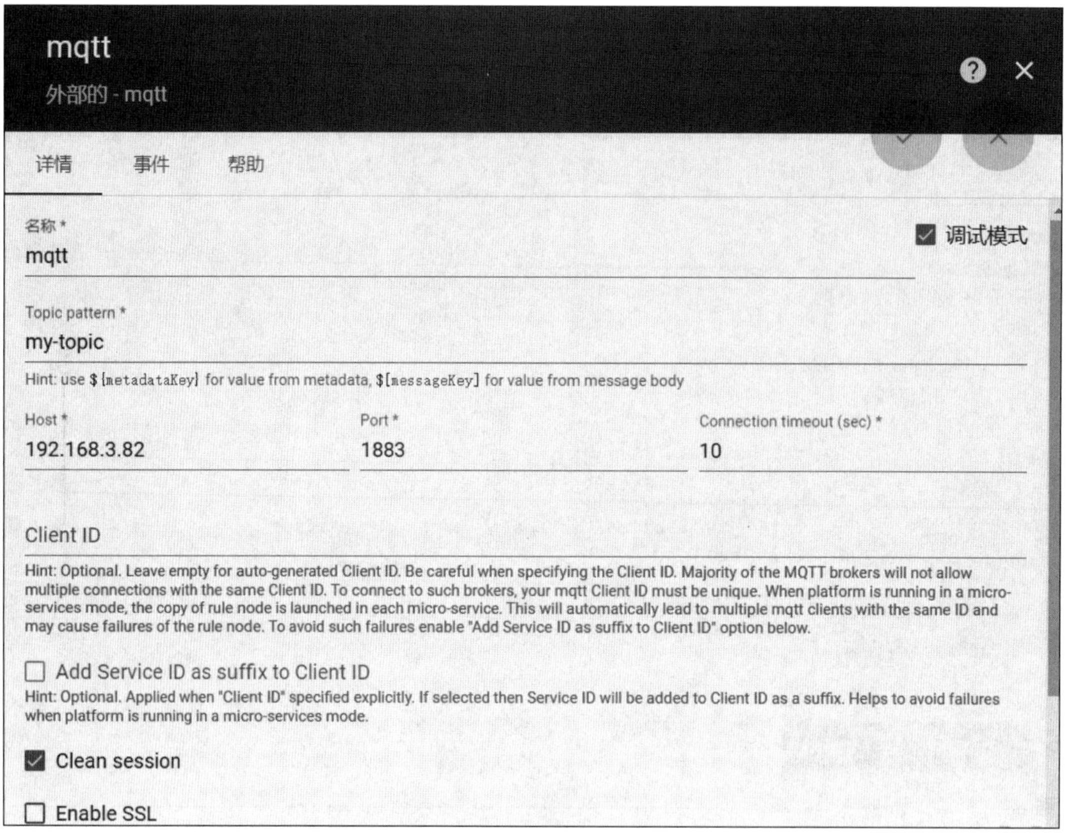

图 4-125

随后配置规则链，从节点 B 出发，通过“success”关系类型分发到节点 C。配置完成后如图4－126所示。

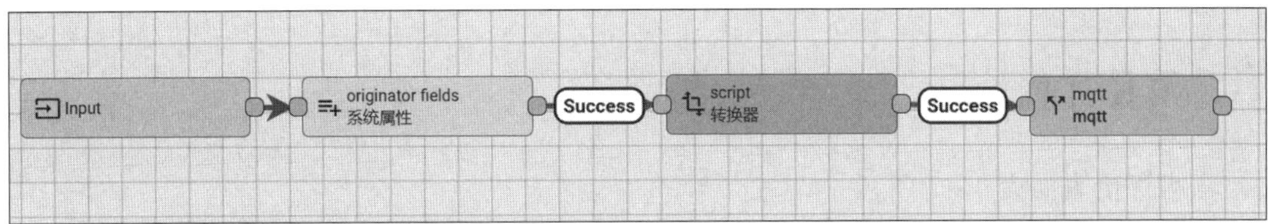

图4－126

步骤3：数据输出功能的验证

通过MQTT发送信息至ThingsBoard平台，订阅平台消息。在Window控制台中输入MQTT消息订阅指令，指令格式如下框所示。

```
mqtt sub -v -h "192.168.3.82" -p 1883 -t "my-topic" -u "token_water-meter_A"
```

重新打开Window控制台中输入MQTT消息发布指令，向ThingsBoard平台所载服务器发送用水量数据water_consumption＝90，当显示信息如图4－127所示时，说明ThingsBoard基于MQTT输出数据的功能配置成功。显示信息如下所示。

```
my-topic{"ts":"1672497360049","deviceId":"4a4601f0-5a57-11ed-9fd9-131ca60b2e84","msgType":"POST_TELEMETRY_REQUEST","msg":{"water_consumption":90}}。
```

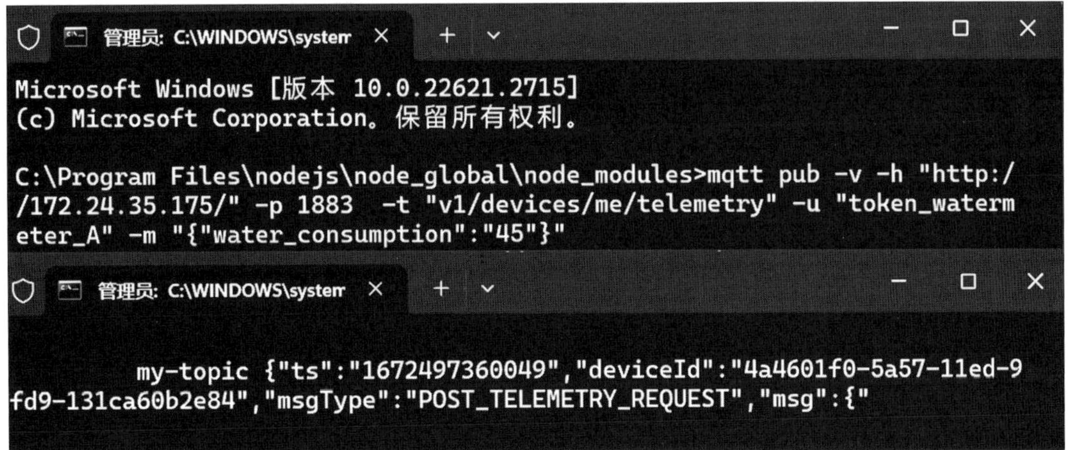

图4－127

【项目小结】

本项目以工厂用水量的监控为例，在前述项目任务的基础上，进行进阶操作，讲解如何基于ThingsBoard平台的规则引擎对物联网应用系统中的采集数据进行处理，让读者了解基于平台实现遥测数据过滤、转换、多数据接入以及设备在线检查、设备自动化控制和告警、设备控制的远程请求、基于 MQTT 协议的数据输出等功能的配置和开发操作。

【项目评价】

项目评价表如表 4－2 所示。

表 4－2 项目评价表

评价类型	赋分	序号	评价指标	分值	得分			
					自评	组评	师评	拓展评价
职业能力	60	1	接入信息验证操作正确	5				
		2	接入信息计算操作正确	5				
		3	接入信息转换操作正确	5				
		4	多个设备数据接入的处理操作正确	5				
		5	创建和消除警报操作正确	5				
		6	警报信息详细处理操作正确	5				
		7	设备在线监测和告警操作正确	10				
		8	基于 RPC 的设备远程控制操作正确	10				
		9	输出数据至第三方系统操作正确	10				
职业素养	20	1	课前预习	10				
		2	遵守纪律	5				
		3	编程规范性	5				
劳动素养	10	1	工作过程记录	5				
		2	保持环境整洁卫生	5				
思政素养	10	1	完成思政素材学习	5				
		2	团结协作	5				
合计				100				

【巩固练习】

（1）用提供的脚本模拟用电信息，在 ThingsBoard 平台上添加三个单位的电表采集设备，按照预设规则对采集的用电量信息进行验证、计算，并根据预设规则进行报警，将用电信息输出给第三方系统，同时，实现对电表开关的远程人工控制和自动控制。

(2) 工厂拟基于物联网技术对用于生产物料的设备进行远程监控，共有4个生产设备，根据经验，单个设备每小时的用料量在0～20 t时为正采集的数据，对采集的用料信息进行验证，并计算工厂所有设备一天的用料情况，将信息输出给第三方系统（用MQTT终端模拟），当每天用料量超出100 t时进行告警，并可远程开关生产设备。请基于上述项目信息，完成平台的开发配置操作。

项目 5

设备连接与操作

【学习导读】

本节以环境温湿度监测为例，讲解如何快速搭建一个可以使用的物联网应用系统，实现数据的采集、传输和显示，基于物联网应用领域常见的终端设备 ESP8266 和 ThingsBoard 平台，讲解实际物理设备如何通过 MQTT 协议与 ThingsBoard 平台连接并上传遥测值，包括 MQTT 服务器的搭建，ESP8266 端监测、连接和数据上报功能实现，ThingsBoard 平台设备配置操作。

【学习目标】

（1）了解和掌握基于 MQTT 实现实际物理设备与 ThingsBoard 连接的方法，包括：Windows 下 MQTT 服务器部署搭建方法；在 ESP8266 上实现数据采集、MQTT 传输及与 ThingsBoard 连接的方法；ThinsBoard 平台相应的配置操作。

（2）养成勇于创新的工作作风和团队协作能力。

【相关知识/预备知识】

一、开源 MQTT 服务器

MQTT 协议是物联网应用系统开发中极其重要的一种协议，系统中的监控采集终端和应用软件都是 MQTT 客户端，需要通过 MQTT 服务器来进行监测和控制消息的转发，一般有 3 种方法来搭建系统的 MQTT 服务器。

①本地搭建 MQTT 服务器，该方法只针对本地局域网使用的场景，无法接入外网，常用于本地测试开发。

②租用远程 MQTT 服务器，该方法可以接入外网，也支持对 MQTT 服务器进行管理，但需要付费。

③远程 MQTT 测试服务器，该方法免费，可以接入外网，但不支持对 MQTT 服务器进行管理，可满足基本测试需求。

Apollo 是基于 ActiveMQ 建立的一种消息代理工具，支持 STOMP、AMQP、MQTT、Openwire、SSL 和 WebSockets 多种协议，免费开源，同时支持本地测试、远程测试的场景，是物联网应用系统开发中常用的一种 MQTT 服务器，因此，本节以 Apollo 为例讲解 MQTT 服务器的搭建步骤。

二、ESP8266 与 NodeMCU

ESP8266 是目前使用最广泛的 WiFi 串口模块之一，内部集成了 MCU，从而实现单片机之间的串口通信，专为移动设备、可穿戴电子产品和物联网应用系统设计，是绝大多数物联网应用项目的最佳选择。

NodeMCU 是一款开源固件，专为承载在嵌入式终端模块上的物联网应用程序设计，常使用 Lua 脚本语言进行编程，底层使用 ESP8266 sdk 0.9.5 版本，集成了可以运行在 ESP8266 Wi－FiSoC 芯片上的固件，以及基于 ESP－12 模组的硬件。常见的 NodeMCU 模块产品如图 5－1 所示。

图 5－1

NodeMcu/ESP8266 目前主要支持以下 4 种开发方式：

①AT 指令开发：只需知道 AT 指令集，以及它的通信方式即可，但是需要 MCU 与其通信，不能独立完成某项功能，烧录过程相对麻烦。

②Lua 脚本开发：NodeMCU 本质也是 ESP8266，只是它的固件是与 Lua 脚本语言进行交互，该方式开发过程简单，代码量少，可以节省资源，但是 Lua 解释器执行效率较低。初学者和入门阶段，推荐基于此方式进行开发。

③Arduino IDE 开发：使用 C 语言进行编程，编程和烧录可以集中在 IDE 中完成，可以调用较多的库函数，但是实现同样的功能需要的代码较长。

④VS Code IDE 开发：在 VS Code 中配置 Arduino 开发环境，可以在 VS Code 进行编程和烧录，使用快捷键一键烧录，使用方便，并且还自带代码补全功能，原代码查看调试便捷，利于编辑。熟练后，推荐基于此方式进行开发。

三、Lua 脚本语言

Lua 是一款基于标准 C 编写的脚本语言，可以在所有操作系统和平台上编译运行。Lua 与其他语言的语法相似，没有提供强大的开发库支持，所以一般不作为开发独立应用程序的语言，常被嵌入到其他应用程序中实现扩展和定制功能。其应用场景主要包括 Web 应用脚本、独立应用脚本、扩展和数据库插件、游戏开发、安全系统等。

可以通过 Lua 的交互模式进行程序运行；也可以将编辑好的代码保存为 .lua 的格式后，再通过 Lua 编译器运行；还可以通过第三方工具，将 Lua 打包独立运行。

四、ESPlorer

ESPlorer 是一个基于 Lua 的、用于开发 NodeMCU 应用程序的 IDE，支持与 ESP8266 建立串行通信，并基于串行通信向其发送命令，上传代码等。部署安装时，需要安装 Java 运行环境，支持 OS X、Linux、Windows 等平台。

【项目实例】基于 MQTT 协议连接 ESP8266，实现温湿度数据的监测

在本项目中，通过 ESP8266 物理设备采集温湿度，基于 MQTT 协议将数据上报至 ThingsBoard 平台，通过对 ThingsBoard 平台的配置操作，实现采集设备的接入和数据显示。

任务 1　Windows 下 MQTT 服务器搭建

本任务根据项目需求，实现 Windows 操作系统下 MQTT 服务器的搭建。

步骤 1：下载 Apollo 安装包

从官网下载安装包，网址如下：

```
http://archive.apache.org/dist/activemq/activemq-apollo/1.7.1/
```

根据操作系统选择相应类型安装包下载。本书以 Windows 为例，所以选择如图 5-2 所示的安装包。

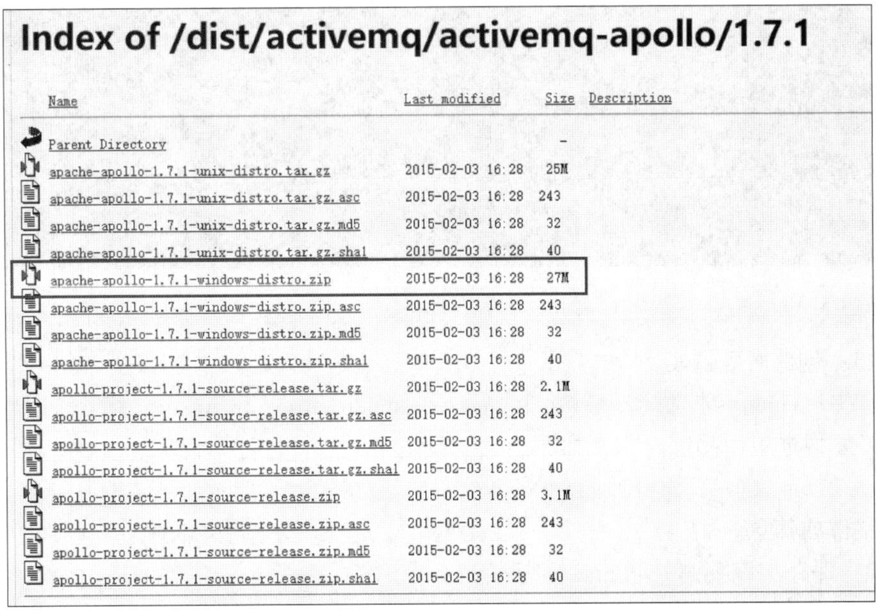

Index of /dist/activemq/activemq-apollo/1.7.1

Name	Last modified	Size	Description
Parent Directory		-	
apache-apollo-1.7.1-unix-distro.tar.gz	2015-02-03 16:28	25M	
apache-apollo-1.7.1-unix-distro.tar.gz.asc	2015-02-03 16:28	243	
apache-apollo-1.7.1-unix-distro.tar.gz.md5	2015-02-03 16:28	32	
apache-apollo-1.7.1-unix-distro.tar.gz.sha1	2015-02-03 16:28	40	
apache-apollo-1.7.1-windows-distro.zip	2015-02-03 16:28	27M	
apache-apollo-1.7.1-windows-distro.zip.asc	2015-02-03 16:28	243	
apache-apollo-1.7.1-windows-distro.zip.md5	2015-02-03 16:28	32	
apache-apollo-1.7.1-windows-distro.zip.sha1	2015-02-03 16:28	40	
apollo-project-1.7.1-source-release.tar.gz	2015-02-03 16:28	2.1M	
apollo-project-1.7.1-source-release.tar.gz.asc	2015-02-03 16:28	243	
apollo-project-1.7.1-source-release.tar.gz.md5	2015-02-03 16:28	32	
apollo-project-1.7.1-source-release.tar.gz.sha1	2015-02-03 16:28	40	
apollo-project-1.7.1-source-release.zip	2015-02-03 16:28	3.1M	
apollo-project-1.7.1-source-release.zip.asc	2015-02-03 16:28	243	
apollo-project-1.7.1-source-release.zip.md5	2015-02-03 16:28	32	
apollo-project-1.7.1-source-release.zip.sha1	2015-02-03 16:28	40	

图 5-2

步骤 2：安装 Apollo 消息代理服务器

解压步骤 1 中下载的压缩文件，得到如图 5 - 3 所示的文件。注意，解压 apache - apollo - 1.7.1 时所在的文件夹的名称不能有中文或者空格，否则在后续步骤中会发生错误。完成上述操作后，打开 Windows 控制台，进入 apache - apollo - 1.7.1 所在的文件夹，进入 bin 文件夹，在该路径下运行 apollo.cmd 命令，当出现如图 5 - 4 所示的信息时，apollo 服务器已经安装成功。

bin	2015/1/29 10:55	文件夹	
docs	2015/1/29 10:55	文件夹	
etc	2015/1/29 10:55	文件夹	
examples	2015/1/29 10:55	文件夹	
lib	2015/1/29 10:55	文件夹	
LICENSE	2015/1/29 10:55	文件	12 KB
NOTICE	2015/1/29 10:55	文件	7 KB
readme.html	2015/1/29 10:55	360 se HTML Do...	2 KB

图 5 - 3

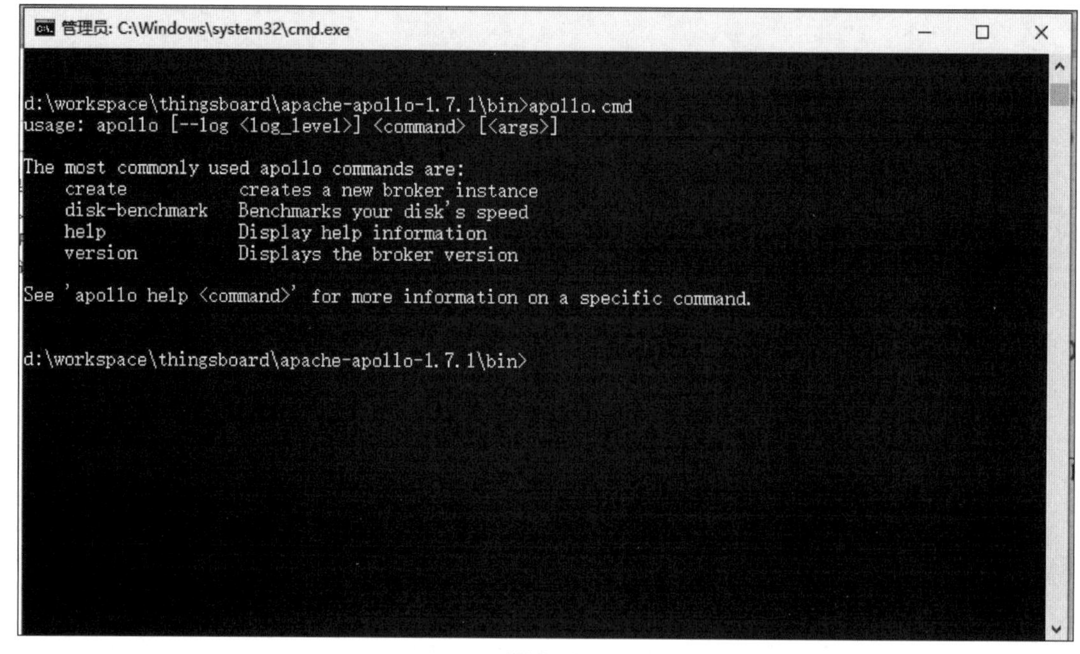

图 5 - 4

步骤 3：创建服务器实例

首先，在 Windows 控制台命令窗口中输入 “apollo create mybroker” 命令，其中，“mybroker” 可以根据应用要求设定，如图 5 - 5 所示。

然后，在 bin 文件夹下会出现 mybroker 文件夹，如图 5 - 6 所示，该文件夹包含了如图 5 - 7 所示的文件或信息。

①bin：保存与该实例关联的执行脚本。

②data：保存用于存储持久消息的数据文件。

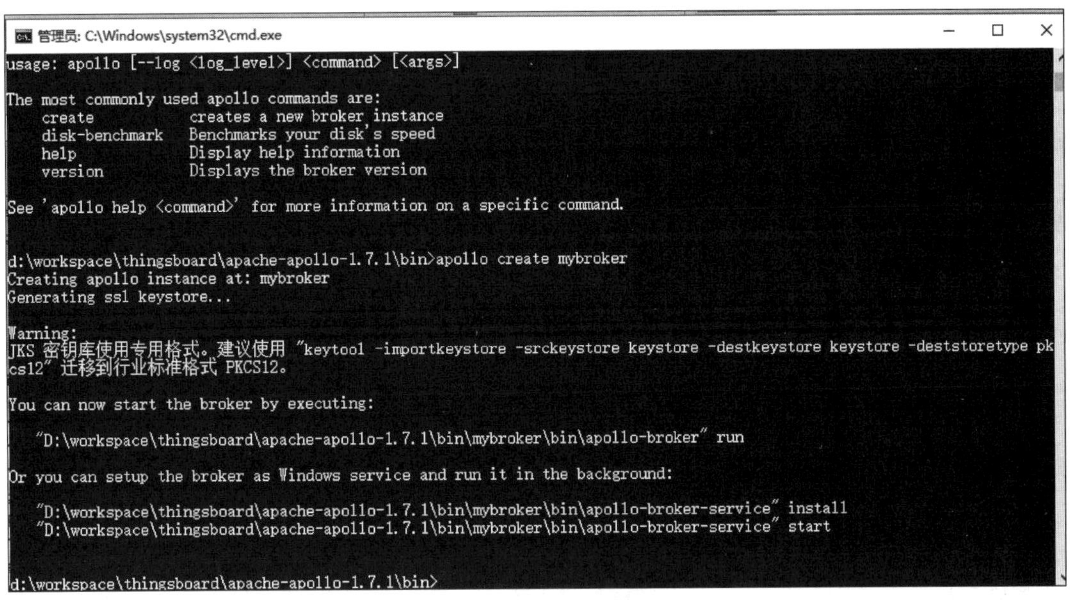

图 5-5

名称	修改日期	类型	大小
mybroker	2022/12/20 19:09	文件夹	
apollo	2015/1/29 10:55	文件	6 KB
apollo.cmd	2015/1/29 10:55	Windows 命令脚本	3 KB

图 5-6

名称	修改日期	类型
bin	2022/12/20 19:09	文件夹
data	2022/12/20 19:09	文件夹
etc	2022/12/20 19:09	文件夹
log	2022/12/20 19:09	文件夹
tmp	2022/12/20 19:09	文件夹

图 5-7

③etc：保存实例配置文件。

④log：保存旋转日志文件。

⑤tmp：保存在代理运行之间安全删除的临时文件。

其中，etc 文件夹下的 apollo. xml 文件用于存放配置服务器信息，etc 文件夹下的 users. properties 文件包含了连接 MQTT 服务器时所需要的用户名和密码信息，默认登录消息代理服务器的用户名为“admin”，密码为“password”，可以通过修改“admin = password”字段设置自己的用户名和密码，也可以接着换行添加新的用户名和密码。如果不修改，登录消息代理服务器的用户名即“admin”，密码为“password”。

接着，打开 Windows 控制台，运行以下命令：

```
apache-apollo-1.7.1\bin\mybroker\bin\apollo-broker.cmd run
```

开启消息代理服务器，出现如图 5-8 所示的信息后，表示 apollo 消息代理服务器已经成功运行。

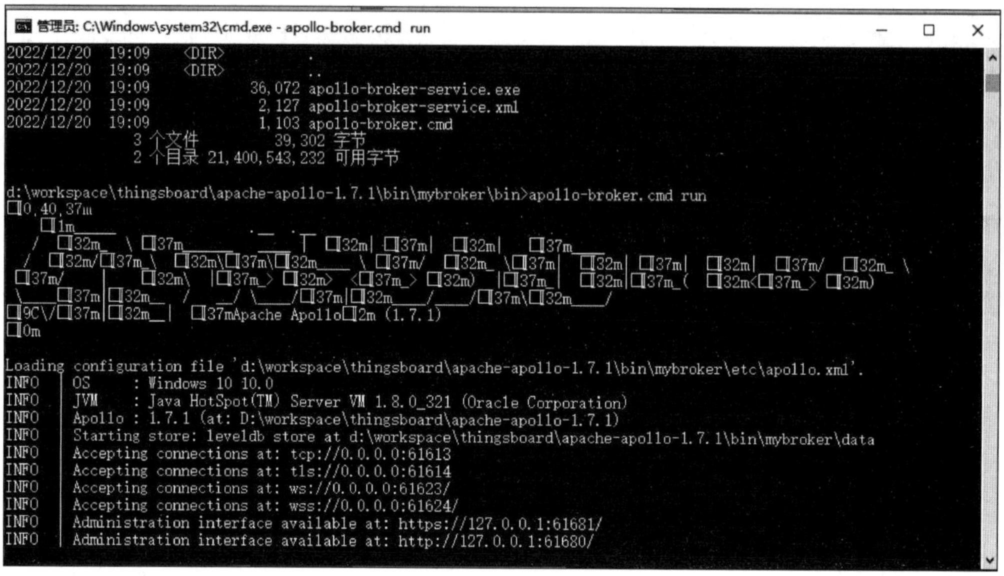

图 5-8

最后，打开浏览器，输入“http://127.0.0.1：61680/”或“https://127.0.0.1：61681/”，即可进入 Apollo Console 界面，如图 5-9 所示。

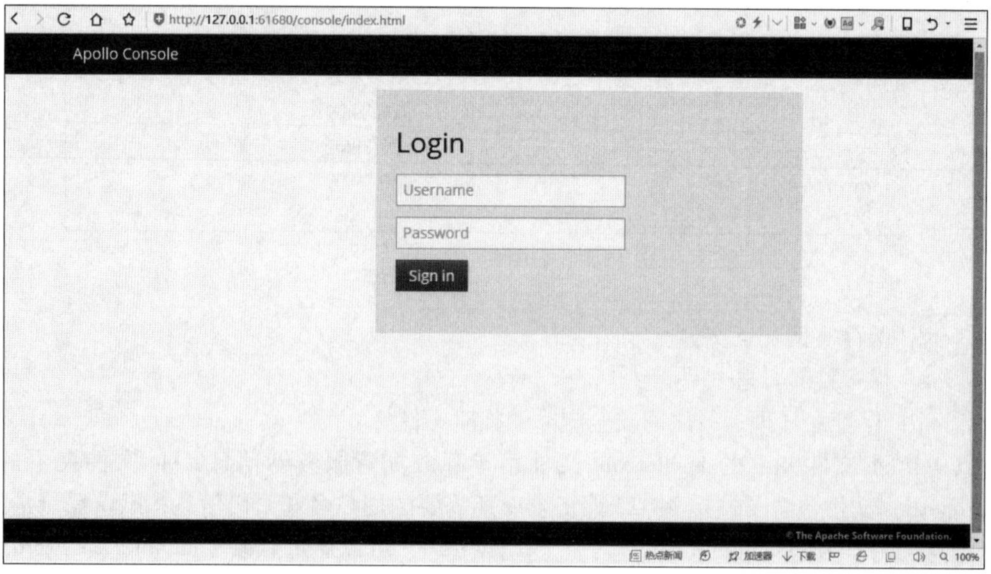

图 5-9

在该界面输入登录ID和密码，如果前述步骤中没有修改，此处的Username和Password分别为“admin”和“password”，输入后，进入如图5－10所示的管理界面。

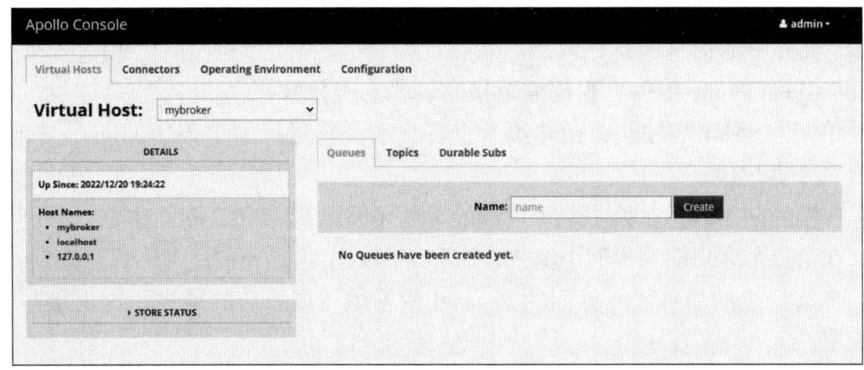

图5－10

步骤4：测试

通过上述步骤完成服务器的安装后，进行测试，运行MQTT客户端测试工具，这里选择MQTTBox这款工具，单击如图5－11所示界面中的“Create MQTT Client”按钮，创建MQTT客户端，在如图5－12所示的界面中输入相应的配置，其中：

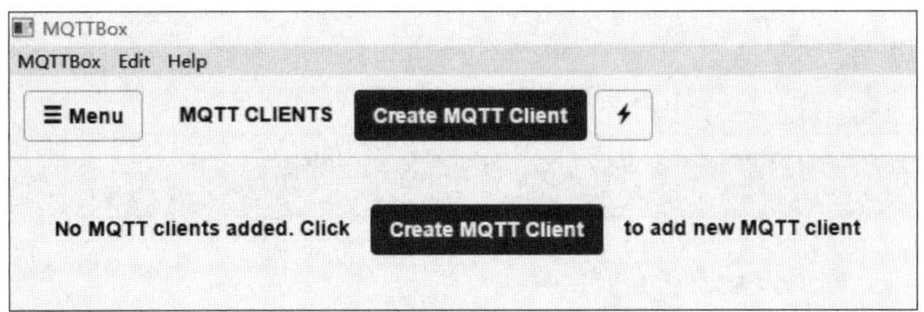

图5－11

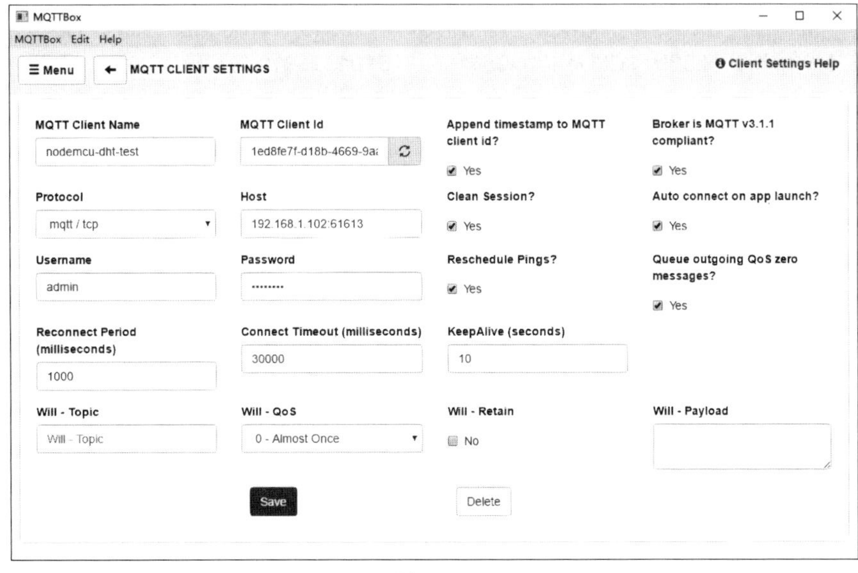

图5－12

①Protocol 选择 mqtt/TCP。

②Host 栏填写“127.0.0.1:61613”。

③Username 栏填写“admin”，Password 栏填写“password”，或与前文所述的 users. properties 文件中的信息保持一致。

④MQTT Client Name 中信息根据需要填写，没有特殊要求。

最后，单击“SAVE”按钮，创建第一个客户端。再运行一个 MQTTBox，按上述相同步骤，创建第二个客户端。

完成客户端的创建后，在第一个客户端的界面中输入发布和订阅的主题，分别是“test1”和“test”，在第二个客户端的界面中输入发布和订阅的主题，分别是“test”和“test1”。

在第一个客户端的消息发布界面的 Payload 栏中填写要发布的信息，这里填写信息如下：

```
{'hello':'world':'apollo_test'}
```

然后，单击“Publish”按钮，在第二个客户端界面的订阅栏中看到如图 5-13 所示的信息后，表明 Apollo 消息代理服务器已正常运行，可以用于后续的工作。

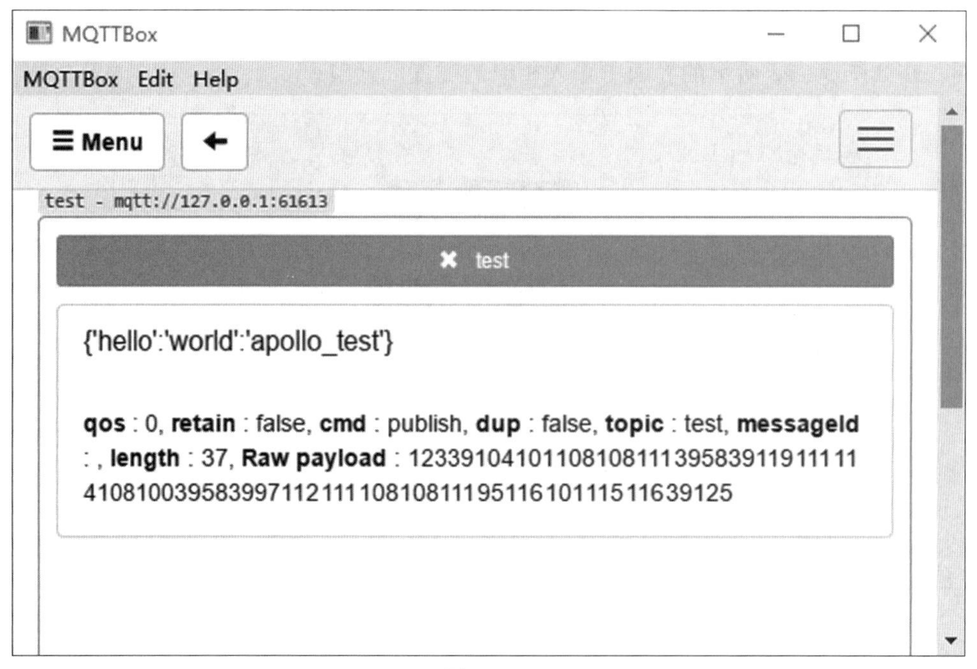

图 5-13

任务 2　NodeMCU 设备端功能实现

本任务通过硬件连接、固件下载、软件开发，实现 NodeMCU 设备端温湿度信息采集和上传的功能。

步骤 1：设备连接

按如图 5-14 所示的电路将 DHT11 温度传感器和 NodeMCU 连接，并利用 mini-usb 连接线将 NodeMCU 板与计算机连接起来。本实例中所用的 DHT11 传感器是三线制，它的电压、接地和数据输出接口分别连接 NodeMCU 的 3.3V、GND 和 D3 管脚，后续开发软件的步骤中，在指定 NodeMCU 读取 I/O 口数据信息时，需与此连接关系对应一致，否则无法获取正确的数据。

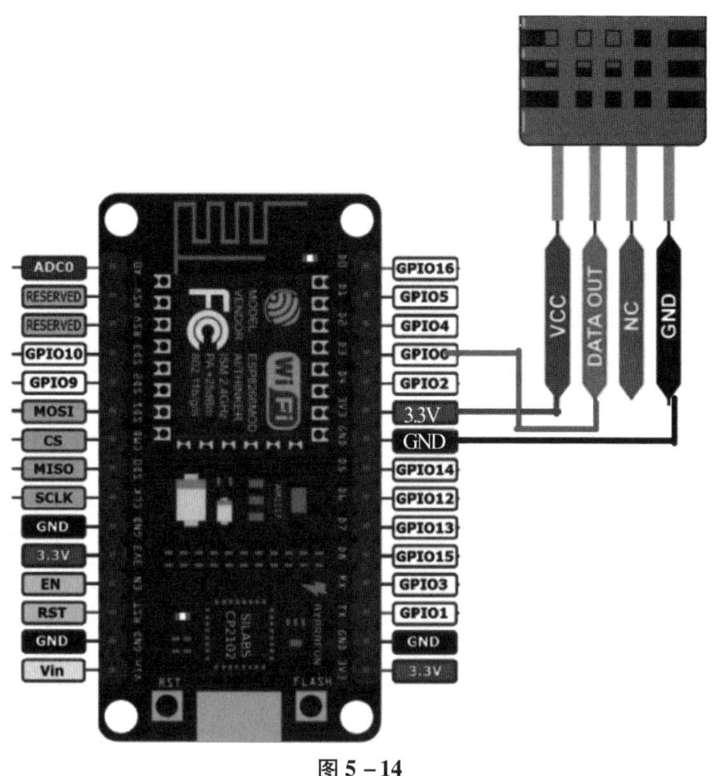

图 5－14

步骤 2：串口驱动安装

NodeMCU 开发板的开发、调试和程序下载通过串口进行，因此，在开始进行开发前，需要安装 NodeMCU 开发板对应的串口驱动，根据板卡上的串口芯片选择 CH340 或 CP210x，双击对应的安装执行文件即可完成。

步骤 3：固件获取和下载

通过 NodeMCU 的官网获取和下载固件，首先，登录官网的在线编译工具，网址如下：

```
https://nodemcu-build.com/
```

根据板卡所要实现的功能勾选对应的模块，本实例实现的是温湿度信息的采集和上报，需要实现温湿度采集、MQTT 传输功能，因此，在勾选默认基础模块的基础上，增加选择 DHT 和 MQTT 模块，勾选内容如图 5－15 所示；然后在如图 5－16 所示的输入框中填写接收固件的邮箱，等待一会后，即可登录邮箱获取编译好的固件，官方发送的固件有两个版本，固件名字中分别带有 float 和 integer，分别表示支持浮点运算和只支持整数运算，其中，支持浮点运算的固件文件较大，支持整数运算的固件文件较小，实施时刻根据板子和项目需求进行使用。

Select modules to include

- [ ] ADC
- [ ] ADS1115
- [ ] ADXL345
- [ ] AM2320
- [ ] APA102
- [ ] bit
- [ ] Bloom filter, requires crypto
- [ ] BME280
- [ ] BME280 math
- [ ] BME680
- [ ] BMP085
- [ ] CoAP
- [ ] color utils
- [ ] Cron
- [ ] crypto
- [ ] DCC
- [x] DHT
- [ ] encoder
- [ ] end user setup / Captive Portal / WiFi Manager
- [x] file
- [ ] gdbstub
- [x] GPIO
- [ ] GPIO pulse
- [ ] HDC1080
- [ ] HMC5883L
- [ ] HTTP
- [ ] HX711
- [ ] I²C
- [ ] L3G4200D
- [ ] MCP4725
- [ ] mDNS
- [x] MQTT
- [x] net
- [x] node
- [ ] 1-Wire
- [ ] PCM
- [ ] perf
- [ ] Pixel Buffer (pixbuf)
- [ ] PWM
- [ ] PWM 2
- [ ] rfswitch
- [ ] rotary
- [ ] RTC fifo
- [ ] RTC mem
- [ ] RTC time
- [ ] Si7021
- [ ] Sigma-delta
- [ ] SJSON
- [ ] SNTP
- [ ] SoftUART
- [ ] Somfy
- [ ] SPI
- [ ] struct
- [ ] Switec
- [ ] TCS34725
- [ ] TM1829
- [x] timer
- [ ] TSL2561
- [ ] U8G2
- [x] UART
- [ ] UCG
- [ ] websocket
- [ ] wiegand
- [x] WiFi
- [ ] WiFi monitor
- [ ] WPS
- [ ] WS2801
- [ ] WS2812
- [ ] WS2812 effects, requires color utils & pixbuf
- [ ] XPT2046

Click the to go to the module documentation if you're uncertain whether you should include it or not.

The selected default modules will give you a basic firmware to start with. Select as few modules as possible

图 5－15

Your email

Enter email

It's in your own interest to leave a valid email address. Rest assured that it isn't used for anything other than running your custom build.

Warning! Make sure you can receive build status notifications (success, failure, etc.) and text emails with firmware download links at this address! Keep an eye on your spam folder or allow emails from nodemcu-build.com explicitly.

Join our mailing list

- [ ] **Permission**: I give my consent to the owner of this site to be in touch with me via email using the information I have provided in this form for the purpose of NodeMCU & IoT news: community updates, upcoming features, tips & tricks (no more than six per year).

What to expect: If you wish to withdraw your consent and stop hearing from us, simply click the unsubscribe link at the bottom of every email we send or contact us at *info at <this-domain> dot com*. We value and respect your personal data and privacy. By submitting this form, you agree that we may process your information in accordance with these terms.

图 5－16

得到固件后，即可将固件下载到 NodeMCU 板卡中，首先，将 NodeMCU 和计算机连接，然后，打开固件刷写软件“NodeMCU - PyFlasher”，操作界面如图 5 - 17 所示，选择当前计算机连接 NodeMCU 的串口号，选择要下载的固件文件，最后单击“Flash NodeMCU”按钮，即可完成固件的下载。

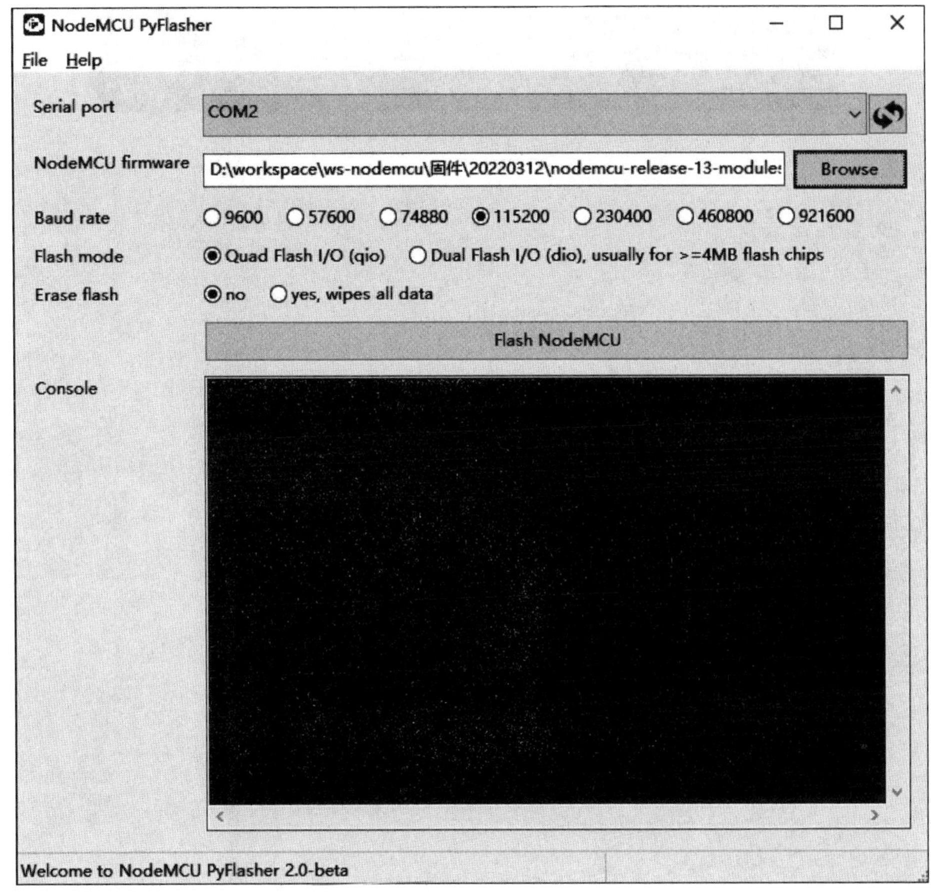

图 5 - 17

在完成上述操作后，NodeMCU 板卡即具备了基础功能，后续，在此基础上开展功能代码的开发。

步骤 4：NodeMCU 侧功能的开发

为实现温湿度数据的采集和上传，需要首先实现 NodeMCU 侧的相关功能，此步骤主要实现三个代码模块，分别是“config. Lua”“init. Lua”“dht11. Lua”，其中，“config. Lua”文件负责存放基础配置信息，如 WiFi 模式、WiFi 热点名、WiFi 热点接入密码、连接的 MQTT 服务器 IP 地址、MQTT 服务器的服务端口、接入 ThingsBoard 时接入令牌等，本实例所要用到的配置信息如图 5 - 18 所示。

“init. Lua”文件负责读取配置信息，连接 WiFi 热点，定时调用“dht11. Lua”文件采集和上传温湿度信息，其代码如下所示。

```
wifi_mode = 1
wifi_ssid = "wifi_ssid"
wifi_pass = "wifi_pass"
mqtt_ip = "mqtt_serer_ip"
mqtt_port = 1883
access_token = "DHT11_DEMO_TOKEN"
```

图 5 – 18

```
function startup()
    if file.open("init.lua") == nil then
        print("init.lua deleted")
    else
        print("Running")
        file.close("init.lua")

        timer0:unregister()
        dofile("dht11.lua")
    end
end
function setup_wifi(mode,ssid,pass)
    wifi.setmode(mode)
    stacfg = {
        ssid = ssid,
        pwd = pass
    }
    wifi.sta.config(stacfg)
    wifi.sta.autoconnect(1)
end
wifi.sta.disconnect()
if file.exists("config.lua")then
    print("Loading configration from config.lua")
    dofile("config.lua")
    timer1 = tmr.create()
    timer0 = tmr.create()
end
```

```
setup_wifi(wifi_mode,"wifi_ssid","wifi_pass")
print("connecting to wifi...")
timer1:alarm(1000,tmr.ALARM_AUTO,function()
    if wifi.sta.getip() == nil then
        print("IP unavaiable,Waiting...")
    else
        timer1:unregister()
        print("Config done,IP is "..wifi.sta.getip())
        print("Waiting 10 seconds before startup...")
        timer0:alarm(10000,0,startup)
    end
end)
```

“dht11. Lua” 文件负责实现温湿度数据采集和上传功能，其代码信息如图 5 – 19 所示，包括连接 MQTT 消息代理服务器、采集并发送数据两部分，其中，由于前述步骤中 NodeMCU 连接数据输出的管脚为 D3，所以这里设置 pin = 3，从而实现读取 DHT11 传感器输出的数据。另一方面，“v1/devices/me/telemetry” 为 ThingsBoard 平台中 MQTT 订阅消息的主题，确保数据会被 ThingsBoard 正确接收。此处，为了验证 NodeMCU 侧功能是否正常运行，可以先设置为其他主题，这里设为 “111”，然后打开上一任务中用到的 MQTTBox 软件，添加订阅主题 “111”。完成以上操作后，单击 ESPlorer 的 “Upload” 按钮，完成程序的上传，在上

```
m = mqtt.Client("esp8266", 120, access_token, "password")
print("Connecting to MQTT broker...")
m:lwt("/lwt", "offline", 0, 0)
m:on("offline", function(client) print ("MQTT offline") end)
m:connect(mqtt_ip, mqtt_port, false, function(client)
print("Connected to MQTT!")
end,
function(client, reason)
print("Could not connect, failed reason: " .. reason)
end)

pin = 5

print("Collecting Temperature and Humidity...")
timer2=tmr.create()
timer2:alarm(10000, tmr.ALARM_AUTO, function()
    status, temp, humi, temp_dec, humi_dec = dht.read11(pin)
    if status == dht.OK then
        print(string.format("DHT Temperature:%d.%03d;Humidity:%d.%03d\r\n",
            math.floor(temp),
            temp_dec,
            math.floor(humi),
            humi_dec))
        m:publish("v1/devices/me/telemetry", string.format("[{\"temperature\":%d}, {\"humidity\":%d}]",\
        math.floor(temp), math.floor(humi)), 0, 0, function(client) print("Data sent") end)
    elseif status == dht.ERROR_CHECKSUM then
        print("DHT Checksum error.")
    elseif status == dht.ERROR_TIMEOUT then
        print("DHT timed out.")
    end
end)
```

图 5 – 19

传进度条提示完成后，重启 NodeMCU 设备，此时，NodeMCU 将成功接入 WiFi 的 AP，同时，MQTTBoX 的消息订阅界面可以看到如图 5－20 所示的温湿度信息，说明 NodeMCU 侧功能正常运行。

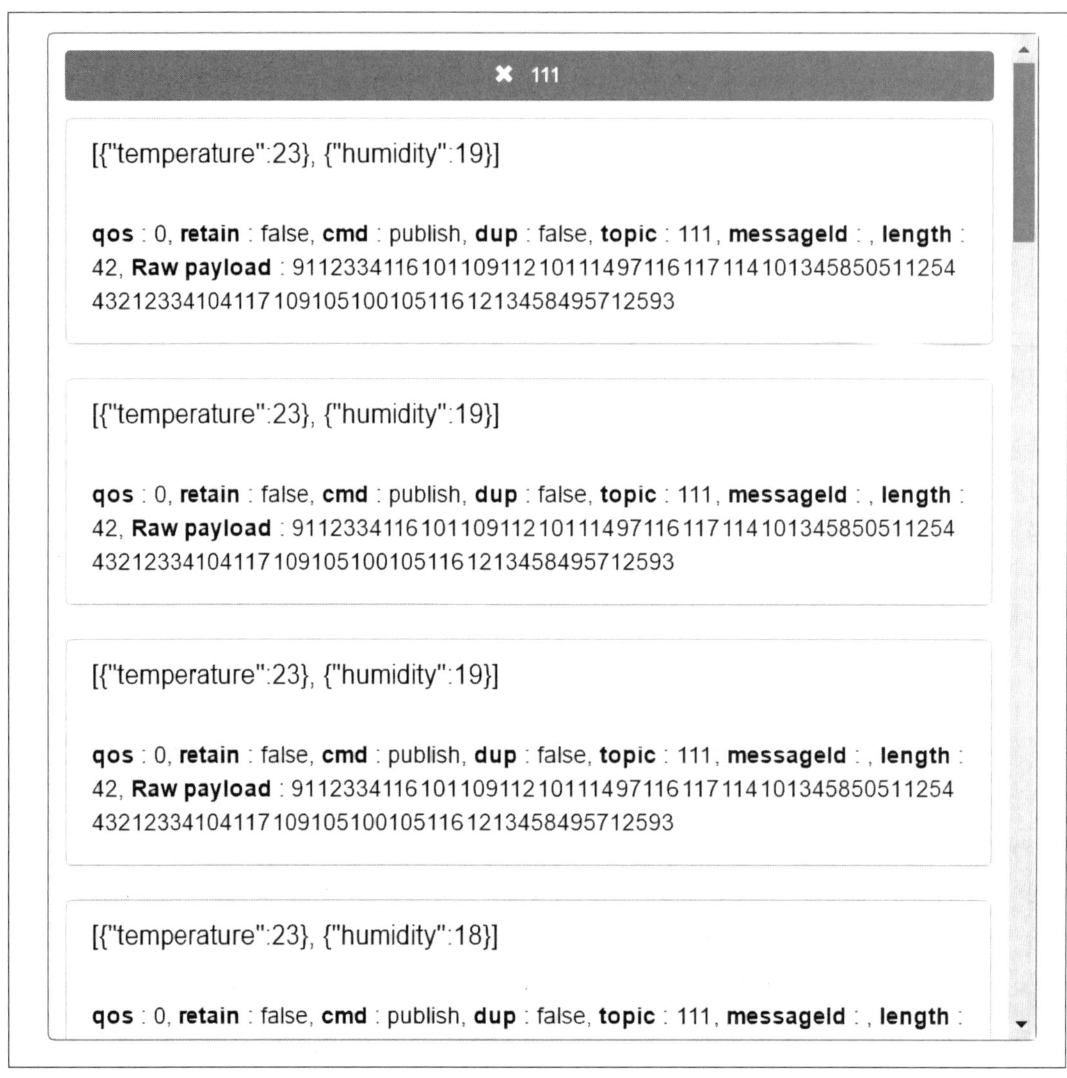

图 5－20

完成上述测试后，将“111”改回“v1/devices/me/telemetry”，然后，继续后续的任务。

任务 3　ThingsBoard 平台的配置操作

本任务通过对 ThingsBoard 平台规则链的配置操作，实现前述任务中设备与平台的连接，以及温湿度遥测数据的接入。

此任务的主要步骤与项目2的相同，可以按照项目2中提到的步骤完成设备的配置和添加，此环节需要添加一个名为“DHT11 Demo Device”的设备，设备配置可以选择“default”，Access Token设置为“DHT11_ DEMO_ TOKEN”。

完成平台的配置后，运行本项目任务1中搭建的MQTT消息代理服务器，然后上传和运行本项目任务2中实现的NodeMCU侧功能代码，出现如图5－21所示的信息后，说明本任务成功完成，同时本项目的功能也成功实现。

DHT11 Demo Device
设备详细信息

详情　属性　最新遥测数据　警告　事件　关联　审计日志

最新遥测数据

最后更新时间	键名 ↑	价值
2022-05-10 15:59:19	humidity	20
2022-05-10 15:59:19	temperature	22

图5－21

【项目小结】

本项目以环境温湿度监测应用系统为例，讲解了一个可以使用的物联网应用系统的开发过程，基于ESP8266、MQTT消息代理服务器Apollo和ThingsBoard平台三个常用的物联网应用开发工具，实现数据的采集、传输和显示。通过本项目的学习和训练，读者将能掌握一个典型的物联网应用系统的搭建方法，训练和掌握在真实环境中，如何基于MQTT协议实现物理设备与ThingsBoard平台的连接，以及遥测数据的上报。

【项目评价】

项目评价表如表5－1所示。

表 5-1　项目评价表

评价类型	赋分	序号	评价指标	分值	得分			
					自评	组评	师评	拓展评价
职业能力	60	1	MQTT 消息代理服务器安装操作正确	5				
		2	MQTT 消息代理服务器创建操作正确	5				
		3	MQTT 消息代理服务器功能测试操作正确	5				
		4	NodeMCU 连接操作正确	5				
		5	串口驱动安装操作正确	5				
		6	NodeMCU 固件获取操作正确	5				
		7	NodeMCU 功能代码改写和刷写操作正确	10				
		8	NodeMCU 功能测试操作正确	10				
		9	ThingsBoard 平台配置操作正确	10				
职业素养	20	1	课前预习	10				
		2	遵守纪律	5				
		3	编程规范性	5				
劳动素养	10	1	工作过程记录	5				
		2	保持环境整洁卫生	5				
思政素养	10	1	完成思政素材学习	5				
		2	团结协作	5				
合计				100				

【巩固练习】

(1) 根据提供的连接图，连接光照传感器和 ESP8266，进行 ThingsBoard 平台的配置操作，实现光照数据的采集和显示，当光照超过或低于预设阈值时，进行报警。

(2) 某单位拟基于物联网技术对仓库内的温湿度、光照等环境信息进行监测，当温湿度、光照的采集值过高或过低时，进行报警；当仓库内发生漏水时，也进行报警。请基于上述项目需求，进行设备选型，并完成终端和平台侧功能的开发。

项目 6

IoT 数据分析

【学习导读】

在物联网应用系统中，采集数据的分析是应用的重要价值之一，本项目继续以用水量的监测为例，讲解基于 ThingsBoard 的物联网应用系统中的数据分析处理操作，介绍 ThingsBoard 平台规则引擎的高阶应用。主要内容包括时间值序列数据的定时计算，多个接入数据的汇聚处理，及 ThingsBoard PE 版数据聚合方法的使用。

【学习目标】

（1）了解和掌握物联网应用系统中常用的时序数据分析处理方法及其实施。
（2）了解和掌握 ThingsBoard 平台规则引擎中数据分析的高阶应用。
（3）了解如何使用 JavaScript 脚本进行数据的处理和运算。
（4）具备跟踪专业技术发展、探求和更新知识的自学能力，养成勇于创新的工作作风。

【相关知识/预备知识】

JavaScript 编程语言进阶操作

一、函数的概念与应用

函数是程序中的一个重要部分，它是一组具有特定功能的，可以重复使用的代码块，前面用到的 write( ) 就是 JavaScript 中内置的函数。除了 JavaScript 的内置函数，用户也可以自定义函数。

JavaScript 函数声明需要以 function 关键字开头，格式如下：

```
function functionName(参数 1,参数 2…){
      函数体//函数中的代码块
}
```

functionName 为用户定义的函数的名称，命名规则与变量的命名规则相同。一个函数最多可以设置 255 个参数，也可以不设置参数。示例如下：

```
function sayHello(name){
        document.write("Hello" + name);
     }
```

上面示例中定义了一个函数 sayHello，该函数需要接收一个参数 name，调用该函数会在页面中输出“Hello...”。

函数定义完后，需要通过调用才能实现其中的功能。调用函数只需要在函数名后面加上括号即可，括号里提供函数定义时对应的参数。调用示例如下所示。

```
function sayHello(name){
        document.write("Hello " + name);
     }
     //调用 sayHello 函数
     sayHello('欢迎登录 Thingsboard');
```

需要特别提醒注意的是，JavaScript 区分代码中的大小写，所以在定义函数时 function 关键字一定要使用小写，而且调用函数时必须使用与声明时相同的大小写来调用函数。

函数的返回值是指函数被调用之后，执行函数体中的程序段所取得的并返回给主调函数的值。可以使用 return 语句将函数的运行结果返回给主调函数。格式为：

```
return 表达式;
```

应用举例如下：

```
function getMax(num1,num2){
        var num = num1;
        if(num1 < num2){
           num = num2;}
        return num;
     }

     var maxNum = getMax(5,13); //函数返回值为:13
```

一个函数只能有一个返回值，返回值的类型可以是字符串、数组、函数或其他对象。若要返回多个值，则可以将值放入一个数组中，然后返回这个数组即可。

二、对象的概念与应用

JavaScript 是面向对象的编程语言，在 JavaScript 中万物皆对象。ThingsBoard 中采集和处理的数据也使用对象进行处理。

定义对象时类似定义变量，但是需要用 {} 将对象的属性保存起来。{} 中存储的对象是多个 key：value 组成的键值对。key 为对象中属性的名字，value 为属性的值，key 和 value 之间使用冒号“:”进行分隔，键值对之间使用逗号“,”进行分隔。其中 key 一般为字符串类型，而 value 则可以是任意类型，如字符串、数组、函数或其他对象等。示例代码如下：

```
var student = {
        name:"Peter",
        age:28,
        gender:"Male",
        displayName:function(){
            document.write(this.name);
        }
    };
```

上面示例中创建了一个名为 student 的对象，该对象中包含三个属性 name、age、gender 和一个方法 displayName。displayName 方法中的 this. name 表示访问当前对象中的 name 属性。

在定义对象时，属性名称虽然是字符串类型，但通常不需要使用引号来定义，但是以下 3 种情况则需要为属性名添加引号：

①属性名为 JavaScript 中的保留字。

②属性名中包含空格或特殊字符（除字母、数字、_和 $ 以外的任何字符）。

③属性名以数字开头。

三、数组的概念与应用

数组是指一组数据的几个，数组中的每个数据称为元素。在 JavaScript 中，数组也是 JavaScript 对象。数组中的元素可以是任意值（包括基本类型、引用类型和特殊类型）。

创建数组对象可以使用 new 语句进行创建，格式如下：

```
var StuName = new Array(values);
```

其中，values 为数组中各个元素组成的列表，多个元素之间使用逗号分隔。例如，我们要创建一个存储学生姓名的数组，举例如下：

```
var StuName = new Array("james","tom","lily");
```

当 Array( ) 中是一个整型数值参数时，表示定义数组的初始长度，例如 Array(10) 的含义为定义一个长度为 10 的数组。

除了可以使用 Array( ) 函数来定义数组外，还可以直接使用方括号 [ ] 来定义数组，[ ] 中为数组中的各个元素，多个元素之间使用逗号“,”进行分隔。例如上述定义学生姓名的数组，可以改写为：

```
var StuName = ["james","tom","lily"];
```

JavaScript 提供了数组对象属性及其访问方法，具体信息如表 6 - 1 所示。

表 6-1 JavaScript 数组对象属性及其访问方法

属性	描述
constructor	返回创建数组对象的原型函数
length	设置或返回数组中元素的个数
prototype	通过该属性可以向对象中添加属性和方法

JavaScript 提供了数组对象操作的很多函数，具体函数及其描述如表 6-2 所示。

表 6-2 JavaScript 数组对象函数及其描述

方法	描述
concat()	拼接两个或更多的数组，并返回结果
copyWithin()	从数组的指定位置拷贝元素到数组的另一个指定位置中
entries()	返回数组的可迭代对象
every()	检测数值元素的每个元素是否都符合条件
fill()	使用一个固定值来填充数组
filter()	检测数值元素，并返回符合条件所有元素的数组
find()	返回符合传入函数条件的数组元素
findIndex()	返回符合传入函数条件的数组元素索引
forEach()	数组每个元素都执行一次回调函数
from()	通过给定的对象创建一个数组
includes()	判断一个数组是否包含一个指定的值
indexOf()	搜索数组中的元素，并返回它所在的位置
isArray()	判断对象是否为数组
join()	把数组的所有元素放入一个字符串
keys()	返回数组的可迭代对象，包含原始数组的键（key）
lastIndexOf()	搜索数组中的元素，并返回它最后出现的位置
map()	通过指定函数处理数组的每个元素，并返回处理后的数组
pop()	删除数组的最后一个元素并返回删除的元素
push()	向数组的末尾添加一个或更多元素，并返回数组的长度
reduce()	累加（从左到右）数组中的所有元素，并返回结果
reduceRight()	累加（从右到左）数组中的所有元素，并返回结果
reverse()	反转数组中元素的顺序
shift()	删除并返回数组的第一个元素
slice()	截取数组的一部分，并返回这个新的数组
some()	检测数组元素中是否有元素符合指定条件

续表

方法	描述
sort( )	对数组的元素进行排序
splice( )	从数组中添加或删除元素
toString( )	把数组转换为字符串，并返回结果
unshift( )	向数组的开头添加一个或多个元素，并返回新数组的长度
valueOf( )	返回数组对象的原始值

四、循环控制语句

循环就是重复做一件事，循环语句的作用就是反复执行一段代码，例如我们监测 ThingsBoard 上报的温度传感数据，并进行重复监测，直到满足某一温度为止。在编码过程中如果一行行地写监测代码就非常麻烦，对于这种重复的操作，应该选择使用循环来完成。JavaScript 常用的循环有 for 循环、while 循环、do while 循环。

while 循环是 JavaScript 中提供的最简单的循环语句，while 循环的语法格式如下：

```
while(条件表达式){
    程序代码块;//条件表达式成立时要执行的代码;
}
```

while 循环在每次循环之前，会先对条件表达式进行求值，如果条件表达式的结果为 true，则执行 {} 中的代码；如果条件表达式的结果为 false，则退出 while 循环，执行 while 循环之后的代码。

举例：

```
var i =1;
    while(i <=5){
          document.write(i +",");
          i ++;
    }
```

运行结果：1，2，3，4，5。

在编写循环语句时，一定要确保提供终止循环的条件，即条件表达式的结果能够为假（即布尔值 false），避免死循环（无法自动停止的循环）。

do while 循环与 while 循环非常相似，但是 do while 循环会先执行循环体中的代码，然后再判断循环条件表达式。在任何情况下，do while 循环都能至少执行一次。

do while 循环的语法格式如下：

```
do{
    程序代码块;//条件表达式成立时要执行的代码
}while(条件表达式);
```

举例：

```
var i =1;
      do{
          document.write(i +" ");
          i ++;
      }while(i >5);
```

运行结果：1。

JavaScript 中的 for 循环语句与 while 循环语句一样，也是先判断循环条件，再执行循环体。for 语句后面包含 3 个循环可选表达式，分别为初始化（initialization）、循环条件（condition）、循环变量迭代（increment）。适合在已知循环次数时使用，语法格式如下：

```
for(initialization;condition;increment){
      程序代码块;//条件表达式成立时要执行的代码
}
```

initialization：为一个表达式或者变量声明，我们通常将该步骤称为“初始化计数器变量”，在循环过程中只会执行一次；

condition：为一个条件表达式，与 while 循环中的条件表达式功能相同，通常用来与计数器的值进行比较，以确定是否进行循环，通过该表达式可以设置循环的次数；

increment：为一个表达式，用来在每次循环结束后更新（递增或递减）计数器的值。

举例：

```
for(var i =1;i <=10;i ++){
          document.write(i +" ");
}
```

运行结果：1 2 3 4 5 6 7 8 9 10。

无论 while 还是 for 循环，在循环表达式结果为 false 时会自动退出循环。除了循环自动退出的情况，还可以主动退出循环，JavaScript 中提供了 break 和 continue 两个语句来实现退出循环和退出（跳过）当前循环。

continue 语句用来跳过本次循环，执行下次循环。当遇到 continue 语句时，程序会立即重新检测条件表达式，如果表达式结果为真则开始下次循环，如果表达式结果为假则退出循环。

举例：

```
var result =0;
for(var i =0;i <10;i ++){
          if(i % 2 ==0){
              continue;
          }
          else result + =i;
    }
```

运行结果：1 3 5 7 9。

continue 语句用来跳过当次循环，继续执行下次循环；break 语句用来跳出整个循环，执行循环后面的代码。

举例：

```
var result =0;
for(var i =0;i <10;i ++){
        if(i ==5){
            break;
        }
        document.write("i =" +i +" <br >");
    }
    document.write("循环之外的代码");
```

运行结果：1 2 3 4。

【项目实例】ThingsBoard 数据的分析与处理

在本项目中，实现定时统计分析一段时间内的用水信息，包括最大值、最小值、平均值、总量等，并进行可视化展示，当采集数值变化速率超出阈值时，进行告警。在项目实施中，将采用两种方式进行数据分析，任务 1 通过在规则链使用 JavaScript 脚本对采集的数据进行计算的方式对数据进行分析，任务 2 则使用规则链中的“aggregate stream”数据聚合节点进行数据分析。需要注意的是，aggregate stream 节点仅在 ThingsBoard PE 版本中开放使用。

任务 1　最新遥测数据的定时计算

最新遥测数据的定时计算

本任务实现最新遥测数据差值的定时计算，计算水表前 5 min 的水量值和最新的水量值之间的差值，当差值超过某个阈值时进行告警。

步骤 1：修改水量生成规则链

本例中，使用项目 2 步骤 1 所述创建厂区 A 新的水表设备 A 的遥测数据进行计算。

在项目 4 任务 4 步骤 2 中，我们创建了如图 6－1 所示的水表设备 A 水量生成的规则链，本例中将规则链中水表遥测数据生成的周期修改为“300 s”即 5 min，设置界面操作如图 6－2 所示。

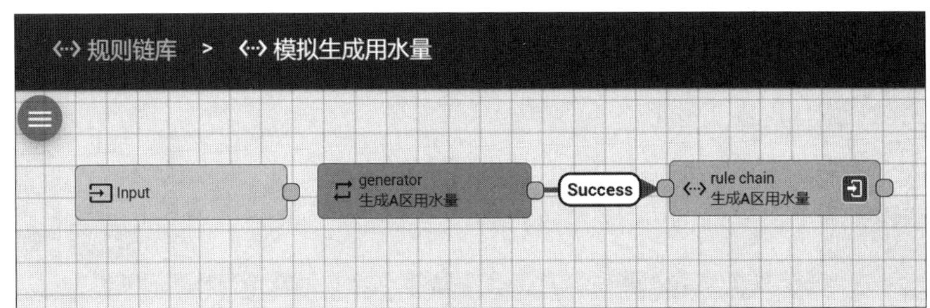

图 6－1

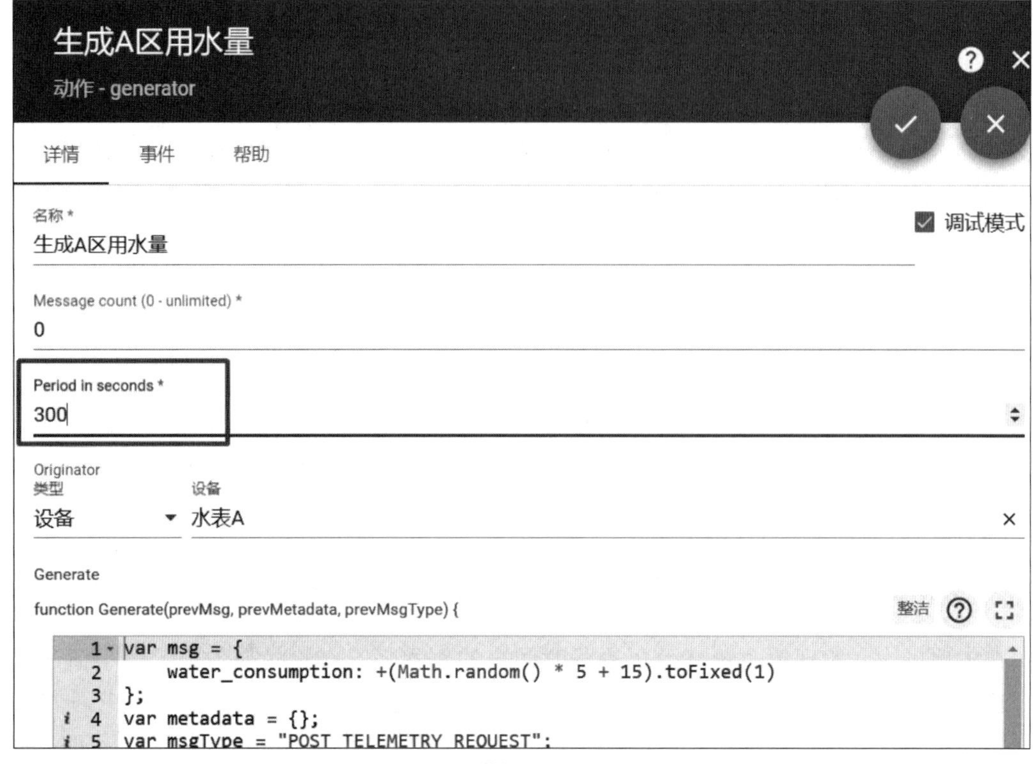

图 6－2

步骤 2：创建水表及水量梯度规则链

按照前述项目 4 相关任务的步骤创建水位差计算规则链，根据如下步骤进行规则配置，首先，添加“用水量梯度规则链”，操作界面如图 6－3 所示。

图 6－3

然后，进入如图 6 – 4 所示的规则链详情页，修改标识 A 的 originator telemetry 节点的配置，在规则链详情页中选择“属性集”→“originator telemetry”规则节点，拖动至右侧编辑区。在弹出的规则节点配置中配置规则名称、Fetch mode 等信息。数据选取当前时间 24 h 前到当前时间 5 min 前这个时间范围的最后数据，如图 6 – 5 所示。

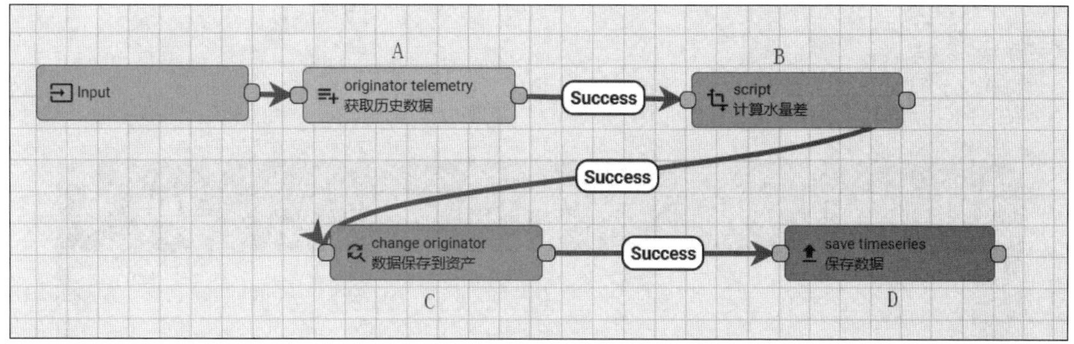

图 6 – 4

图 6 – 5

接下来，配置标识为 B 的 script 节点，在规则链详情页中选择“变换”→“script”规则节点，拖动至右侧编辑区，在弹出的如图 6 – 6 所示的规则节点配置中编写脚本，配置规则名称、规则转换脚本，脚本内容如下框所示，从消息 msg 中获取的 water_consumption 遥测数据与 5 min 前的遥测数据相减取绝对值，计算两者的差值。随后配置规则链，从节点 A 出发，通过“success”关系类型分发到节点 B。

```
var newMsg = { };
        newMsg. Del_waterconsumption = parseFloat( Math. abs( msg. water_
consumption - parseFloat( JSON. parse( metadata. water_consumption ) ) ). to-
Fixed(2) );
    return{msg:newMsg,metadata:metadata,msgType:msgType};
```

图 6 –6

接着，配置标识为 C 的 change originator 节点，在规则链详情页中选择“变换”→“change originator”规则节点，拖动至右侧编辑区，在弹出的规则节点配置中配置规则名称，Originator source 配置为“Related”，关联筛选器类型为“Contains”，实体类型为“资产”，用于将发起者从“水表设备”更改为相关资产“区域 A”，并且将提交的消息作为来自资产的消息进行处理，编辑界面如图 6 –7 所示，随后配置规则链，从节点 B 出发，通过“success”关系类型分发到节点 C。

最后，配置标识为 D 的 save timeseries 节点，在规则链配置页面，选择“动作”→“save timeseries”，拖动至右侧编辑区，在弹出的如图 6 –8 所示的规则节点编辑页面，输入规则名

图 6 – 7

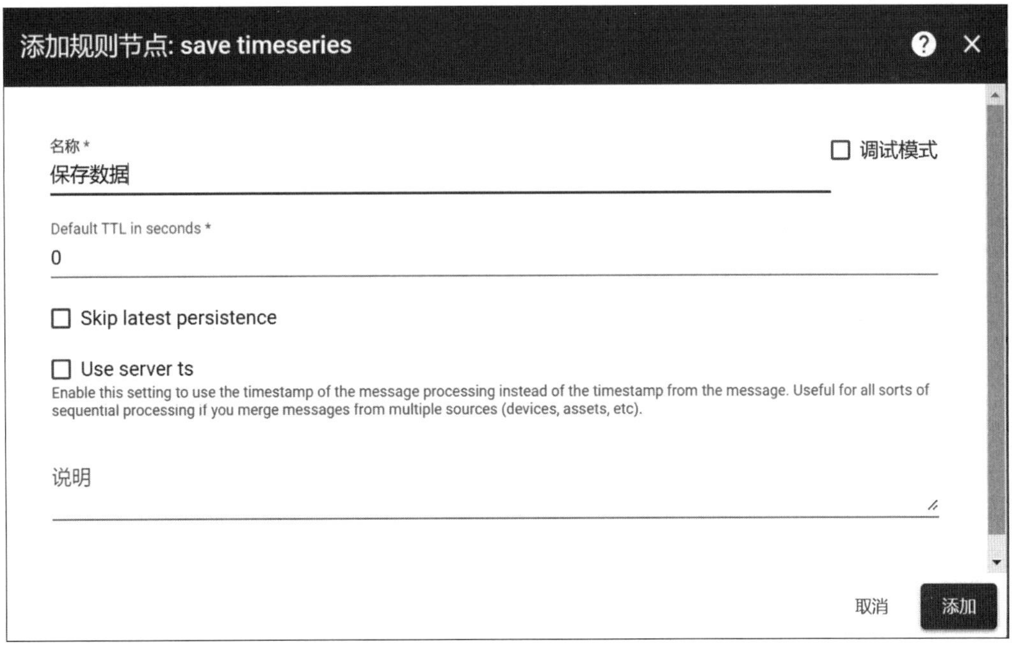

添加规则节点: save timeseries

名称 *
保存数据
调试模式

Default TTL in seconds *
0

Skip latest persistence

Use server ts
Enable this setting to use the timestamp of the message processing instead of the timestamp from the message. Useful for all sorts of sequential processing if you merge messages from multiple sources (devices, assets, etc).

说明

取消　添加

图 6 – 8

称后单击“添加”按钮即可。规则链配置完成后如图 6 – 4 所示。

步骤3：修改根规则链

首先，修改根规则链的链接关系，在ThingsBoard中单击页面左侧“规则链库”标签。单击进入根规则链，在“save timeseries”规则节点后增加“Flow”→“rule chain”规则，填写规则节点名称，规则链选择步骤3创建的水量差计算的规则链，操作界面如图6-9所示，配置完成后的根规则链关系如图6-10所示。

图6-9

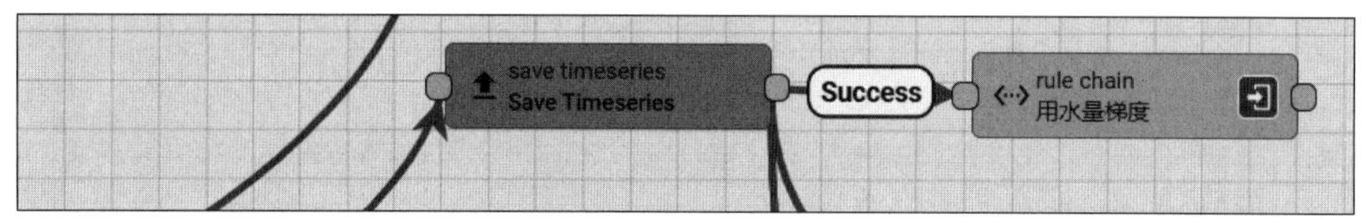

图6-10

其次，检查数据生成，在ThingsBoard中查看区域A的资产详情，单击“最新遥测数据”页签，在如图6-11所示的页面中可以看到新生成的遥测数据“Del_waterconsumption”。

步骤4：将水量差值在仪表板库中展示

首先，新增实体别名，进入“厂区水表监测”仪表板详情页，单击右下角的“编辑”按钮，进入仪表板编辑状态，编辑界面如图6-12所示，单击“实体别名”按钮，新增仪表板实体别名。在弹出的“实体别名”页面，单击“添加别名”按钮。填写别名为“水量差值”，筛选器类型为“资产类型”，单击“添加”按钮，添加完成后如图6-13所示。

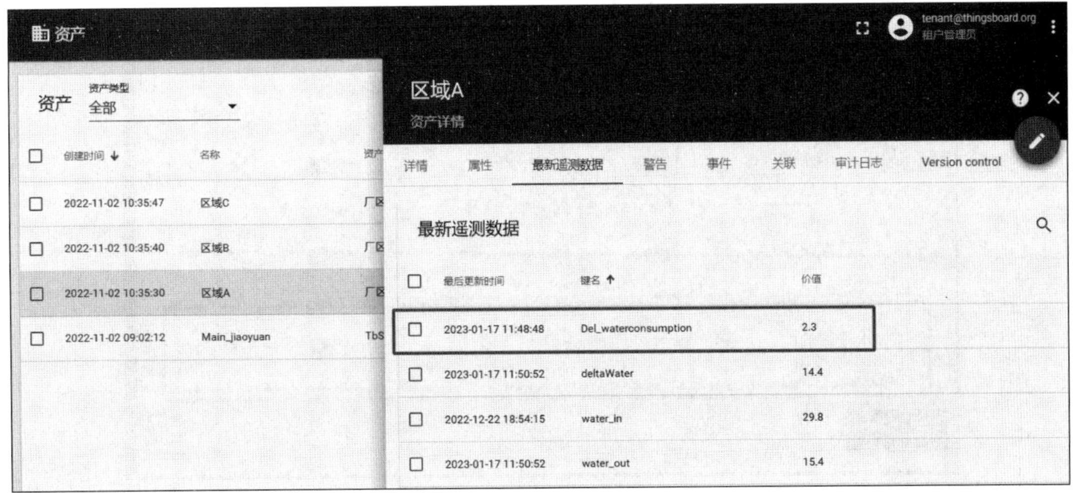

图 6－11

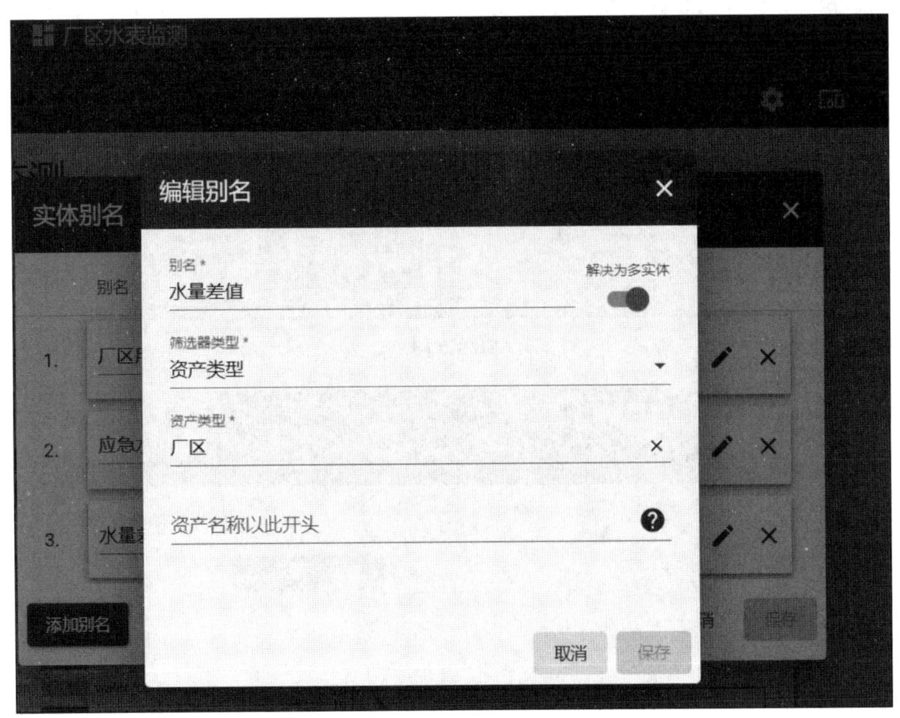

图 6－12

其次，新增时间序列组件，参考项目 3 任务 5 中的步骤，新增相关部件，选择“Charts”→“Timeseries Line Chart”，如图 6－14 所示，在部件配置时，选择类型为“实体”，实体别名为前述步骤中新增的别名，如“水量差值”，Timeseries data key 选择本项目步骤 2 脚本中定义的“Del_waterconsumption”，并调整部件窗口的展示时间为 30 min，配置界面如图 6－15 所示，配置完成后可查看水量差值曲线图，如图 6－16 所示。

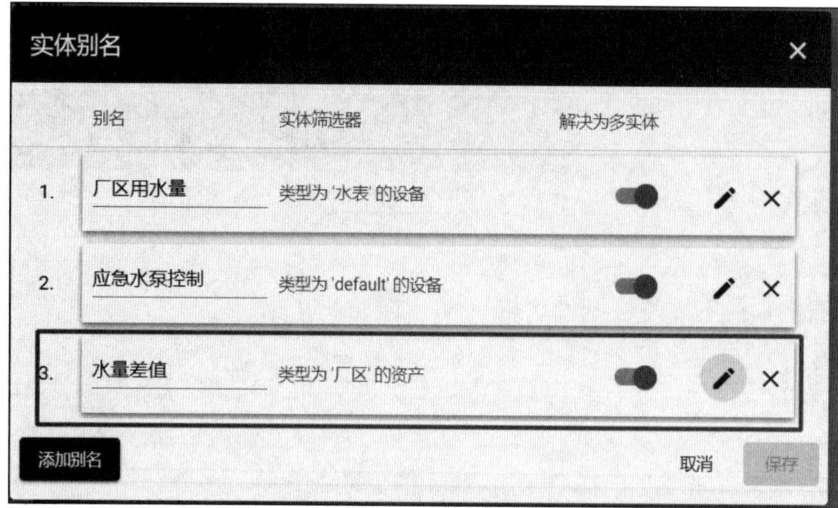

图 6－13

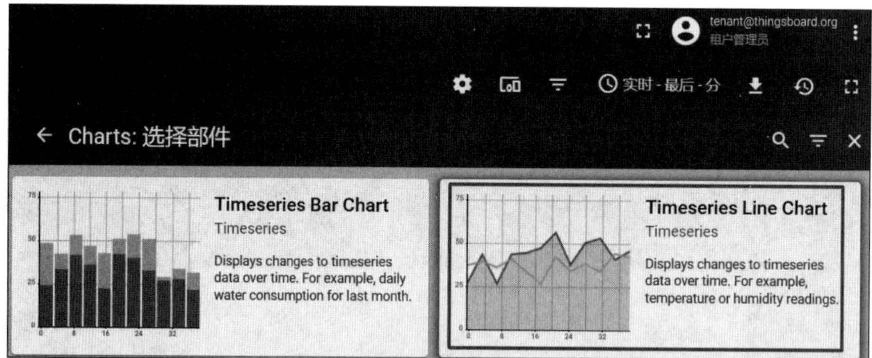

图 6－14

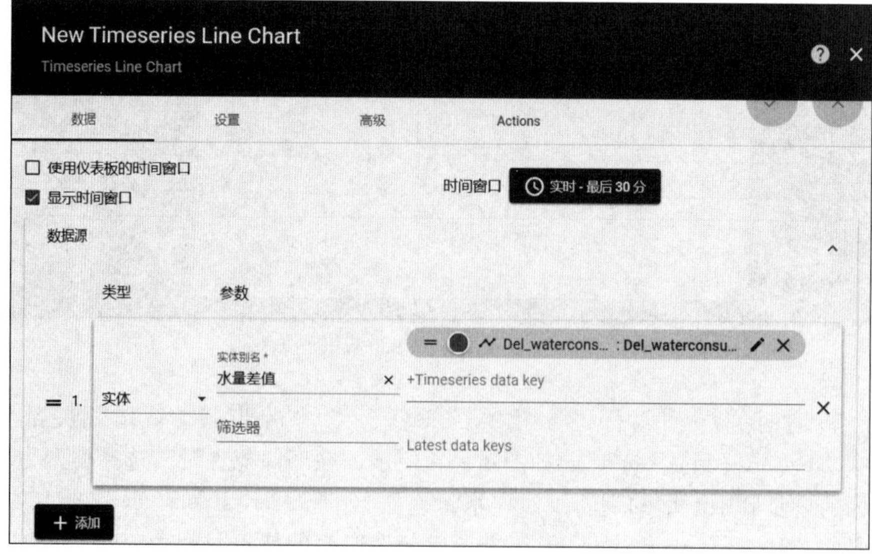

图 6－15

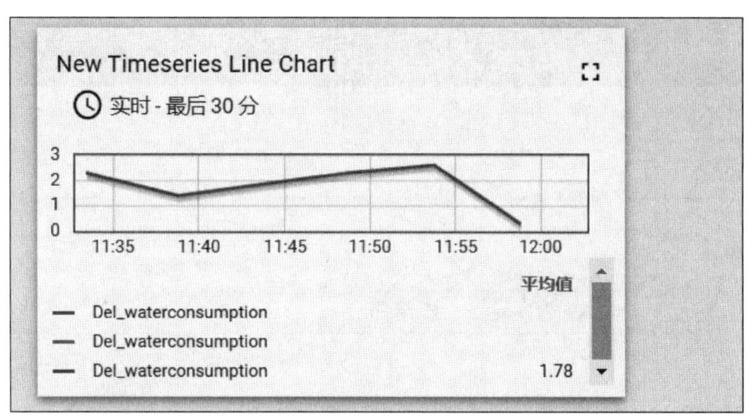

图 6－16

任务 2　接入数据的汇总

本任务实现对接入数据初步的预测分析，将多个水表设备采集的用水量数据进行汇总处理，使用 ThingsBoard PE 版本中的 aggregate stream 进行数据聚合，计算厂区中多个水表用水量的总和，将最后的结果传递给资产进行显示或其他应用。

步骤 1：创建水表及水量生成规则链

首先，创建水表，参考项目 2 任务 1 所述的步骤创建厂区 A 的新的水表设备 A1 和 A2，输入设备名称和设备配置，在凭据配置页面，配置“Access token”。水表添加完成后，如图 6－17 所示。

设备

设备　设备配置 全部

创建时间 ↓	名称	设备配置	标签	客户	公开	是否网关
2023-01-16 10:25:04	水表A2	水表			☐	☐
2023-01-16 10:24:46	水表A1	水表			☐	☐

图 6－17

其次，创建资产和水表的关联关系，参考项目 2 任务 1 步骤 4，在如图 6－18 所示的界面创建资产“区域 A”和水表 A1 和 A2 的关联关系，创建完成后如图 6－19 所示。

添加关联
关联类型 *
Contains
到实体
类型 *
设备
水表A1
水表A2
实体列表
附加信息 (JSON)
整洁
迷你
1
取消
添加

图 6 – 18

区域A
资产详情
详情
属性
最新遥测数据
警告
事件
关联
向外的关联
方向
从
类型
到实体类型
到实体名称
Contains
设备
水表A
Contains
设备
水表A1
Contains
设备
水表A2

图 6 – 19

最后，创建水量生成规则链，参考项目4任务4步骤2所述相关步骤，创建水表A1和A2的水量模拟生成规则链，脚本可参考下框所示内容，创建完成后的规则链如图6-20所示。

```
var msg = {
    water_consumption: +(Math.random()* 5 +15).toFixed(1)
};
var metadata = {};
var msgType = "POST_TELEMETRY_REQUEST";
return{
    msg:msg,
    metadata:metadata,
    msgType:msgType
};
```

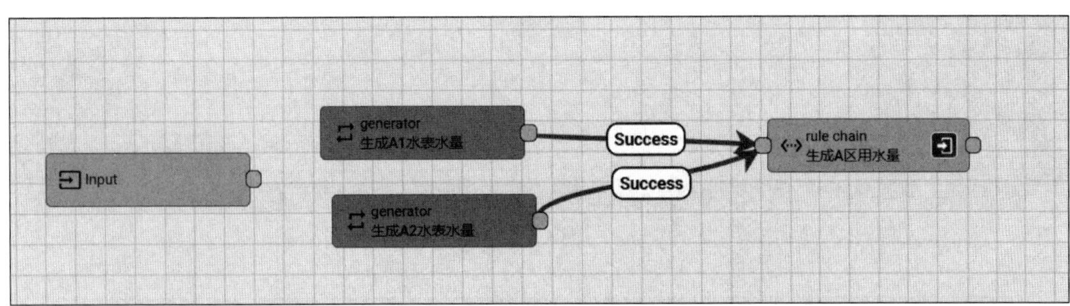

图6-20

步骤2：创建用水量聚合规则链

首先，配置change originator节点，在规则链详情页中选择“变换”→“change originator”规则节点，拖动至右侧编辑区，在弹出的规则节点配置中配置规则名称，Originator source配置为“Related”，关联筛选器类型为“Contains”，实体类型为“资产”，具体配置内容如图6-21所示，用于将发起者从“水表设备”更改为相关资产“区域A”并且所提交的消息将作为来自资产的消息进行处理。

随后配置规则链，新增aggregate stream节点，在规则链详情页中选择“Analytics”→“aggregate stream”规则节点，如图6-22所示，拖动至右侧编辑区，在弹出的规则节点配置中配置规则名称，Input value key（输入键值）配置为单个水表的用水量“water_consumption”，Output value key（输出键值）配置为A区所有水表的用水量之和。聚合类型选择“sum”求和，规则自定义为1 min聚合1次，即1 min计算A区中A1和A2两个水表的用水量之和，具体配置内容如图6-23所示。

步骤3：修改根规则链

首先，修改根规则链的链接关系，在ThingsBoard中单击页面左侧“规则链库”标签。单击进入根规则链，在“save timeseries”规则节点后增加“Flow”-“rule chain”规则，填写规则节点名称，规则链分别选择步骤1和步骤2中创建的水量生成和水量聚合规则链，配置完成后的根规则链关系如图6-24所示。

规则链库
A区用水量聚合规则链
添加规则节点: change originator
名称 *
水量添加至资产
调试模式
Originator source *
Related
Relations query *
仅获取最后一级关联
方向 *
从
Max relation level
1
关联筛选器
类型
实体类型
Contains
资产
+实体类型
取消
添加
tenant attributes
tenant details
变换
change originator
script
to email
动作

图 6-21

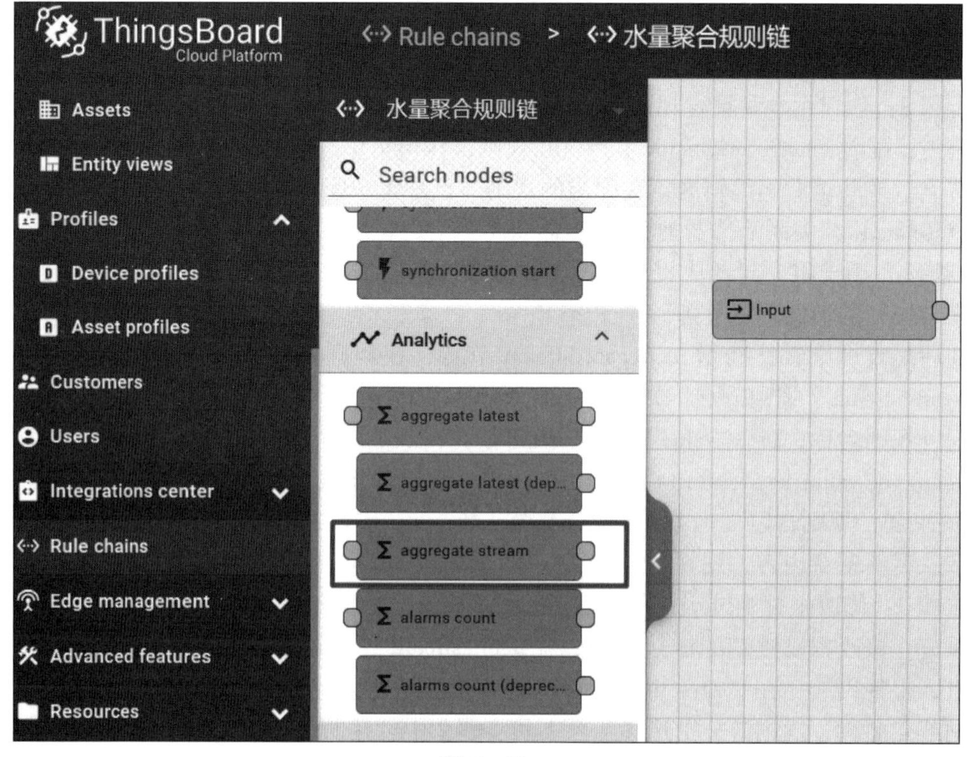
ThingsBoard
Cloud Platform
Rule chains
水量聚合规则链
Assets
Entity views
Profiles
Device profiles
Asset profiles
Customers
Users
Integrations center
Rule chains
Edge management
Advanced features
Resources
Search nodes
synchronization start
Analytics
aggregate latest
aggregate latest (dep...
aggregate stream
alarms count
alarms count (deprec...
Input

图 6-22

图 6 – 23

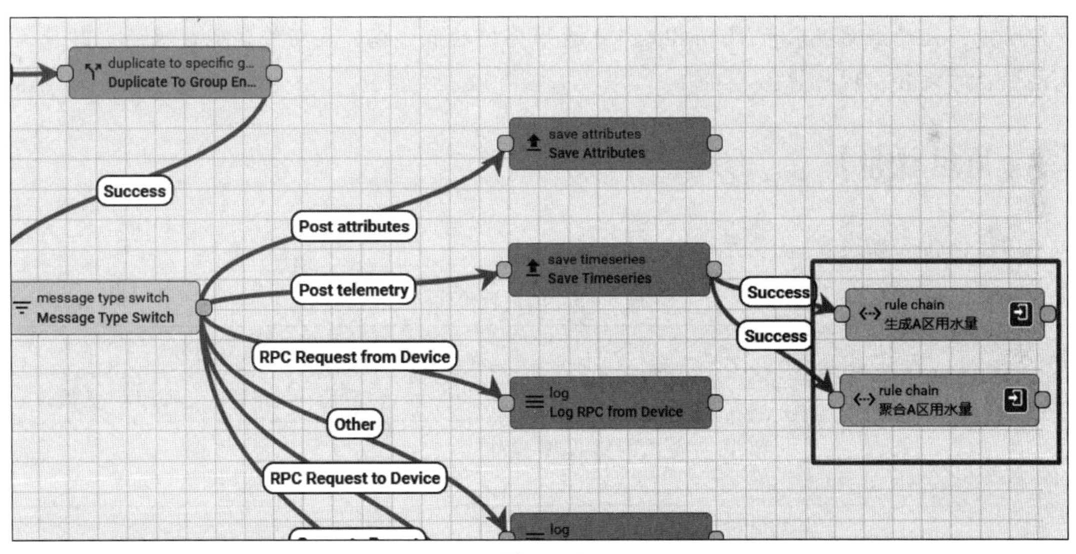

图 6 – 24

步骤 4：查看 A 区聚合水量

完成步骤 3 的配置后，单击“资产”，选择“区域 A”，单击“最新遥测”页签，可以看到 A 区域汇总水表 A1 和 A2 之后的用水量之和，出现如图 6 – 25 所示信息后，表示前述操作配置成功。

图 6 – 25

【项目小结】

本项目以工厂用水量分析为例，在前述项目任务的基础上，进行数据处理的进阶操作，讲解如何基于 ThingsBoard 平台（社区版本）的规则链、运算节点和脚本节点实现数据分析处理功能，让读者掌握基于 ThingsBoard 平台规则链的低代码开发功能实现数据的定时计算、汇总聚合的运算处理功能。

【项目评价】

项目评价表如表 6 – 3 所示。

表 6 – 3　项目评价表

评价类型	赋分	序号	评价指标	分值	得分			
					自评	组评	师评	拓展评价
职业能力	60	1	数据生成规则链设置操作正确	10				
		2	梯度运算规则链设置操作正确	10				
		3	根规则链设置操作正确	10				
		4	仪表板修改设置操作正确	10				
		5	时间序列仪表板工具使用操作正确	10				
		6	数据聚合计算开发操作正确	10				

续表

评价类型	赋分	序号	评价指标	分值	得分			
					自评	组评	师评	拓展评价
职业素养	20	1	课前预习	10				
		2	遵守纪律	5				
		3	编程规范性	5				
劳动素养	10	1	工作过程记录	5				
		2	保持环境整洁卫生	5				
思政素养	10	1	完成思政素材学习	5				
		2	团结协作	5				
合计				100				

【巩固练习】

（1）用提供的脚本模拟用电信息，在ThingsBoard平台上添加三个单位的电表采集设备，定时计算统计三个单位的用电量变化情况，并在仪表板中显示，同时，定时计算购电量和用电量的差值，并在仪表板中显示差值的变化情况。

（2）工厂拟基于物联网技术对用于生产物料的设备进行远程监控，可以在远程集中看到各设备的实时用料情况以及和生产计划间的差异，共有4个生产设备，根据经验，单计划用料量是每台设备每小时用料10 t，请基于上述项目信息，完成平台的开发配置操作。

项目 7

设计实现环境监控系统

【学习导读】

本节基于智慧农场这一完整的项目实例，重点讲解环境监控这一实际应用场景中，设备如何基于网关接入后台应用，同时，对前述的设备接入、平台配置、数据处理等重点内容进行一次回顾。

【学习目标】

（1）学习和掌握基于 ThingsBoard Gateway 网关实现外部设备通过 MQTT、Modbus、OPC UA 等不同协议接入 ThingsBoard 平台，从而掌握更贴近实际应用的物联网应用系统的设计和开发工作技能。

（2）具备团队协作能力和良好的自我表现、与人沟通能力，具备分析问题和解决问题的能力。

【相关知识/预备知识】

一、Modbus 协议

Modbus 由 MODICON 公司于 1979 年开发，是一种工业现场总线协议标准。1996 年施耐德公司推出基于以太网 TCP/IP 的 Modbus 协议——ModbusTCP。Modbus 通信的设备分为主站（mater）和从站（slave），主站为主动方，从站为被动方。其通信过程如下：

①主站设备主动向从站设备发送请求。

②从站设备处理主站的请求后，向主站返回结果。

③如果从站设备处理请求出现异常，则向主站设备返回异常功能码。

Modbus 的数据传输被定义为对以下 4 个存储块进行读写：

①线圈（coils）操作单位为 1 位字的开关量，PLC 的输出位，在 Modbus 中可读可写。

②离散量（discreteinputs）操作单位为 1 位字的开关量，PLC 的输入位，在 Modbus 中只读。

③输入寄存器（inputregisters）操作单位为16位字（两个字节）数据，PLC中只能从模拟量输入端改变的寄存器，在Modbus中只读。

④保持寄存器（holdingregisters）操作单位为16位字（两个字节）数据，PLC中用于输出模拟量信号的寄存器，在Modbus中可读可写。

二、OPC

OPC（OLE for Process Control），用于过程控制的OLE，是一个工业标准，是为了不同供应厂商的设备和应用程序之间的接口标准化，使其间的数据交换更加简单化的目的而提出的，基于微软的OLE（现在的Active X）、COM（部件对象模型）和DCOM（分布式部件对象模型）技术。OPC包括一整套接口、属性和方法的标准集，用于过程控制和制造业自动化系统。OPC是接口协议，开放式通信，通过OPC仪表和上位机数据库建立联系，软件实现。由于OPC是开放的，可以通过OPC与前台操作建立连接，功能扩展很强，为工厂和企业之间的数据和信息传递提供一个和平台无关的互操作标准，已经涉及楼宇自动化、安全、家庭自动化、发电、包装以及石化领域，由于OPC的高度可扩展的架构，对智能嵌入式设备的部署也是很好的选择。

三、KepServerEx

KepServerEx是一个对工业运营数据进行收集、处理的一站式采集平台，提供了各种数据连接、转换、处理和发布功能，具有各种数据接口和协议，可以将不同类型的设备和系统连接在一起，实现数据互通和转换，允许用户连接管理、监视和控制多种自动化设备，是在工业控制中常见的数据采集服务软件之一，适用于智能制造、能源管理、物联网等各种工业自动化领域，满足企业的不同需求。很多厂商和个人都用它来做OPC Server，实现自动化现场PLC或其他设备数据的采集。例如现场需要实现自动化生产控制时，各种设备和系统使用不同的协议和接口，无法直接进行数据交换，这种情况下，使用KepServerEx来解决这个问题是一个常见的选择，还可以使用KepServerEx提供的数据收集和分析功能来监测和优化生产过程。另外，KepServerEx还提供了数据模拟功能，可以模拟多种类型和格式的数据，在项目的实际实施或测试调试过程中，在接入实际传感器、PLC等设备之前，可以利用该软件模拟实时数据，来测试验证当前工作成果的有效性。具有以下主要特点：

①多种协议和接口支持：包括OPC UA、Modbus、BACnet等。

②可扩展性强：可以通过插件和API扩展其功能。

③平台无关性：可以在不同的操作系统上运行。

④安全性强：支持数据加密和访问控制等安全特性。

⑤配置和使用交互界面友好：提供了友好的图形界面和向导式配置。

KepServerEx承载系统的要求如下：

①操作系统：Windows 7/8/10/Server 2008 R2/Server 2012 R2/Server 2016。

②CPU：1 GHz或更高。

③内存：1 GB 或更高。

④硬盘空间：500 MB 或更高。

四、HiveMQ

HiveMQ 是一个基于 MQTT 数据传输的通信平台，旨在将数据快速、高效、可靠地传递给连接的物联网设备，HiveMQ 使用 MQTT 协议在设备和企业平台之间进行实时、双向的数据推送，能够以高效、快速和可靠的方式轻松地将数据移入和移出连接的设备。HiveMQ 的建立是为了解决企业在构建新的物联网应用时面临的一些关键技术挑战，包括：

①构建可靠、可扩展的关键业务物联网应用。

②快速的数据交付，以满足终端用户对响应式物联网产品的期望。

③通过有效利用硬件、网络和云资源降低运营成本。

④将物联网数据整合到现有的企业系统中。

五、ThingsBoard Gateway

ThingsBoard Gateway 是 ThingsBoard 平台一种特殊类型的设备模块，对接 MQTT、ModBus、HTTP、OPC UA 等协议，并转换成统一的数据格式，从而实现连接不同外部设备到 ThingsBoard 平台，如图 7－1 所示。

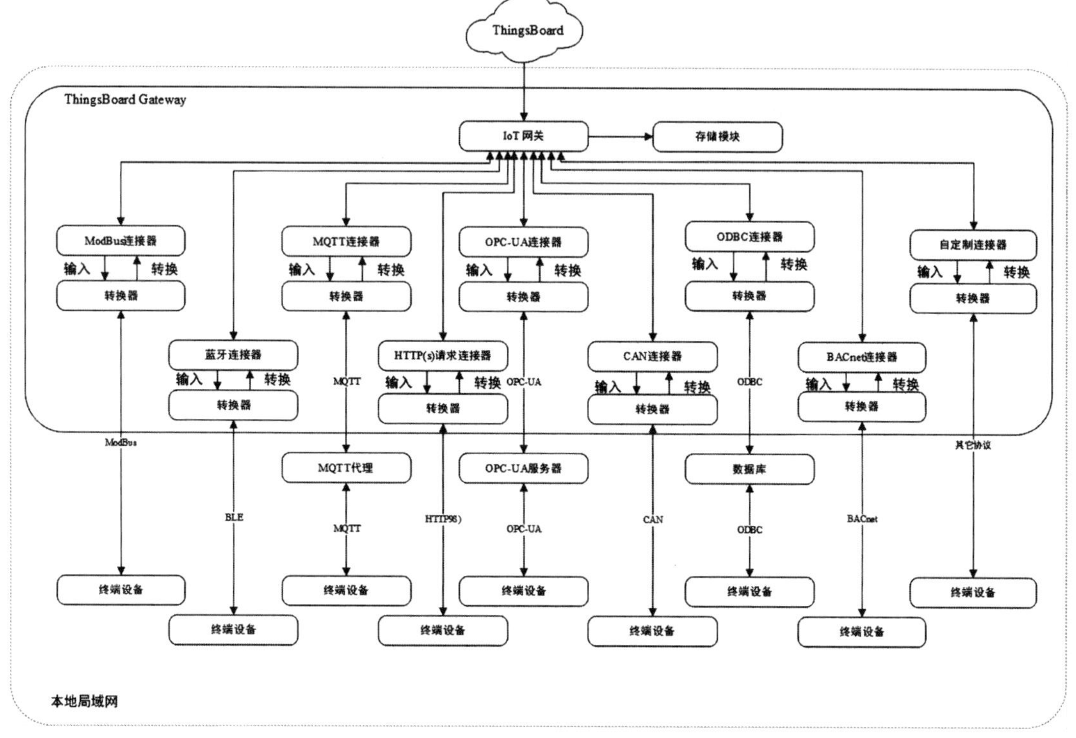

图 7－1

六、Modbus Slave

Modbus 的从机仿真器，用于模拟、测试、调试 Modbus 通信设备，可以仿真 32 个从设备/地址域，主要用来模拟 Modbus 从站设备，可以接收主站的命令包，并反馈回送数据包，支持 Modbus 传输设备的开发人员进行 Modbus 传输协议的模拟和测试。最大可以在 32 个窗口中模拟多达 32 个 Modbus 从设备，支持 01，02，03，04，05，06，15，16，22 和 23 功能码，监视 RS485 串口总线上的数据。

七、VSPD

VSPD（Virtual Serial Port Driver）是一款用于在 PC 上虚拟串口的工具软件，可以在系统中创建更多的串口，用于对硬件模拟器和应用程序进行测试，基于该软件可以在一台计算机上虚拟出两个连接的串口，在一台计算机上进行串口互连的调试。常用于开发测试串口通信的相关软件或系统，例如，在开发阶段，当设备端还不可用时，系统还不具备完整调试的条件，PC 端的软件需要先进行测试，可以通过该软件虚拟一个串口来替代另一端设备的实体。

【项目实例】基于 ThingsBoard 实现智慧农业大棚的环境监控系统

设计和实现一个智慧农业大棚的环境监控系统，通过实现智慧大棚的环境监控系统，回顾前述重点内容，同时，重点讲解如何基于 ThingsBoard Gateway 网关实现外部设备通过不同协议接入 ThingsBoard 平台，考虑到准备外部设备的难度，这里，外部发送监测数据的设备主要通过不同的客户端软件进行模拟。

任务 1　MQTT 服务器 HiveMQ 的安装配置

MQTT 服务器 HiveMQ 的安装配置

基于项目 1 中任务成果，本任务在安装完成的虚拟机和操作系统上实现 MQTT 服务器 HiveMQ 的安装配置。

步骤 1：下载并运行 HiveMQ

输入下述命令，基于 docker 下载并运行 HiveMQ。

```
docker run -p 8080:8080 -p 1883:1883 hivemq/hivemq4
```

步骤 2：确认安装是否成功

打开虚拟机所在宿主机的浏览器，在地址栏输入 http://192.168.57.128:8080，输入用户名“admin”和登录密码“hivemq”，当出现如图 7－2 所示界面时，说明 HiveMQ 安装成功。其中，“192. 168. 57. 128”需与虚拟机的 IP 地址一致。

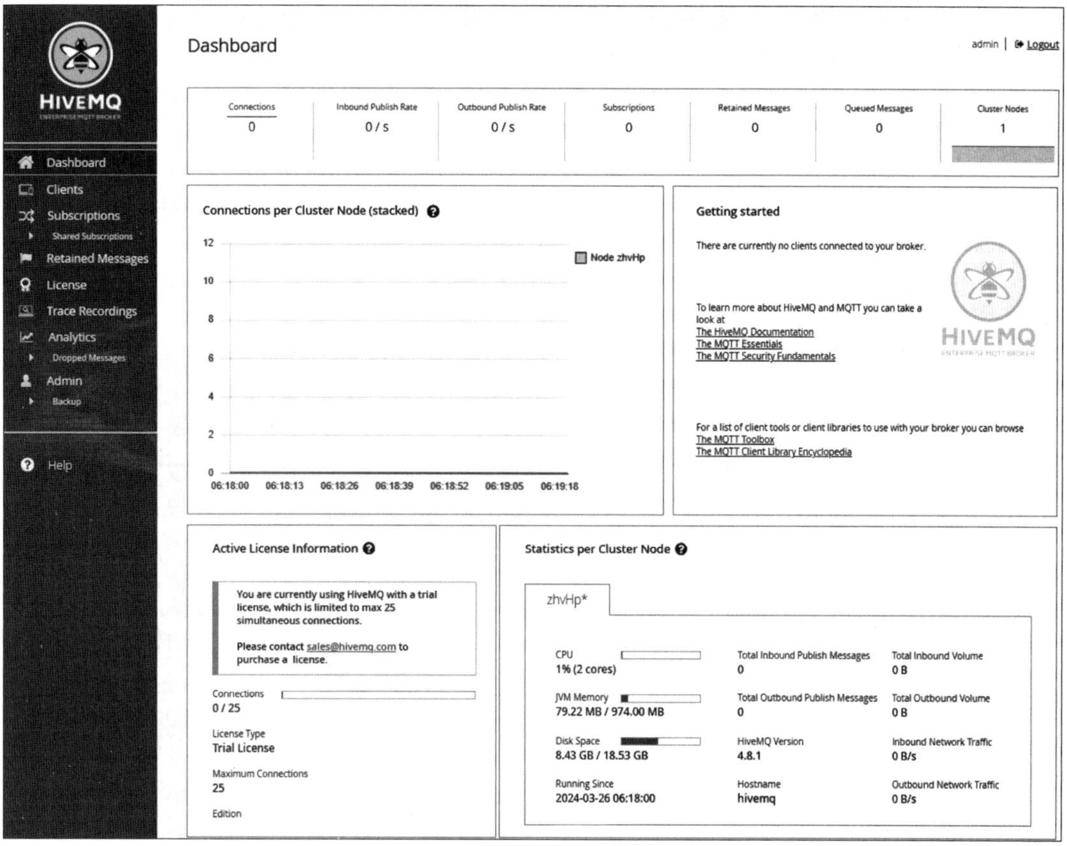

图 7－2

步骤 3：确认功能是否正常

打开项目 5 任务 1 中所提及的 MQTTBox 这一 MQTT 客户端程序，进行测试，单击“Create MQTT Client”按钮，创建 MQTT 客户端，在出现的界面中输入相应的配置，其中，Protocol 选择“mqtt/TCP”，Host 中填写“192. 168. 57. 128：8080”，Username 中填写“admin”，Password 中填写“hivemq”，最后，单击“SAVE”按钮，创建客户端并连接 MQTT 服务器，当出现如图 7－3 所示的界面时，表示 HiveMQ 服务器运行正常。

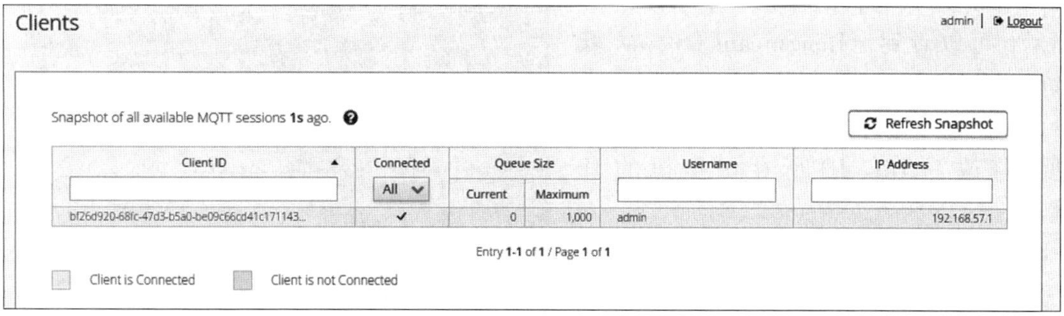

图 7－3

任务 2 安装配置 ThingsBoard Gateway

安装配置
ThingsBoard Gateway

本任务实现数据接入网关 ThingsBoard Gateway 的安装配置。

步骤 1：下载 ThingsBoard Gateway

从 ThingsBoard 官网 https://github.com/thingsboard/thingsboard-gateway/releases 上下载 Thingsboard Gateway 的源文件，也可以进入虚拟机超级终端，运行以下命令下载 ThingsBoard Gateway 的源文件。

```
git clone --recurse-submodules https://github.com/thingsboard/thingsboard-gateway.git
```

步骤 2：配置 ThingsBoard Gateway

在虚拟机中，进入 ThingsBoard Gateway 源文件所在的文件夹，修改 tb_gateway.yml 文件，配置内容如图 7-4 所示。其中，host 为 ThingsBoard 平台所在主机的 IP 地址，本实例中，ThingsBoard 和 ThingsBoard Gateway 都部署在同一台虚拟机上，因此，此处填写“127.0.0.1”，当 ThingsBoard 和 ThingsBoard Gateway 不在同一台虚拟机时，此处应为具体的 IP 地址；accessToken 填写“gw-test”，后续任务中，ThingsBoard 平台添加建立网关设备时，网关设备的访问令牌需与此处一致；连接器类型根据接入设备所用协议进行配置，本任务拟基于 MQTT 协议实现设备的接入，因此，此处配置为 MQTT 的接入器类型，其他类型先默认注释掉；最后，打开 mqtt.json 文件，内容如图 7-5～图 7-7 所示，可以看到，ThingsBoard Gateway 默认解析的数据分别是 temperature 和 humidity，这里先不进行修改，只将 host 后的 IP 地址修改为 HiveMQ 所在虚拟机的 IP 地址。

```
thingsboard:
  host: 127.0.0.1
  port: 1883
  security:
    accessToken: gw-test
storage:
  type: memory
  read_records_count: 100
  max_records_count: 100000
#  type: file
#  data_folder_path: ./data/
#  max_file_count: 10
#  max_read_records_count: 10
#  max_records_per_file: 10000
connectors:

  -
    name: MQTT Broker Connector
    type: mqtt
    configuration: mqtt.json

  # -
  #   name: Modbus Connector
  #   type: modbus
  #   configuration: modbus.json

  # -
  #   name: Modbus Connector
  #   type: modbus
  #   configuration: modbus_serial.json

  # -
  #   name: OPC-UA Connector
  #   type: opcua
  #   configuration: opcua.json

  # -
  #   name: BLE Connector
  #   type: ble
  #   configuration: ble.json

  # -
  #   name: Custom Serial Connector
  #   type: serial
  #   configuration: custom_serial.json
  #   class: CustomSerialConnector

```

图 7-4

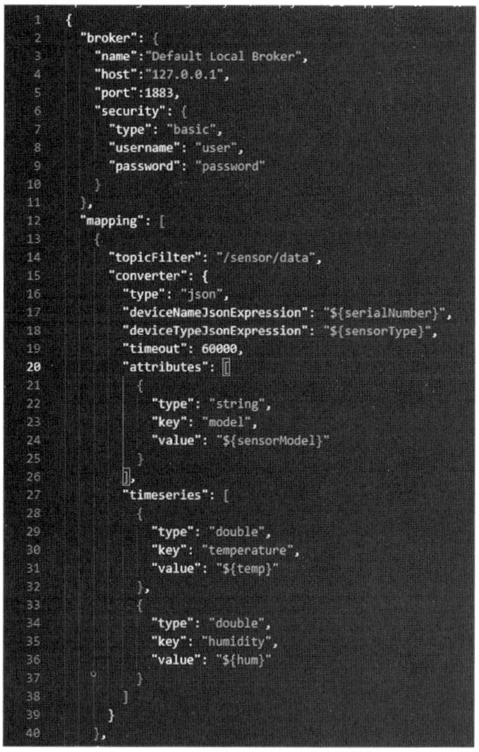

```
{
  "broker": {
    "name":"Default Local Broker",
    "host":"127.0.0.1",
    "port":1883,
    "security": {
      "type": "basic",
      "username": "user",
      "password": "password"
    }
  },
  "mapping": [
    {
      "topicFilter": "/sensor/data",
      "converter": {
        "type": "json",
        "deviceNameJsonExpression": "${serialNumber}",
        "deviceTypeJsonExpression": "${sensorType}",
        "timeout": 60000,
        "attributes": [
          {
            "type": "string",
            "key": "model",
            "value": "${sensorModel}"
          }
        ],
        "timeseries": [
          {
            "type": "double",
            "key": "temperature",
            "value": "${temp}"
          },
          {
            "type": "double",
            "key": "humidity",
            "value": "${hum}"
          }
        ]
      }
    },
```

图 7 -5

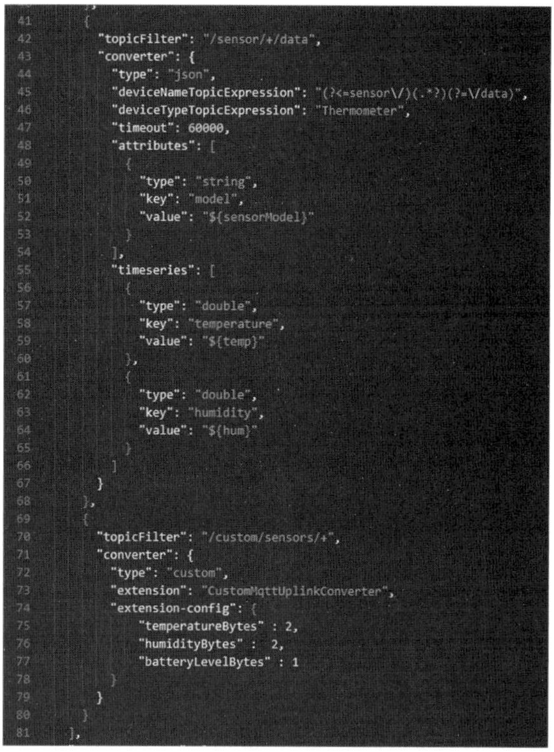

```
    {
      "topicFilter": "/sensor/+/data",
      "converter": {
        "type": "json",
        "deviceNameTopicExpression": "(?<=sensor\/)(.*?)(?=\/data)",
        "deviceTypeTopicExpression": "Thermometer",
        "timeout": 60000,
        "attributes": [
          {
            "type": "string",
            "key": "model",
            "value": "${sensorModel}"
          }
        ],
        "timeseries": [
          {
            "type": "double",
            "key": "temperature",
            "value": "${temp}"
          },
          {
            "type": "double",
            "key": "humidity",
            "value": "${hum}"
          }
        ]
      }
    },
    {
      "topicFilter": "/custom/sensors/+",
      "converter": {
        "type": "custom",
        "extension": "CustomMqttUplinkConverter",
        "extension-config": {
            "temperatureBytes" : 2,
            "humidityBytes" :  2,
            "batteryLevelBytes" : 1
        }
      }
    }
  ],
```

图 7 -6

```
  "connectRequests": [
    {
      "topicFilter": "sensor/connect",
      "deviceNameJsonExpression": "${SerialNumber}"
    },
    {
      "topicFilter": "sensor/+/connect",
      "deviceNameTopicExpression": "(?<=sensor\/)(.*?)(?=\/connect)"
    }
  ],
  "disconnectRequests": [
    {
      "topicFilter": "sensor/disconnect",
      "deviceNameJsonExpression": "${SerialNumber}"
    },
    {
      "topicFilter": "sensor/+/disconnect",
      "deviceNameTopicExpression": "(?<=sensor\/)(.*?)(?=\/disconnect)"
    }
  ],
  "attributeUpdates": [
    {
      "deviceNameFilter": "SmartMeter.*",
      "attributeFilter": "uploadFrequency",
      "topicExpression": "sensor/${deviceName}/${attributeKey}",
      "valueExpression": "{\"${attributeKey}\":\"${attributeValue}\"}"
    }
  ],
  "serverSideRpc": [
    {
      "deviceNameFilter": ".*",
      "methodFilter": "echo",
      "requestTopicExpression": "sensor/${deviceName}/request/${methodName}/${requestId}",
      "responseTopicExpression": "sensor/${deviceName}/response/${methodName}/${requestId}",
      "responseTimeout": 10000,
      "valueExpression": "${params}"
    },
    {
      "deviceNameFilter": ".*",
      "methodFilter": "no-reply",
      "requestTopicExpression": "sensor/${deviceName}/request/${methodName}/${requestId}",
      "valueExpression": "${params}"
    }
  ]
}
```

图 7 -7

任务3 基于 ThingsBoard Gateway 和 MQTT 协议的设备接入

基于 ThingsBoard Gateway 和 MQTT 协议的设备接入

本任务基于接入网关和 MQTT 协议实现设备的接入。

步骤1：在 ThingsBoard 平台建立网关设备

在 ThingsBoard 平台的设备界面依次单击“添加设备”→“添加新设备”，在弹出的如图7-8所示的界面，填写名称“网关”，设备配置选择“default”，勾选“是否网关”复选框，然后单击“下一个：凭据”按钮，在如图7-9所示的界面中填写访问令牌为“gw-test”，最后单击“添加”按钮，完成网关设备的建立。

图7-8

图7－9

步骤2：运行ThingsBoard Gateway

当在ThingsBoard平台上成功完成网关设备的添加建立后，就可以运行ThingsBoard Gateway模块了，在虚拟机终端运行下述命令启动Thingsboard Gateway。

```
python3. /thingsboard_gateway/tb_gateway. py
```

当出现如图7－10所示的界面时，说明ThingsBoard Gateway已正常运行并成功连接MQTT服务器。

步骤3：发送测试数据

打开MQTT客户端软件MQTTBox，在如图7－11所示的消息发布界面填写发布主题"sensor/data"，此处需与mqtt. json中的一致，消息类型选择JSON，发布消息栏中填写下述内容：

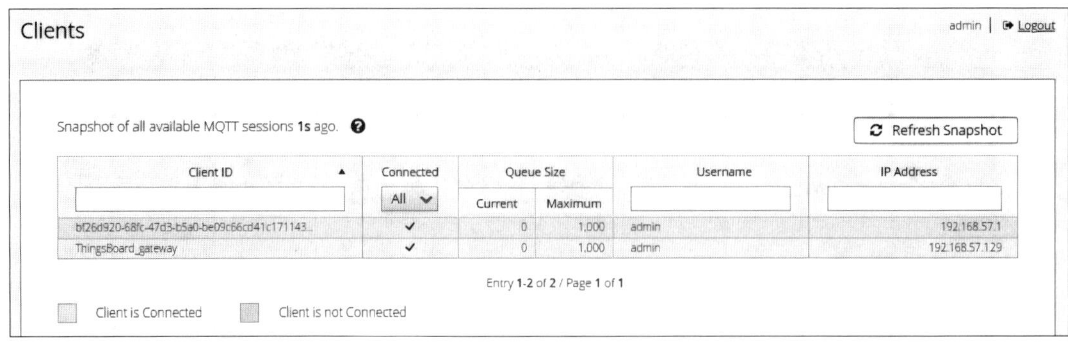

图 7－10

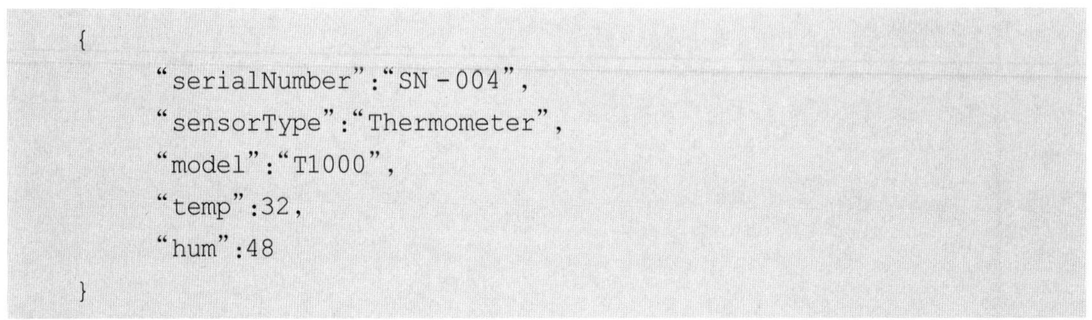

```
{
        "serialNumber":"SN-004",
        "sensorType":"Thermometer",
        "model":"T1000",
        "temp":32,
        "hum":48
}
```

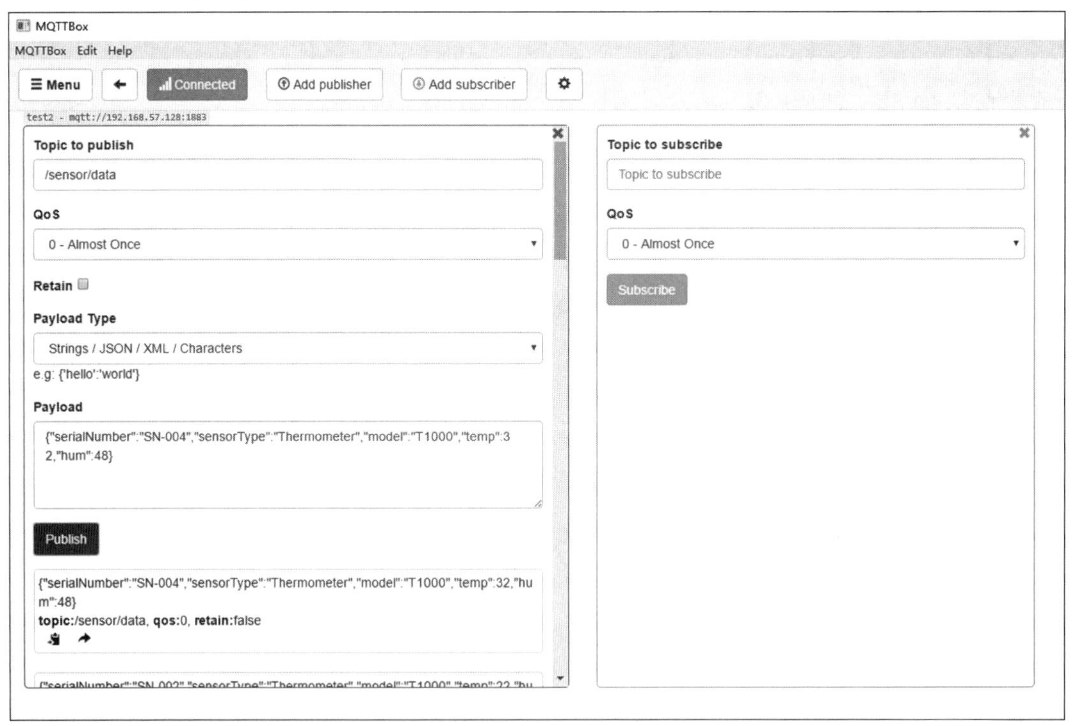

图 7－11

填写好后，单击“publish”按钮，如果一切正常，ThingsBoard 平台将会自动添加标识为“SN－004”的设备，并显示接收到的数据，当出现如图 7－12 所示的信息后，说明成功基于 ThingsBoard Gateway 接入设备。

最新遥测数据

☐	最后更新时间	键名 ↑	价值
☐	2022-06-13 13:50:54	combine	48:32
☐	2022-06-13 13:50:54	humidity	48
☐	2022-06-13 13:50:54	temperature	32

图 7－12

任务 4　基于 ThingsBoard Gateway 和 Modbus 的设备接入

本任务基于接入网关和 Modbus 总线实现设备的接入。

基于 ThingsBoard Gateway 和 Modbus 的设备接入

步骤 1：配置 VSPD 虚拟串口

下载并且安装好 VSPD 软件后，双击“vspdconfig. exe”，运行 VSPD 软件，在“Manage ports”栏单击“添加端口”按钮，在左侧的“Virtual ports”下出现刚才添加的端口，出现如图 7－13 所示的信息后，说明 VSPD 配置成功。

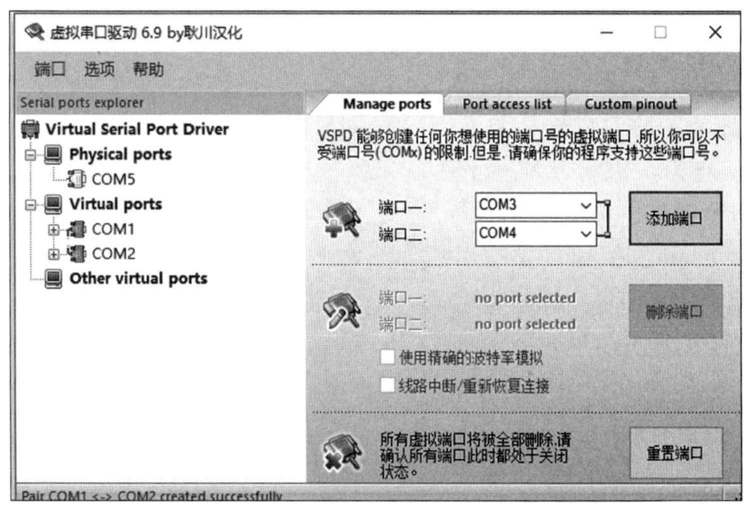

图 7－13

步骤 2：配置 Modbus Slave 虚拟端设备

双击“Modbus Slave”软件，在如图 7－14 所示的界面中进行操作，单击“Connection”下的“Connect”按钮，在弹出的如图 7－15 所示的“Connection Setup”界面中进行设置，

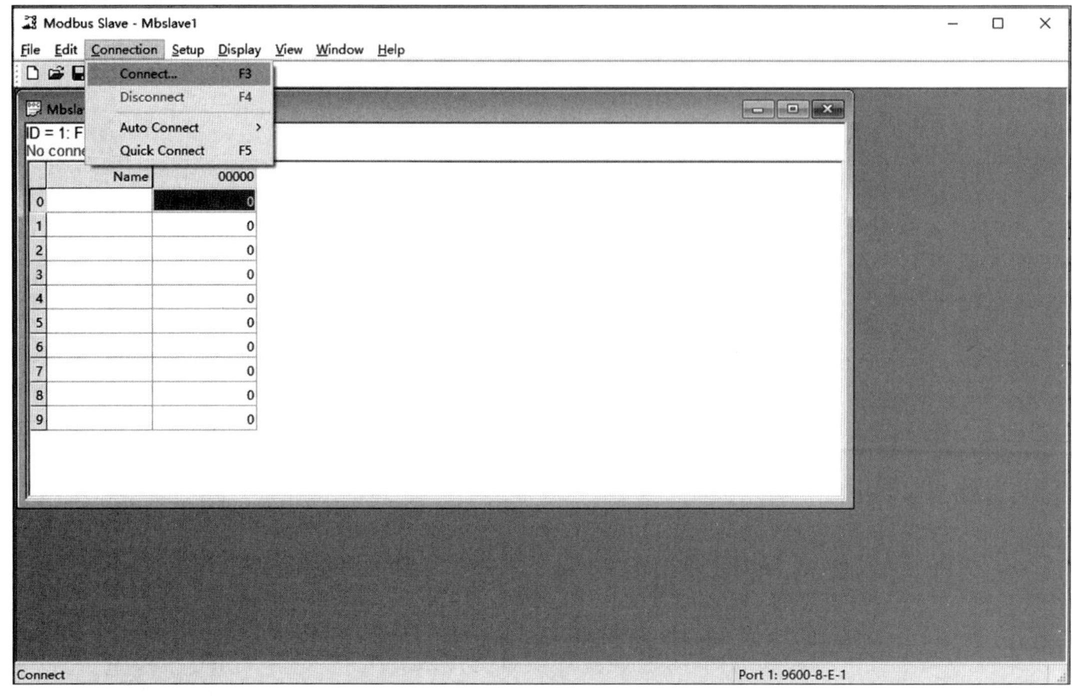

图 7－14

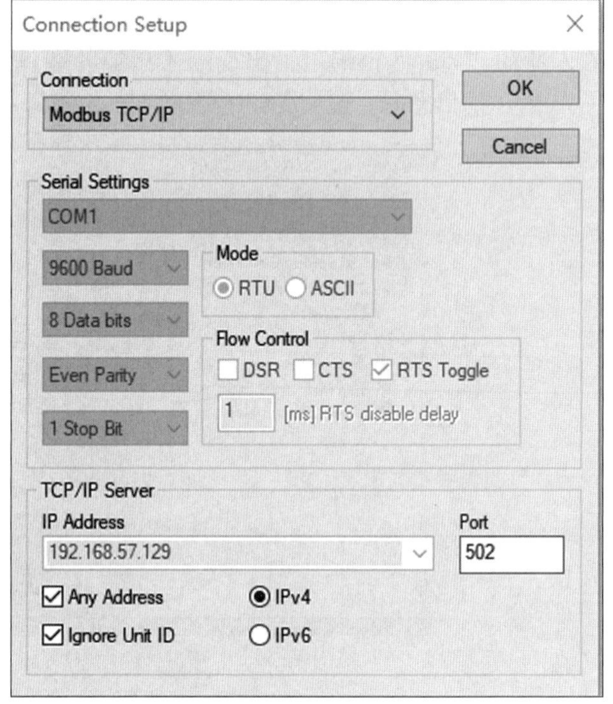

图 7－15

由于本实例中基于 TCP 网络实现 Modbus 数据的采集，因此，“Connection”栏选择“Modbus TCP/IP”，“TCP/IP Server”中的“IP Address”中填写 ThingsBoard Gateway 所在虚拟机的 IP 地址，“Port”等配置保持默认不变，最后单击“OK”按钮，完成基础的配置，配置信息如图 7－16 所示。接着，进行从机的设置，在该界面进行操作，单击“Setup”下的“Slave Definition”按钮，在弹出的如图 7－17 所示的对话框中填写相关配置信息，由于本实例采集设备的剩余电量和环境中的温湿度信息，根据 Modbus 协议，分别需要从保持寄存器和输入寄存器中读取信息，这里需设置两个从机，1 号从机的“Slave ID”为 1，选择功能码“Function”为 03；然后按上述步骤设置 2 号从机，“Slave ID”为 2，选择功能码“Function”为 04，配置信息分别如图 7－17 和图 7－18 所示，完成上述配置后的软件界面如图 7－19 所示。

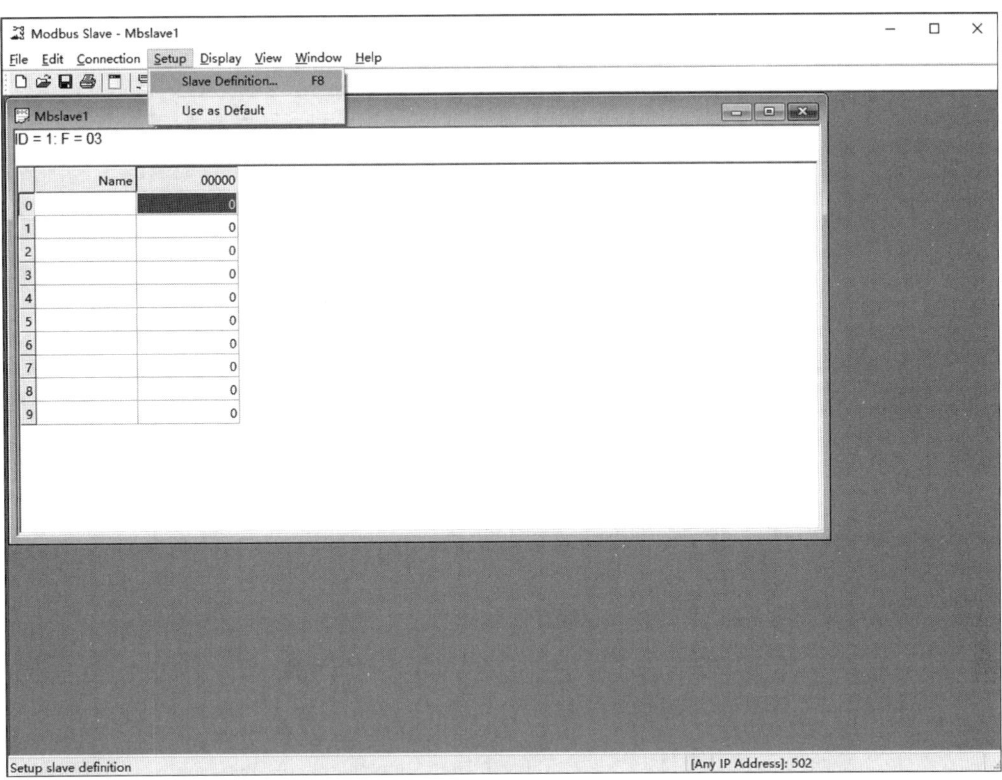
Modbus Slave - Mbslave1
File Edit Connection Setup Display View Window Help
Slave Definition... F8
Use as Default
Mbslave1
ID = 1: F = 03
Name
00000
Setup slave definition
[Any IP Address]: 502

图 7 – 16

Slave Definition
Slave ID: 1
OK
Cancel
Function: 04 Input Registers (3x)
Address mode
Dec Hex
Address: 0 PLC address = 30001
Quantity: 10
View
Rows
10 20 50 100 Fit to Quantity
Hide Name Columns
PLC Addresses (Base 1)
Address in Cell
Error Simulation
Skip response
Insert CRC/LRC error
(Not when using TCP/IP)
0 [ms] Response Delay
Return exception 06, Busy

图 7 – 17

Slave Definition
Slave ID: 2
Function: 03 Holding Register (4x)
OK
Cancel
Address mode
Dec Hex
Address: 0 PLC address = 40001
Quantity: 10
View
Rows
10 20 50 100 Fit to Quantity
Hide Name Columns
PLC Addresses (Base 1)
Address in Cell
Error Simulation
Skip response
Insert CRC/LRC error (Not when using TCP/IP)
0 [ms] Response Delay
Return exception 06, Busy

图 7－18

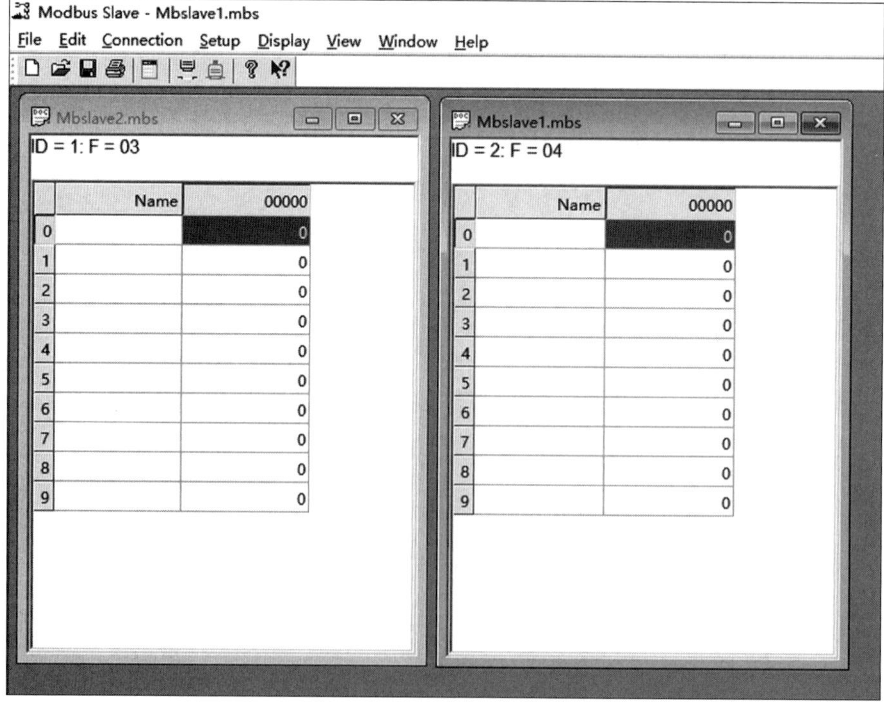

图 7－19

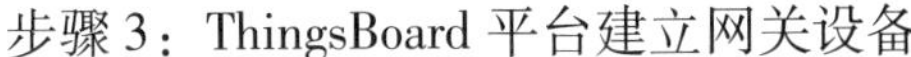

步骤 3：ThingsBoard 平台建立网关设备

此步骤与任务 4 中相同，在 ThingsBoard 平台的设备界面依次单击“添加设备”→“添加新设备”，在弹出的如图 7－20 所示的界面中，填写名称“modbus 网关”，设备配置选择“default”，勾选“是否网关”复选框，然后单击“下一个：凭据”按钮，在如图 7－21 所示的界面中填写访问令牌为“gw－test－modbus”，最后单击“添加”按钮，完成网关设备的建立，成功添加后的软件界面如图 7－22 所示，出现方框中的设备信息。

图 7－20

步骤 4：配置 ThingsBoard Gateway

在虚拟机中，进入 ThingsBoard Gateway 源文件所在的文件夹，修改 tb_gateway. yml 文件，配置内容如图 7－23 所示。其中，host 为 ThingsBoard 平台所在主机的 IP 地址，本实例中，ThingsBoard 和 ThingsBoard Gateway 都部署在同一台虚拟机上，因此为“127. 0. 0. 1”，当 ThingsBoard 和 ThingsBoard Gateway 不在同一台虚拟机时，此处为具体的 IP 地址；accessToken 填写“gw－test－modbus”，后续任务中，ThingsBoard 平台添加建立网关设备时，网关设备的访问令牌需与此处一致；连接器类型根据接入设备所用协议进行配置，这里基于 Modbust TCP 接入，因此配置为 Modbus TCP 的接入器类型，其他类型先默认注释掉；最后，打开 modbus. json 文件，内容如图 7－24 所示，添加电池电量、温湿度对应的功能码和寄存器地址，并将 host 后的 IP 地址修改为 Modbus Slave 所在主机的 IP 地址。完成后，运行

图 7－21

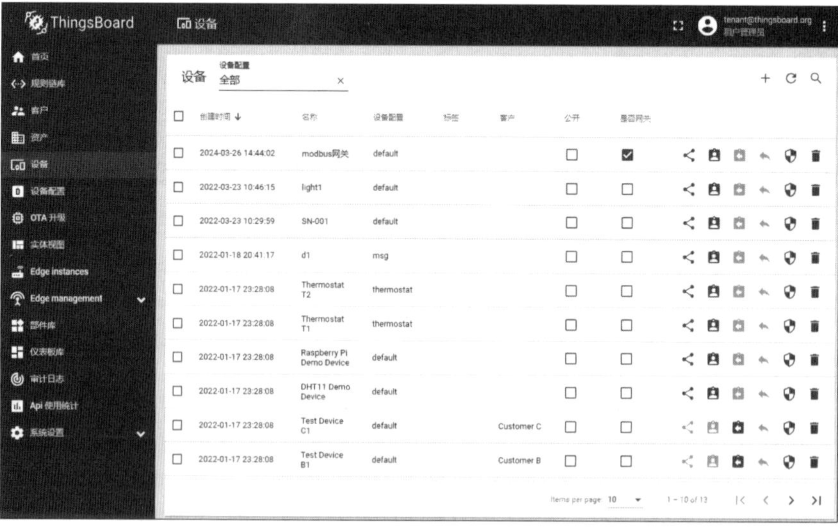

图 7－22

ThingsBoard Gateway，当 ThingsBoard 平台出现“TH_sensor”设备时，说明配置成功。

```yaml
thingsboard:
  host: 127.0.0.1
  port: 1883
  security:
    accessToken: gw-test-modbus
storage:
  type: memory
  read_records_count: 100
  max_records_count: 100000
#  type: file
#  data_folder_path: ./data/
#  max_file_count: 10
#  max_read_records_count: 10
#  max_records_per_file: 10000
connectors:

  # -
  #   name: MQTT Broker Connector
  #   type: mqtt
  #   configuration: mqtt.json

  -
    name: Modbus Connector
    type: modbus
    configuration: modbus.json

  # -
  #   name: Modbus Connector
  #   type: modbus
  #   configuration: modbus_serial.json

  # -
  #   name: OPC-UA Connector
  #   type: opcua
  #   configuration: opcua.json

  # -
  #   name: BLE Connector
  #   type: ble
  #   configuration: ble.json

  # -
  #   name: Custom Serial Connector
  #   type: serial
  #   configuration: custom_serial.json
  #   class: CustomSerialConnector
```

图 7－23

```json
{
  "server": {
    "name": "Modbus Test Server",
    "type": "tcp",
    "host": "192.168.1.104",
    "port": 502,
    "timeout": 35,
    "method": "socket",
    "devices": [
      {
        "unitId": 1,
        "deviceName": "TH_sensor",
        "attributesPollPeriod": 5000,
        "timeseriesPollPeriod": 5000,
        "sendDataOnlyOnChange": false,
        "attributes": [
          {
            "byteOrder": "BIG",
            "tag": "batteryLevel",
            "type": "long",
            "functionCode": 4,
            "registerCount": 1,
            "address": 2
          }
        ],
        "timeseries": [
          {
            "byteOrder": "BIG",
            "tag": "humidity",
            "type": "long",
            "functionCode": 4,
            "registerCount": 1,
            "address": 1
          },
          {
            "byteOrder": "BIG",
            "tag": "temperature",
            "type": "long",
            "functionCode": 3,
            "registerCount": 1,
            "address": 0
          }
        ],
        "rpc": [
          {
            "tag": "resetTemperature",
            "type": "16int",
            "functionCode": 6,
            "objectsCount": 1,
            "address": 0
          }
        ]
      }
    ]
  }
}
```

图 7－24

任务 5　基于 ThingsBoard Gateway 和 OPC UA 的设备接入

基于 ThingsBoard Gateway 和 OPC UA 的设备接入

本任务基于接入网关和 OPC UA 框架实现现场设备的接入。

步骤 1：配置 KepServerEx

打开 KepServerEx 软件，单击“连接性”，单击“单击添加通道”，打开“添加通道向导”界面，在弹出的如图 7－25 所示的界面上选择通道类型，这里选择“Modbus RTU Serial”，然后单击“下一页”按钮，输入通道名称，如图 7－26 所示，然后一路单击

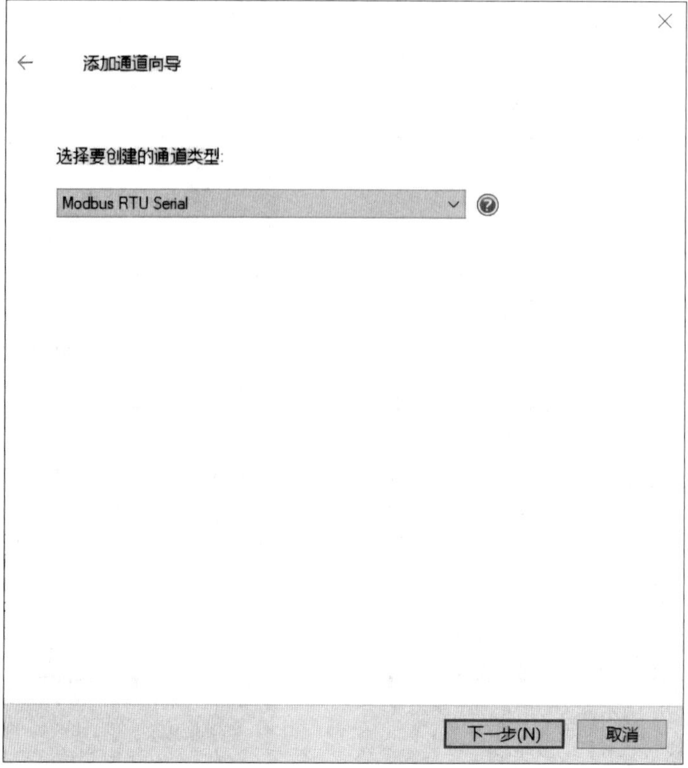
添加通道向导
选择要创建的通道类型:
Modbus RTU Serial
下一步(N)
取消
图 7－25

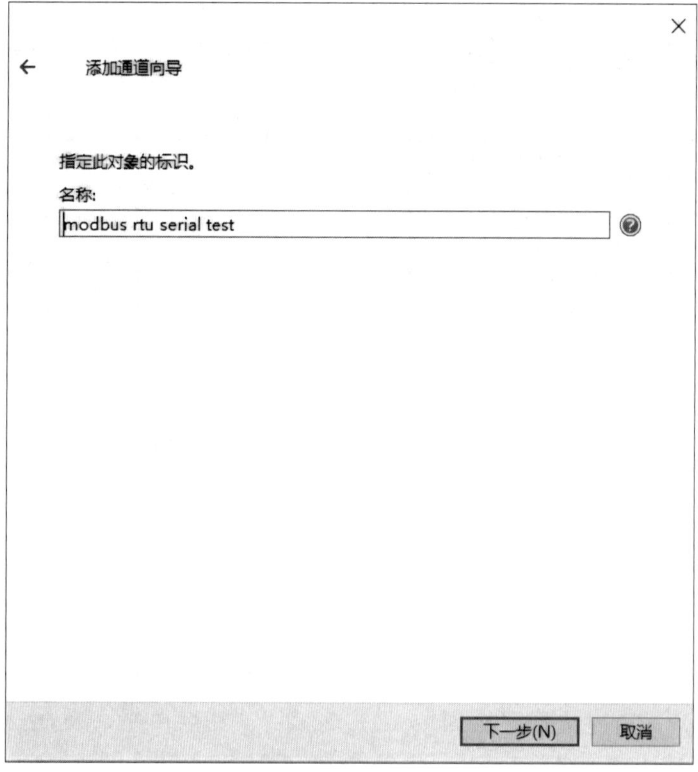
添加通道向导
指定此对象的标识。
名称:
modbus rtu serial test
下一步(N)
取消
图 7－26

"下一页"按钮，保持默认配置，COM 端口号选择所连接串口的序号，最后单击"完成"按钮，出现如图 7-27 所示的界面，说明添加通道成功。然后进行添加设备的操作，单击"单击添加设备"，弹出如图 7-28 所示的"添加设备向导"界面，在界面中输入设备标识，选择设备类型，这里选择"Modbus"，如图 7-29 所示。输入终端设备的 ID，与 Modbus Slave 软件的一致，如图 7-30 所示。接着，保持默认配置，单击"下一页"按钮，直到完成设备 1 的配置，出现如图 7-31 所示的界面，然后，添加变量，根据接入数据的类型，指定刚完成添加的设备的地址，单击"单击添加静态标记"，弹出"属性编辑界面"，在如图 7-32 所示的界面输入需要读取的地址及类型，这里选择"400001-400005"，按上述步骤完成其他三个设备的添加和配置，其中，地址分别为"000001-000003" "300001-300003"和"100001-100003"。

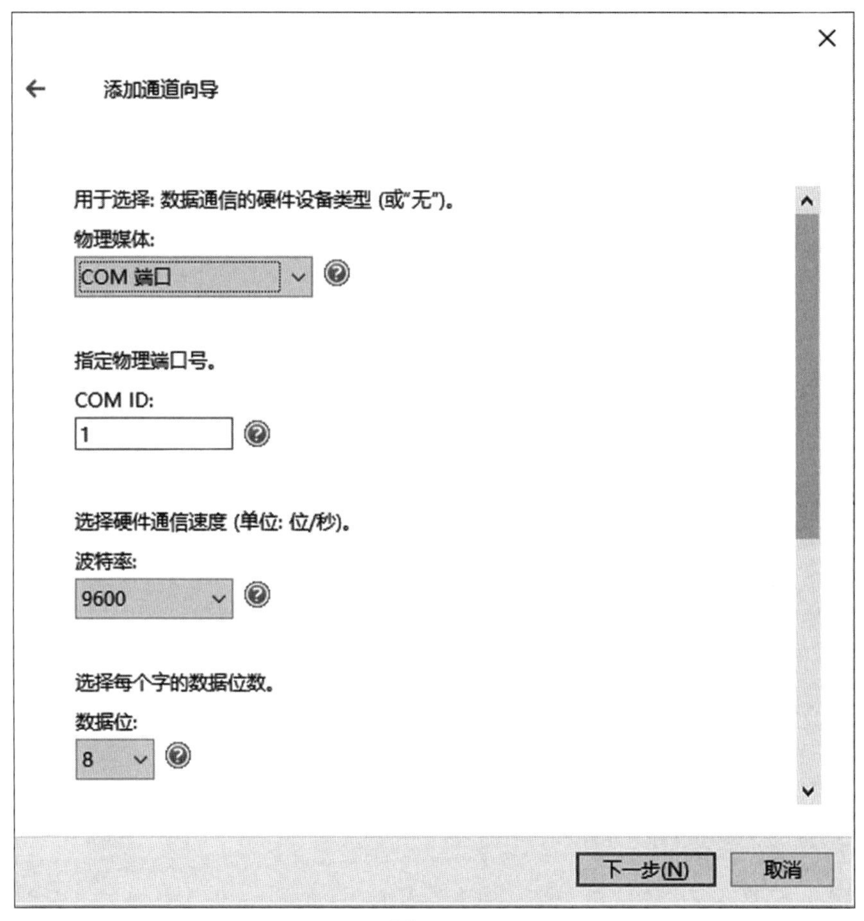

图 7-27

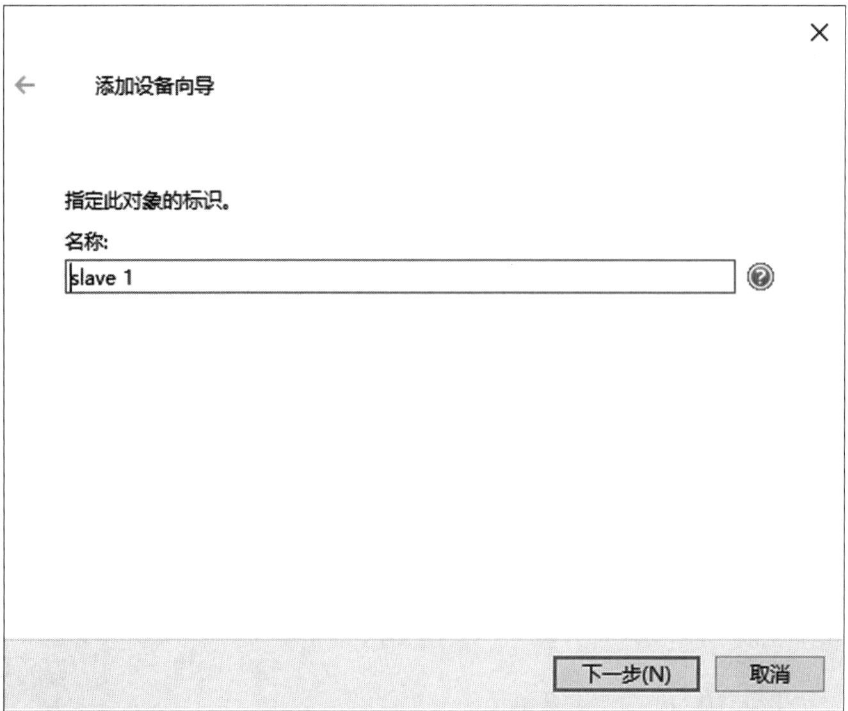
添加设备向导
指定此对象的标识。
名称:
slave 1
下一步(N)
取消

图 7－28

添加设备向导
用于选择: 与此 ID 关联的设备的特定类型。选项取决于使用的通信类型。
型号:
Modbus
下一步(N)
取消

图 7－29

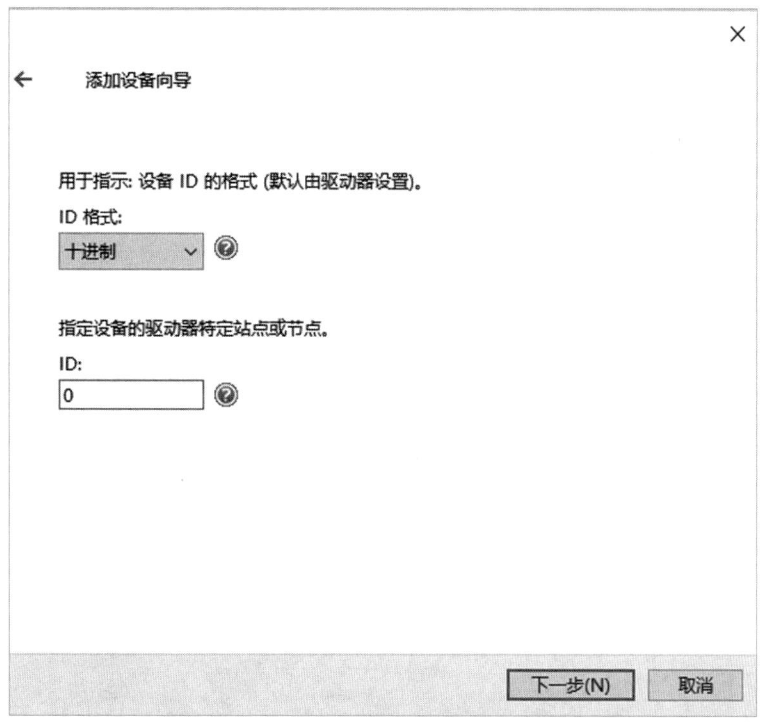
添加设备向导
用于指示: 设备 ID 的格式 (默认由驱动器设置)。
ID 格式:
十进制
指定设备的驱动器特定站点或节点。
ID:
0
下一步(N)
取消

图 7 – 30

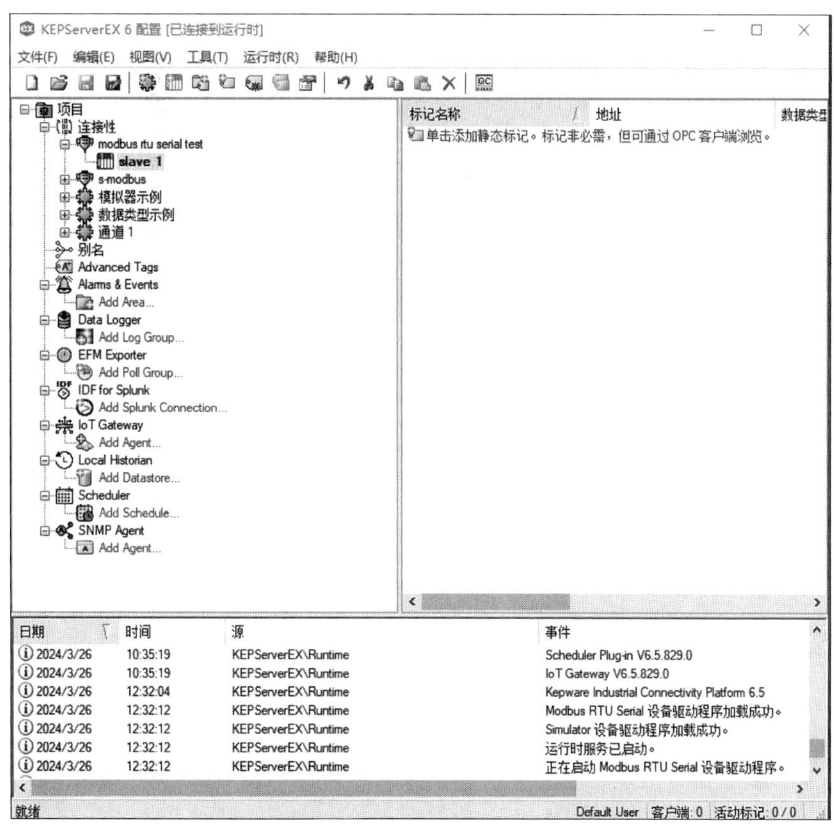
KEPServerEX 6 配置 [已连接到运行时]
文件(F) 编辑(E) 视图(V) 工具(T) 运行时(R) 帮助(H)
项目
连接性
modbus rtu serial test
slave 1
s-modbus
模拟器示例
数据类型示例
通道 1
别名
Advanced Tags
Alarms & Events
Add Area...
Data Logger
Add Log Group...
EFM Exporter
Add Poll Group...
IDF for Splunk
Add Splunk Connection...
IoT Gateway
Add Agent...
Local Historian
Add Datastore...
Scheduler
Add Schedule...
SNMP Agent
Add Agent...
标记名称
地址
数据类型
单击添加静态标记。标记非必需，但可通过 OPC 客户端浏览。
日期
时间
源
事件
2024/3/26 10:35:19 KEPServerEX\Runtime Scheduler Plug-in V6.5.829.0
2024/3/26 10:35:19 KEPServerEX\Runtime IoT Gateway V6.5.829.0
2024/3/26 12:32:04 KEPServerEX\Runtime Kepware Industrial Connectivity Platform 6.5
2024/3/26 12:32:12 KEPServerEX\Runtime Modbus RTU Serial 设备驱动程序加载成功。
2024/3/26 12:32:12 KEPServerEX\Runtime Simulator 设备驱动程序加载成功。
2024/3/26 12:32:12 KEPServerEX\Runtime 运行时服务已启动。
2024/3/26 12:32:12 KEPServerEX\Runtime 正在启动 Modbus RTU Serial 设备驱动程序。
就绪
Default User
客户端: 0
活动标记: 0 / 0

图 7 – 31

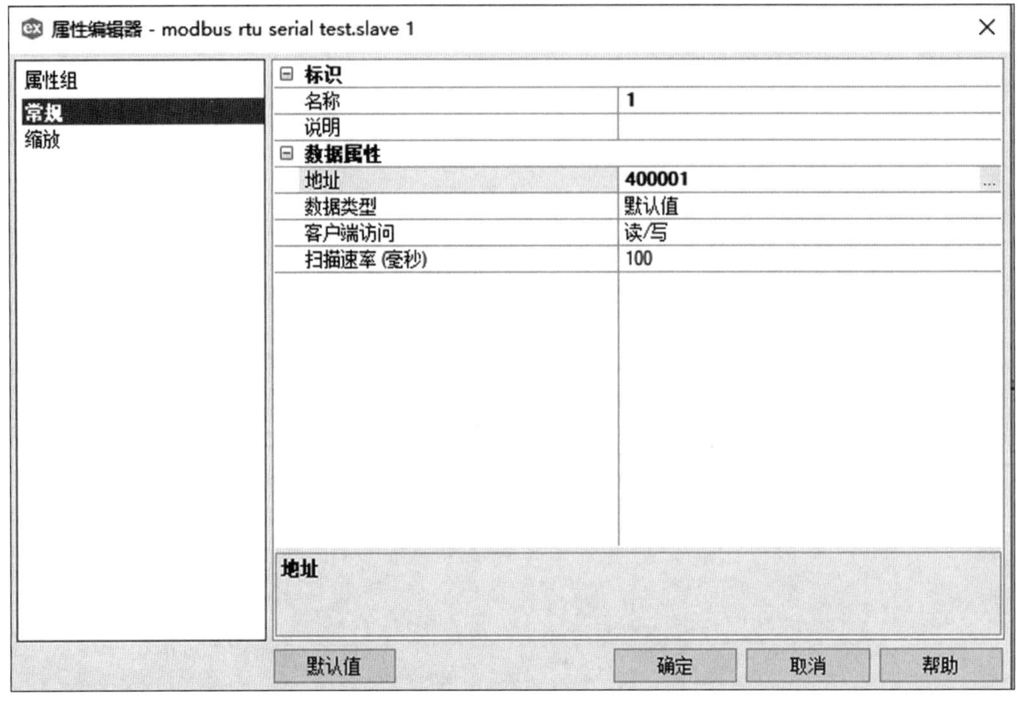

图 7－32

步骤 2：配置 Modbus Slave 虚拟端设备

双击“Modbus Slave”软件，单击“Connection”下的“Connect”选项，在弹出的“Connection Setup”界面中进行设置，由于本实例中基于 TCP 网络实现 Modbus 数据的采集，因此，“Connection”栏选择“Modbus TCP/IP”，“TCP/IP Server”中的“IP Address”中填写 KepServerEx 所在主机的 IP 地址，“Port”等配置保持默认不变，最后单击“OK”按钮，完成基础的配置，然后进行从机的设置。单击“Setup”的“Slave Definition”选项，在弹出的对话框中填写相关配置信息，如图 7－33～图 7－36 所示，由于本实例模拟采集温湿度、电量、压力、流速、光照、空气质量、火焰、可燃气、人体红外、声音、电子围栏等信息，并对大棚里的灯和风扇进行控制，根据 Modbus 协议，分别需要从线圈寄存器、保持寄存器和输入寄存器中读取信息，这里需设置 4 个从机，1 号从机的“Slave ID”为 1，选择功能码“Function”为 03；2 号从机的“Slave ID”为 2，选择功能码“Function”为 01；3 号从机的“Slave ID”为 3，选择功能码“Function”为 04；2 号从机的“Slave ID”为 4，选择功能码“Function”为 02；如图 7－37 所示。完成后软件界面如图 7－38 所示。运行后，如果一切正常，将显示如图 7－39～图 7－42 所示的信息。分别修改 4 个模拟设备的寄存器的值，可以看到 KepServerEx 中添加设备对应地址上的值也将发生变化。

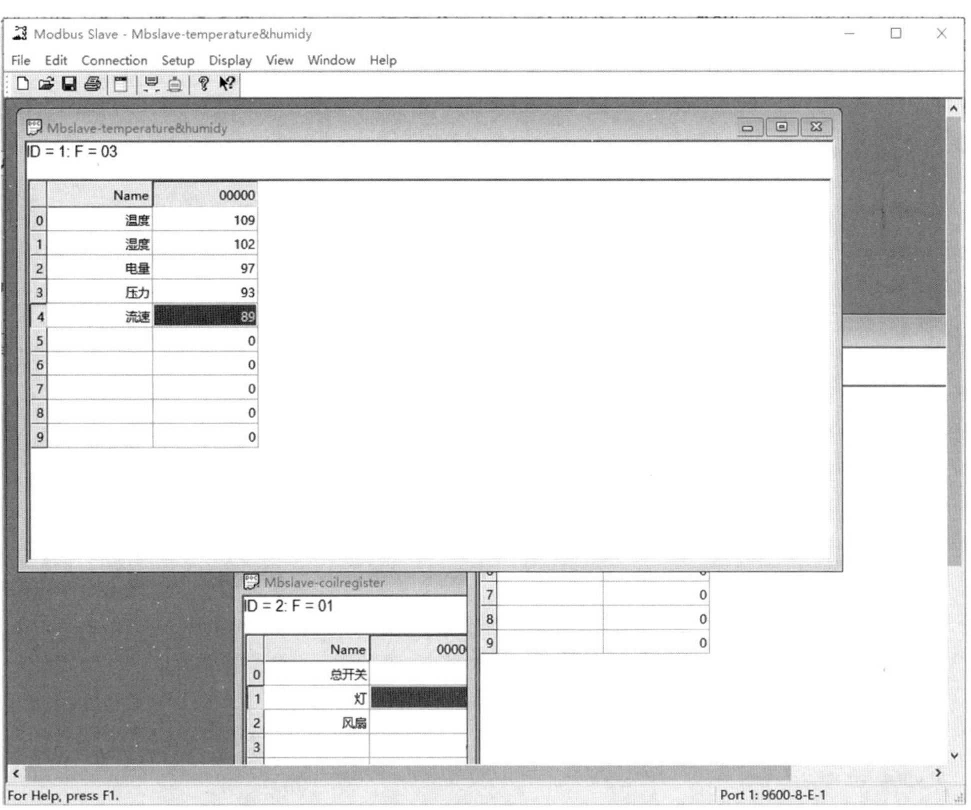
Modbus Slave - Mbslave-temperature&humidy
File Edit Connection Setup Display View Window Help
Mbslave-temperature&humidy
ID = 1: F = 03
Name 00000
0 温度 109
1 湿度 102
2 电量 97
3 压力 93
4 流速 89
5 0
6 0
7 0
8 0
9 0
Mbslave-coilregister
ID = 2: F = 01
0 总开关
1 灯
2 风扇
For Help, press F1.
Port 1: 9600-8-E-1

图7－33

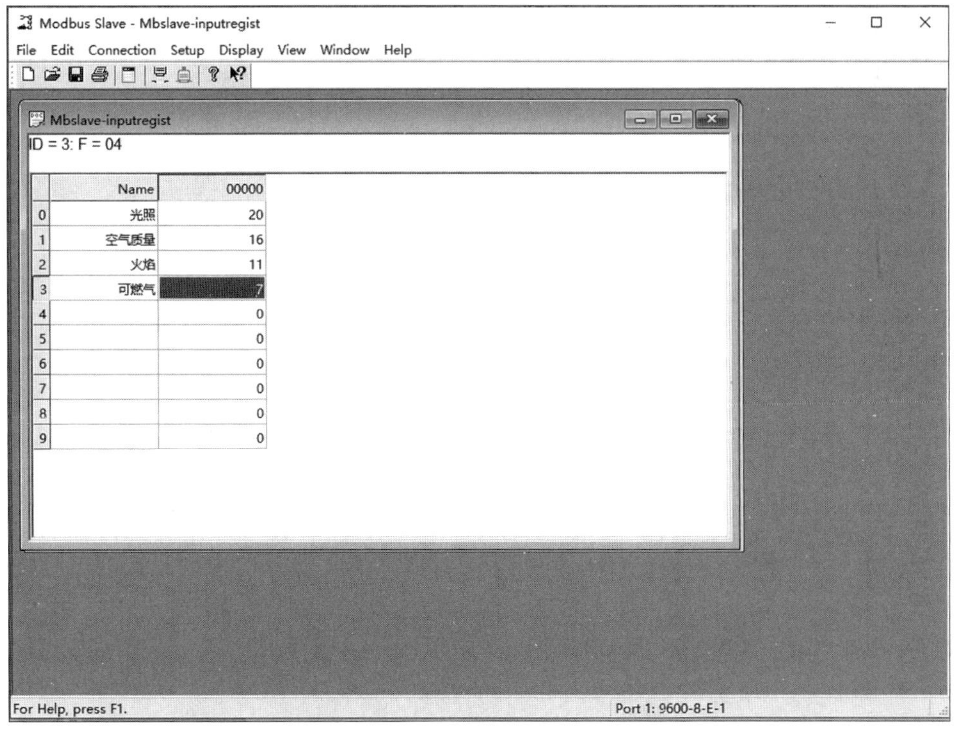
Modbus Slave - Mbslave-inputregist
File Edit Connection Setup Display View Window Help
Mbslave-inputregist
ID = 3: F = 04
Name 00000
0 光照 20
1 空气质量 16
2 火焰 11
3 可燃气 7
4 0
5 0
6 0
7 0
8 0
9 0
For Help, press F1.
Port 1: 9600-8-E-1

图7－34

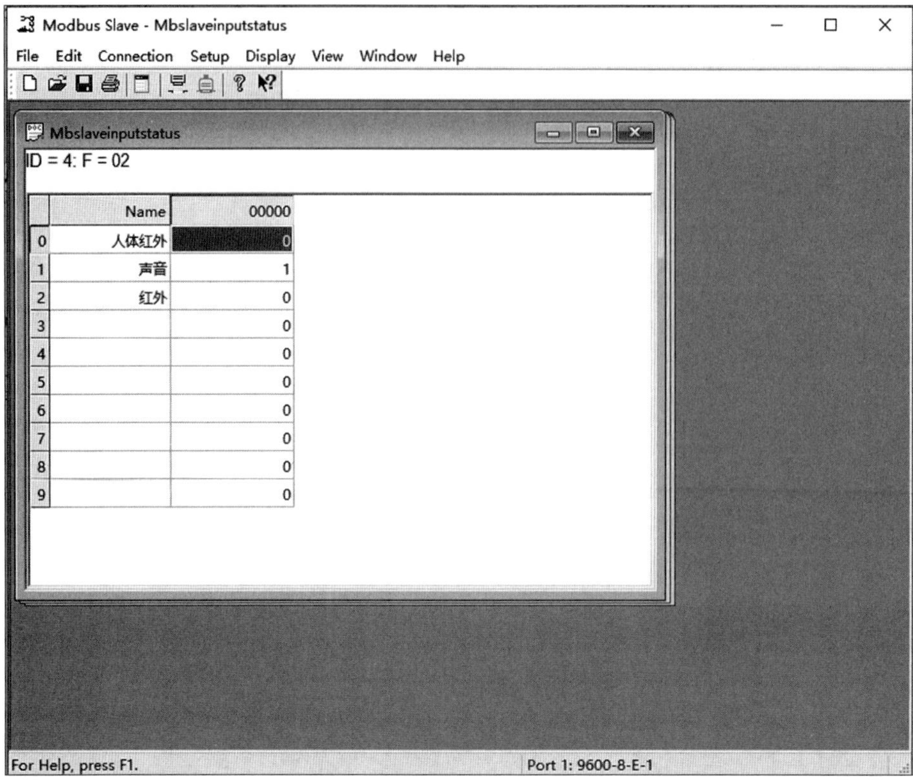
Modbus Slave - Mbslaveinputstatus
File Edit Connection Setup Display View Window Help
Mbslaveinputstatus
ID = 4: F = 02
Name
00000
人体红外
声音
红外
For Help, press F1.
Port 1: 9600-8-E-1

图 7 – 35

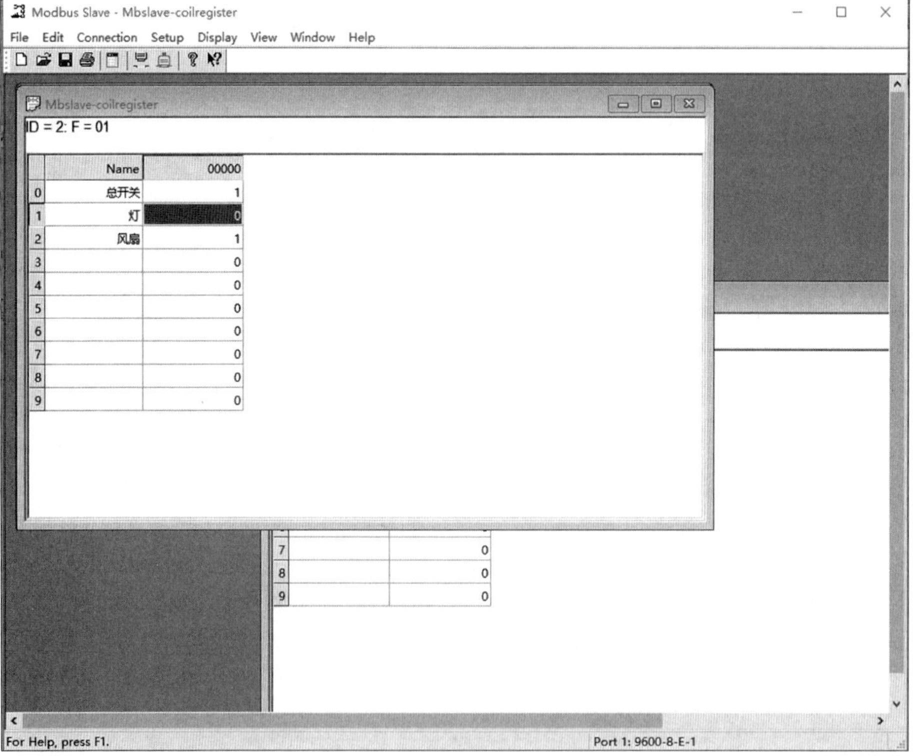
Modbus Slave - Mbslave-coilregister
File Edit Connection Setup Display View Window Help
Mbslave-coilregister
ID = 2: F = 01
Name
00000
总开关
灯
风扇
For Help, press F1.
Port 1: 9600-8-E-1

图 7 – 36

图7－37

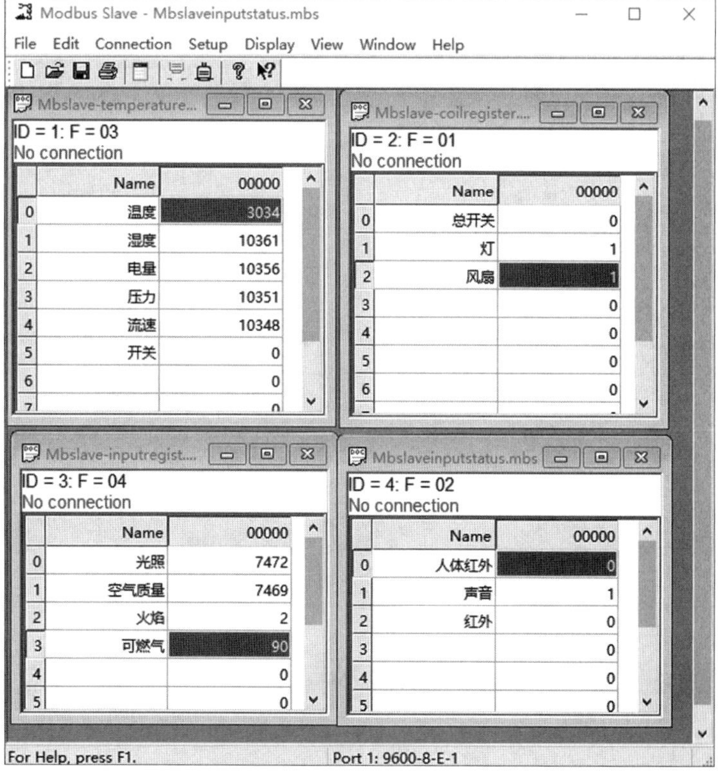

图7－38

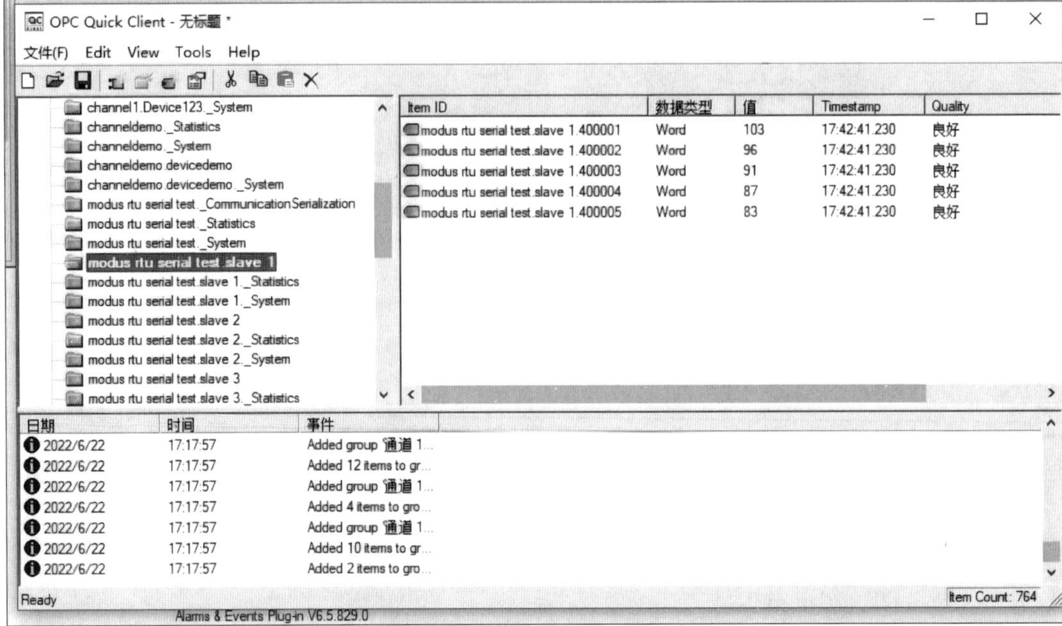
OPC Quick Client - 无标题 *
文件(F) Edit View Tools Help
channel1.Device123._System
channeldemo._Statistics
channeldemo._System
channeldemo.devicedemo
channeldemo.devicedemo._System
modus rtu serial test._CommunicationSerialization
modus rtu serial test._Statistics
modus rtu serial test._System
modus rtu serial test.slave 1
modus rtu serial test.slave 1._Statistics
modus rtu serial test.slave 1._System
modus rtu serial test.slave 2
modus rtu serial test.slave 2._Statistics
modus rtu serial test.slave 2._System
modus rtu serial test.slave 3
modus rtu serial test.slave 3._Statistics
Item ID | 数据类型 | 值 | Timestamp | Quality
modus rtu serial test.slave 1.400001 | Word | 103 | 17:42:41.230 | 良好
modus rtu serial test.slave 1.400002 | Word | 96 | 17:42:41.230 | 良好
modus rtu serial test.slave 1.400003 | Word | 91 | 17:42:41.230 | 良好
modus rtu serial test.slave 1.400004 | Word | 87 | 17:42:41.230 | 良好
modus rtu serial test.slave 1.400005 | Word | 83 | 17:42:41.230 | 良好
日期 | 时间 | 事件
2022/6/22 | 17:17:57 | Added group '通道 1...
2022/6/22 | 17:17:57 | Added 12 items to gr...
2022/6/22 | 17:17:57 | Added group '通道 1...
2022/6/22 | 17:17:57 | Added 4 items to gro...
2022/6/22 | 17:17:57 | Added group '通道 1...
2022/6/22 | 17:17:57 | Added 10 items to gr...
2022/6/22 | 17:17:57 | Added 2 items to gro...
Ready
Item Count: 764
Alarms & Events Plug-in V6.5.829.0

图 7－39

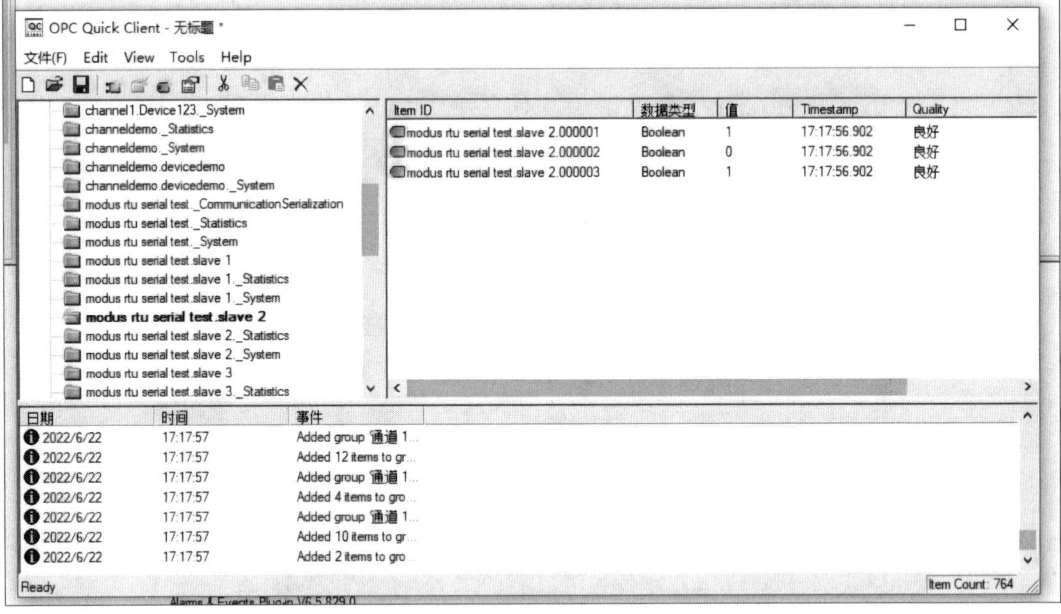
OPC Quick Client - 无标题 *
文件(F) Edit View Tools Help
channel1.Device123._System
channeldemo._Statistics
channeldemo._System
channeldemo.devicedemo
channeldemo.devicedemo._System
modus rtu serial test._CommunicationSerialization
modus rtu serial test._Statistics
modus rtu serial test._System
modus rtu serial test.slave 1
modus rtu serial test.slave 1._Statistics
modus rtu serial test.slave 1._System
modus rtu serial test.slave 2
modus rtu serial test.slave 2._Statistics
modus rtu serial test.slave 2._System
modus rtu serial test.slave 3
modus rtu serial test.slave 3._Statistics
Item ID | 数据类型 | 值 | Timestamp | Quality
modus rtu serial test.slave 2.000001 | Boolean | 1 | 17:17:56.902 | 良好
modus rtu serial test.slave 2.000002 | Boolean | 0 | 17:17:56.902 | 良好
modus rtu serial test.slave 2.000003 | Boolean | 1 | 17:17:56.902 | 良好
日期 | 时间 | 事件
2022/6/22 | 17:17:57 | Added group '通道 1...
2022/6/22 | 17:17:57 | Added 12 items to gr...
2022/6/22 | 17:17:57 | Added group '通道 1...
2022/6/22 | 17:17:57 | Added 4 items to gro...
2022/6/22 | 17:17:57 | Added group '通道 1...
2022/6/22 | 17:17:57 | Added 10 items to gr...
2022/6/22 | 17:17:57 | Added 2 items to gro...
Ready
Item Count: 764

图 7－40

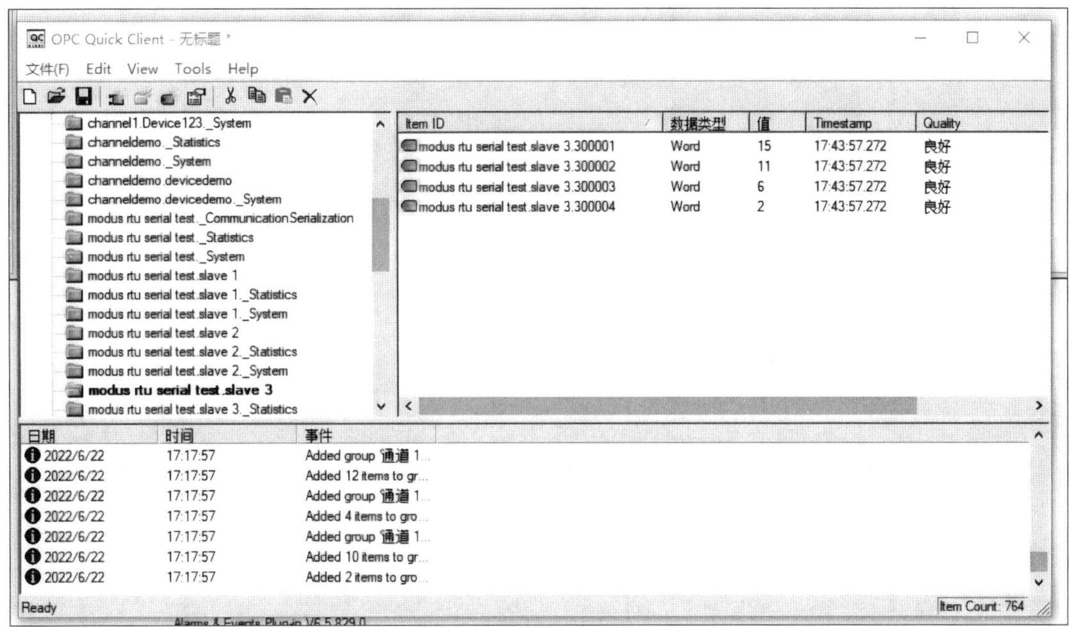

图7－41

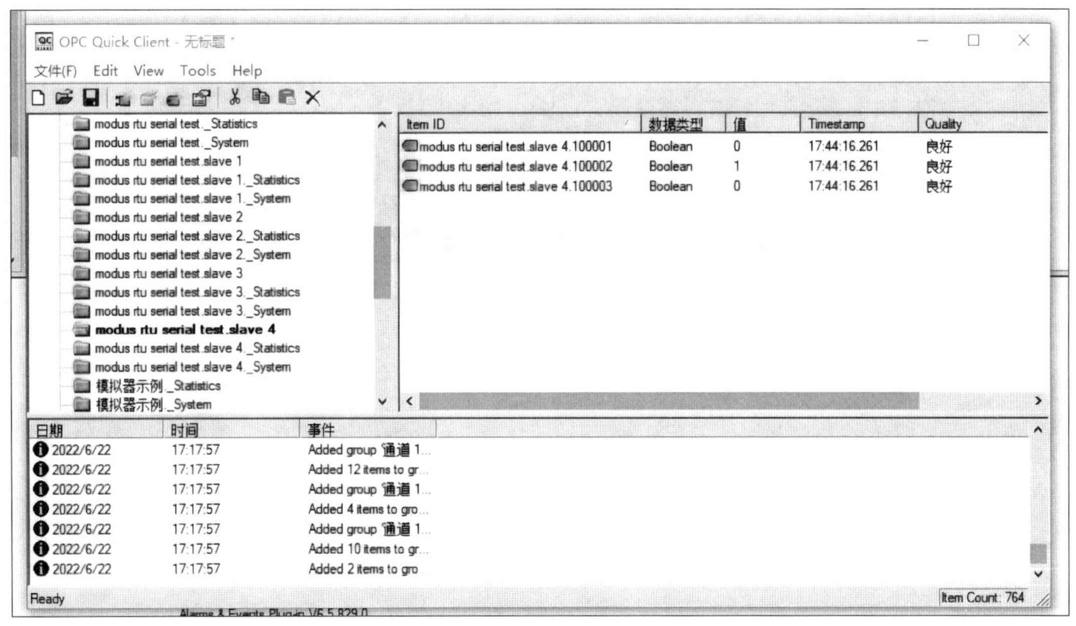

图7－42

步骤3：ThingsBoard平台添加建立网关设备

此步骤与任务4中相同，操作步骤如图7－43～图7－45所示，在ThingsBoard平台的设备界面依次单击“添加设备”→“添加新设备”，在弹出的界面，填写名称“opc ua网关”，设备配置选择“default”，勾选“是否网关”复选框，然后单击“下一个：凭据”按钮，在界面中填写访问令牌为“gw－test－opcua”，最后单击“添加”按钮，完成网关设备的建立。

添加新设备
设备详细信息
凭据
Optional
客户
Optional
名称 *
opcua网关
标签
设备配置 *
选择已有设备配置
default
新建设备配置
是否网关
覆盖已连接设备的活动时间
说明
下一个：凭据
取消
添加

图 7－43

添加新设备
设备详细信息
凭据
Optional
客户
Optional
添加凭据
凭据类型
Access token
访问令牌 *
gw-test-opcua
后退
下一个：客户
取消
添加

图 7－44

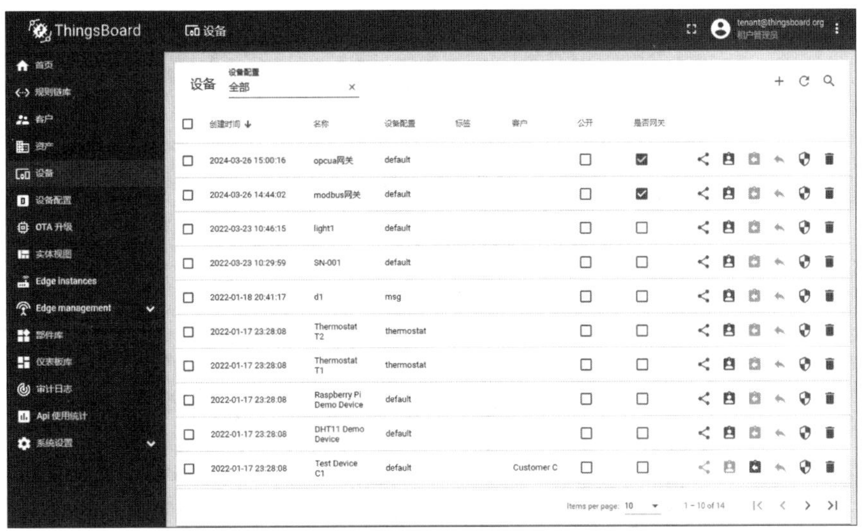

图 7 – 45

步骤 4：配置 ThingsBoard Gateway

在虚拟机中，进入 ThingsBoard Gateway 源文件所在的文件夹，修改 tb_gateway. yml 文件，配置内容如图 7 – 46 所示。其中，host 为 ThingsBoard 平台所在主机的 IP 地址，本实例中，ThingsBoard 和 ThingsBoard Gateway 都部署在同一台虚拟机上，因此为“127. 0. 0. 1”，当 ThingsBoard 和 ThingsBoard Gateway 不在同一台虚拟机时，此处为具体的 IP 地址；accessToken 填写“gw – test – opcua”，后续任务中，ThingsBoard 平台添加建立网关设备时，网关设备的访问令牌需与此处一致；连接器类型根据接入设备所用协议进行配置，这里基于 OPC UA 接入，因此配置为 OPC UA 的接入器类型，其他类型先默认注释掉；最后，打开 opcua. json 文件，内容如图 7 – 47 所示，添加电池电量、温湿度、人体红外灯对应的功能码和寄存器地址，并将 host 后的 IP 地址修改为 KepServerEx 所在主机的 IP 地址。完成后，运行 ThingsBoard Gateway，按如图 7 – 48 和图 7 – 49 所示的示例修改 Modbus Slave 软件中相关寄存器的值，当 Thingsboard 平台出现如图 7 – 50、图 7 – 51 和图 7 – 52 所示的信息时，说明配置成功。读者也可以修改 Modbus Slave 软件中其他寄存器的值，观察 ThingsBoard 平台界面实时数值的变化情况。

```
thingsboard:
  host: 127.0.0.1
  port: 1883
  security:
    accessToken: gw-test-opcua
storage:
  type: memory
  read_records_count: 100
  max_records_count: 100000
#  type: file
#  data_folder_path: ./data/
#  max_file_count: 10
#  max_read_records_count: 10
#  max_records_per_file: 10000
connectors:

  # -
  #   name: MQTT Broker Connector
  #   type: mqtt
  #   configuration: mqtt.json

  # -
  #   name: Modbus Connector
  #   type: modbus
  #   configuration: modbus.json

  # -
  #   name: Modbus Connector
  #   type: modbus
  #   configuration: modbus_serial.json

  -
    name: OPC-UA Connector
    type: opcua
    configuration: opcua.json

  # -
  #   name: BLE Connector
  #   type: ble
  #   configuration: ble.json

  # -
  #   name: Custom Serial Connector
  #   type: serial
  #   configuration: custom_serial.json
  #   class: CustomSerialConnector

```

图 7 – 46

```
      "type": "anonymous"
    },
    "mapping": [
      {
        "deviceNodePattern": "${ns=2;s=s-modbus.slave1}",
        "deviceNamePattern": "${ns=2;s=s-modbus.slave1._System._DeviceId}",
        "attributes": [
          {
            "key": "switch",
            "path": "${ns=2;s=s-modbus.slave1.switch}"
          }
        ],
        "timeseries": [
          {
            "key": "humidity",
            "path": "${ns=2;s=s-modbus.slave1.humidity}"
          },
          {
            "key": "batteryLevel",
            "path": "${ns=2;s=s-modbus.slave1.batterylevel}"
          },
          {
            "key": "pressure",
            "path": "${ns=2;s=s-modbus.slave1.pressure}"
          },
          {
            "key": "velocity",
            "path": "${ns=2;s=s-modbus.slave1.velocity}"
          },
          {
            "key": "temperature °C",
            "path": "${ns=2;s=s-modbus.slave1.temperature}"
          }
        ],
        "rpc_methods": [
          {
            "method": "set_value"
          }
        ],
        "attributes_updates": [
          {
            "attributeOnThingsBoard": "deviceName",
            "attributeOnDevice": "${ns=2;s=s-modbus.slave1._System._DeviceId}"
          }
        ]
      }
    ]
```

图 7－47

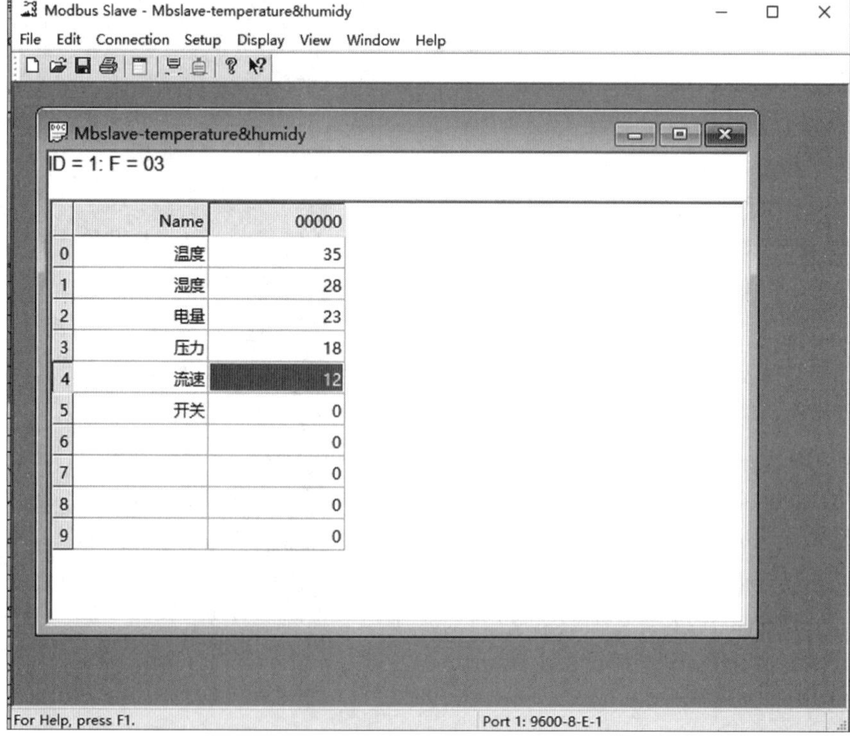

图 7－48

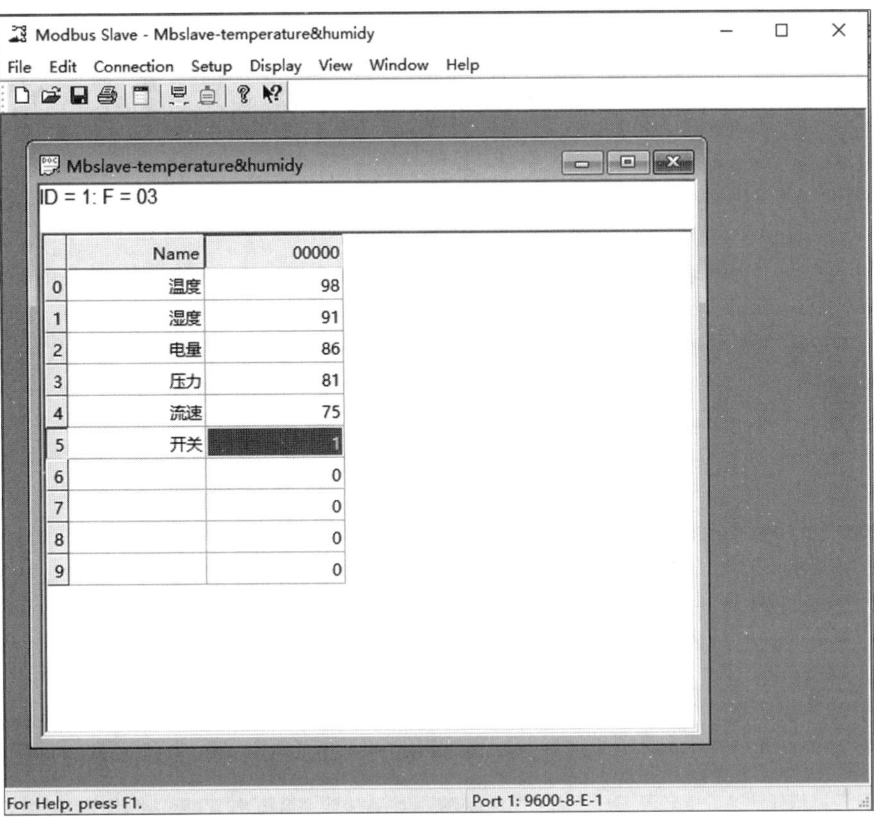

图 7 – 49

1

设备详细信息

详情　属性　最新遥测数据　警告　事件　关联　审计日志

最新遥测数据

最后更新时间	键名 ↑	价值
2022-06-24 13:37:58	batteryLevel	15
2022-06-24 13:37:58	humidity	20
2022-06-24 13:37:58	pressure	10
2022-06-24 13:37:58	temperature °C	27
2022-06-24 13:37:58	velocity	4

图 7 – 50

1

设备详细信息

详情 属性 最新遥测数据 警告 事件 关联 审计日志

最新遥测数据

	最后更新时间	键名 ↑	价值
☐	2022-06-24 13:37:58	batteryLevel	15
☐	2022-06-24 13:37:58	humidity	20
☐	2022-06-24 13:37:58	pressure	10
☐	2022-06-24 13:37:58	temperature °C	27
☐	2022-06-24 13:37:58	velocity	4

图 7-51

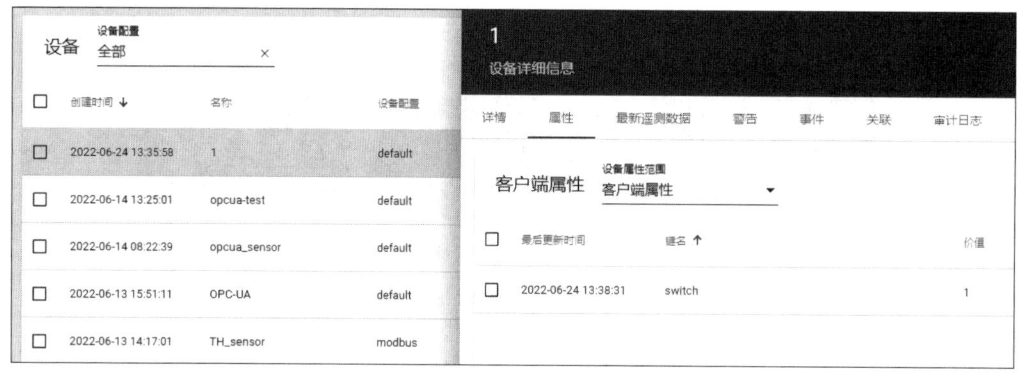

图 7-52

任务 6　数据处理设计与实现

数据处理设计与实现

本任务根据项目需求对前述任务中接入的数据进行处理，配置告警规则链，当可燃气体浓度、火警、温度出现异常时，系统进行告警；当采集值正常时，消除告警。

步骤 1：可燃气体浓度异常告警策略设置

首先，创建可燃气监测规则节点，参考项目 4 中任务 1 的步骤创建可燃气监测规则链。将“script”规则节点的脚本修改为如下框所示。即 msg. gas > 40 时返回为 True，进而驱动系统进行告警，操作步骤要点示例如图 7-53 ~ 图 7-55 所示。

```
return msg.gas > 40;
```

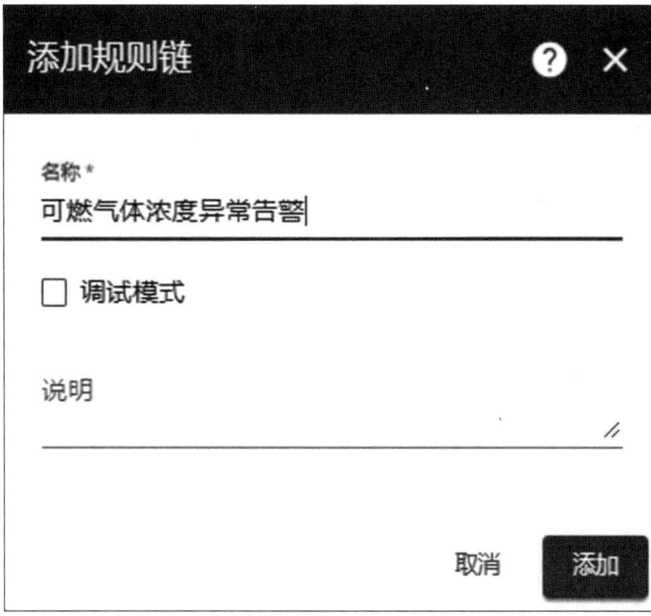

添加规则链

名称 *

可燃气体浓度异常告警

调试模式

说明

取消　添加

图 7－53

添加规则节点: script

名称 *

可燃气体浓度监测

调试模式

Filter

function Filter(msg, metadata, msgType) {

```
return msg.gas > 40;
```

}

Test filter function

说明

取消　添加

图 7－54

图 7－55

然后，创建告警规则节点，在规则链详情页中选择“动作”→“create alarm”规则节点，拖动至右侧编辑区。在弹出的规则节点配置中配置规则名称、规则脚本等信息。如果发布的可燃气体浓度不在预期范围内（过滤器脚本节点返回 True），则此节点将为消息发起方加载最新警报。“create alarm”规则脚本样例如下框中所示，配置界面如图 7－56 所示。进一步配置“script”规则节点到“create alarm”规则节点的链接，链接规则为“True”。

添加规则节点: create alarm

名称 *
可燃气体浓度超过阈值告警

调试模式

Alarm details builder

function Details(msg, metadata, msgType) {

整洁

```
var details = {};
details.gas = msg.gas;
if (metadata.prevAlarmDetails) {
    var prevDetails = JSON.parse(metadata
        .prevAlarmDetails);
    details.count = prevDetails.count+1;
}else {
    details.count = 1;
}
return details;
```

}

Test details function

Use message alarm data　Use dynamically change the severity of alarm

Alarm type *
可燃气体浓度过高

Alarm severity *
危险

Hint: use ${metadataKey} for value from metadata, $[messageKey] for value from message body

Propagate

说明

取消　添加

图 7－56

```
var details = {};
details.gas = msg.gas;
if(metadata.prevAlarmDetails){
    var prevDetails = JSON.parse(metadata.prevAlarmDetails);
    details.count = prevDetails.count + 1;
}else{
    details.count = 1;
}
return details;
```

接着，创建告警消除规则节点，在规则链详情页中选择“动作”→“clear alarm”规则节点，拖动至右侧编辑区。在弹出的规则节点配置中配置规则名称、规则脚本等信息。如果发布的可燃气体浓度在预设范围内（过滤器脚本节点返回 False），则清除最新告警。“clear alarm”规则脚本样例如下框中所示，配置界面如图 7 – 57 所示。进一步配置“script”规则节点到“clear alarm”规则节点的链接，链接规则为“False”。告警规则节点和告警消除节点配置完成后如图 7 – 58 所示。

添加规则节点: clear alarm

名称 *
可燃气体浓度过高告警消除

调试模式

Alarm details builder

function Details(msg, metadata, msgType) {

```
var details = {};
if (metadata.prevAlarmDetails) {
    details = JSON.parse(metadata.prevAlarmDetails);
    //remove prevAlarmDetails from metadata
    //    delete metadata.prevAlarmDetails;
    //now metadata is the same as it comes IN this rule node
}
details.cleared_gas = msg.gas;
return details;
```

}

整洁

Test details function

Alarm type *
可燃气体浓度过高危险

Hint: use ${metadataKey} for value from metadata, $[messageKey] for value from message body

说明

取消　添加

图 7 – 57

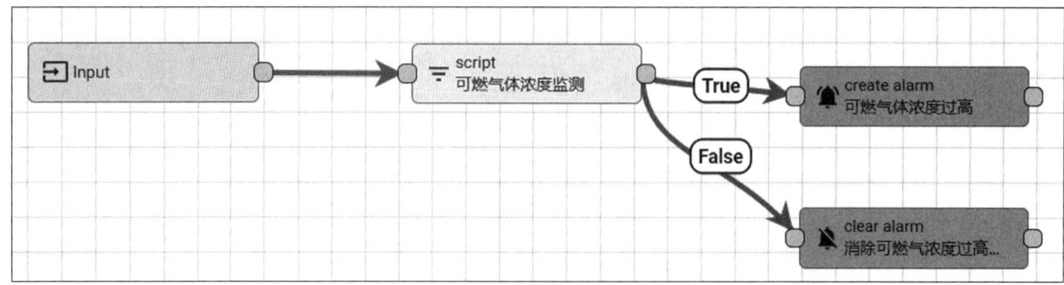

图 7－58

```
var details = {};
if(metadata.prevAlarmDetails){
    details = JSON.parse(metadata.prevAlarmDetails);
}
details.cleard_gas = msg.gas;
return details;
```

接下来，修改根规则链，参考项目 4 中任务 4 的步骤 4，在如图 7－59 所示的界面中，添加“Rule Chain”节点，并将其连接到关联类型为 True 的“Filter Script”节点。在 rule chain 中输入规则节点名称，选择规则链为本任务步骤 1 中创建的可燃气体浓度异常告警规则链。操作步骤示例如图 7－60～图 7－61 所示，配置完成后如图 7－62 所示。

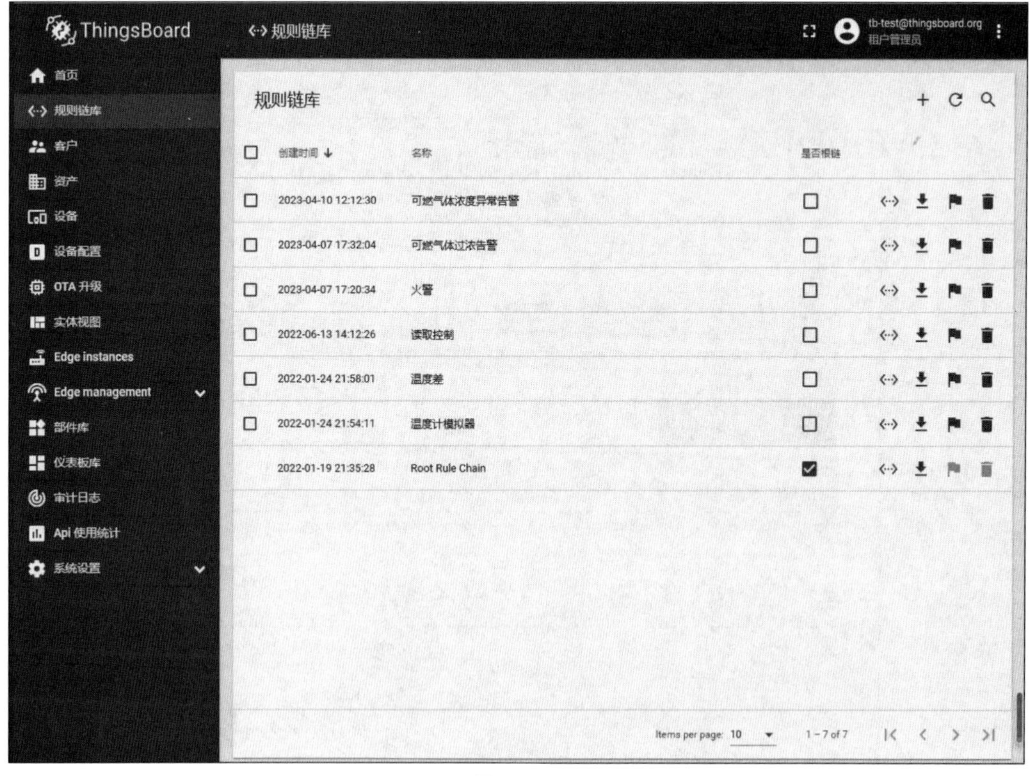

图 7－59

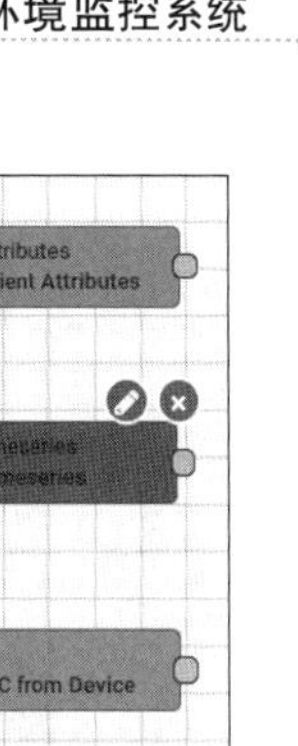

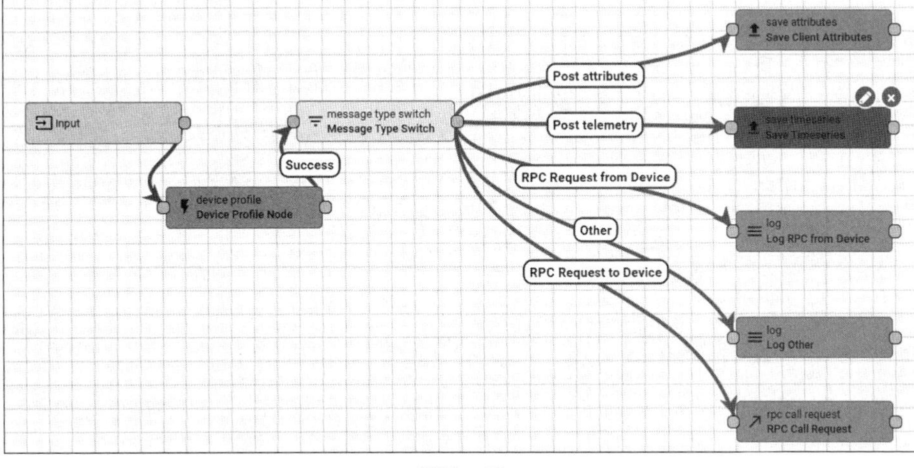

图 7 – 60

添加规则节点: rule chain

规则链 *

可燃气体浓度异常告警

说明

取消　添加

图 7 – 61

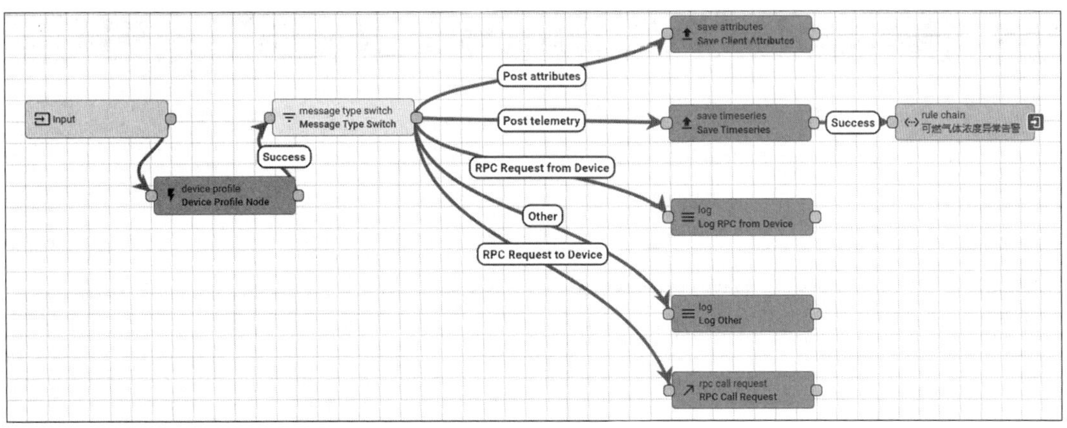

图 7 – 62

最后，进行测试验证，在 Modbus Slave 软件中设置可燃气体浓度为 50，设置界面如图 7 – 63 所示。

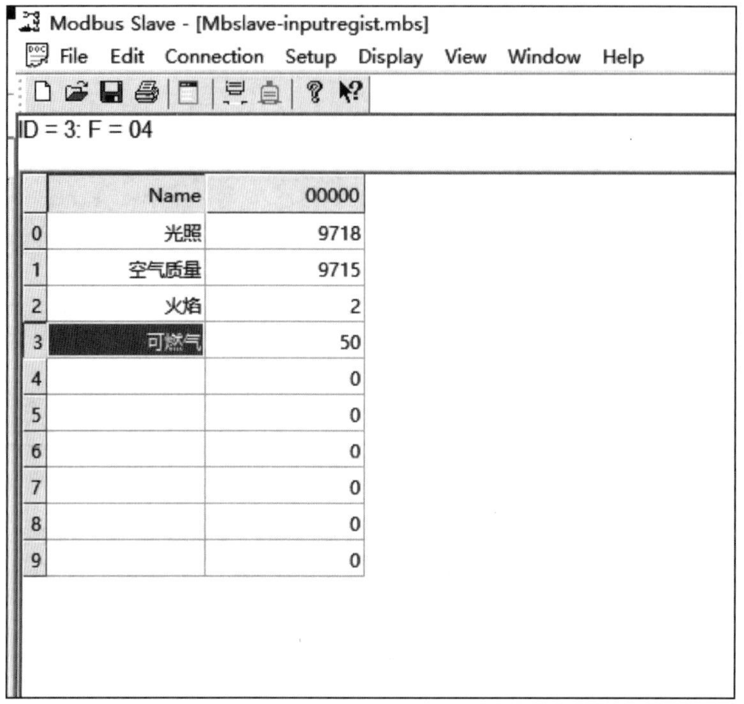

图 7－63

ThingsBoard 平台收到最新遥测数据后，展示的实时监测数据和告警信息如图 7－64 和图 7－65 所示，单击右侧“详情”按钮，弹出界面如图 7－66 所示，显示报警次数 count 为 2，说明前述告警策略设置成功。

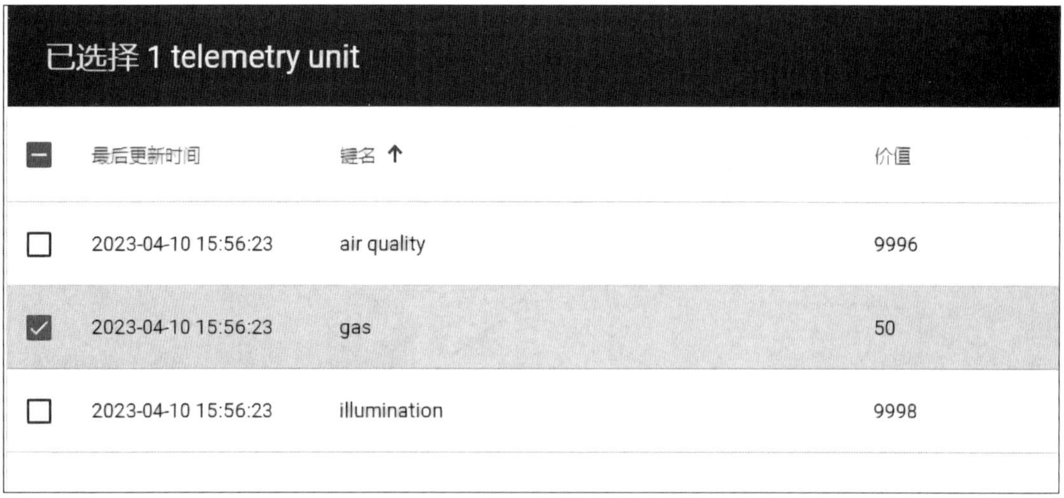

已选择 1 telemetry unit

	最后更新时间	键名 ↑	价值
☐	2023-04-10 15:56:23	air quality	9996
☑	2023-04-10 15:56:23	gas	50
☐	2023-04-10 15:56:23	illumination	9998

图 7－64

警告状态
所有
最后 30 天
创建时间
Originator
类型
严重程度
状态
详情
2023-04-10 15:50:42
3
可燃气体浓度过高
危险
Active 未确认
2023-04-10 15:44:59
3
可燃气体浓度过高
危险
清除已确认

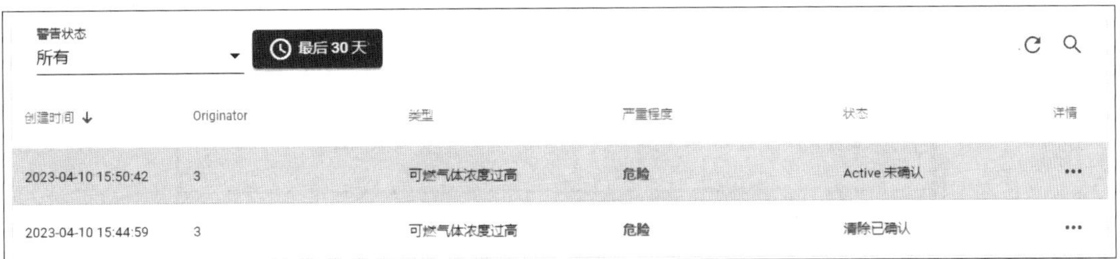

图 7 – 65

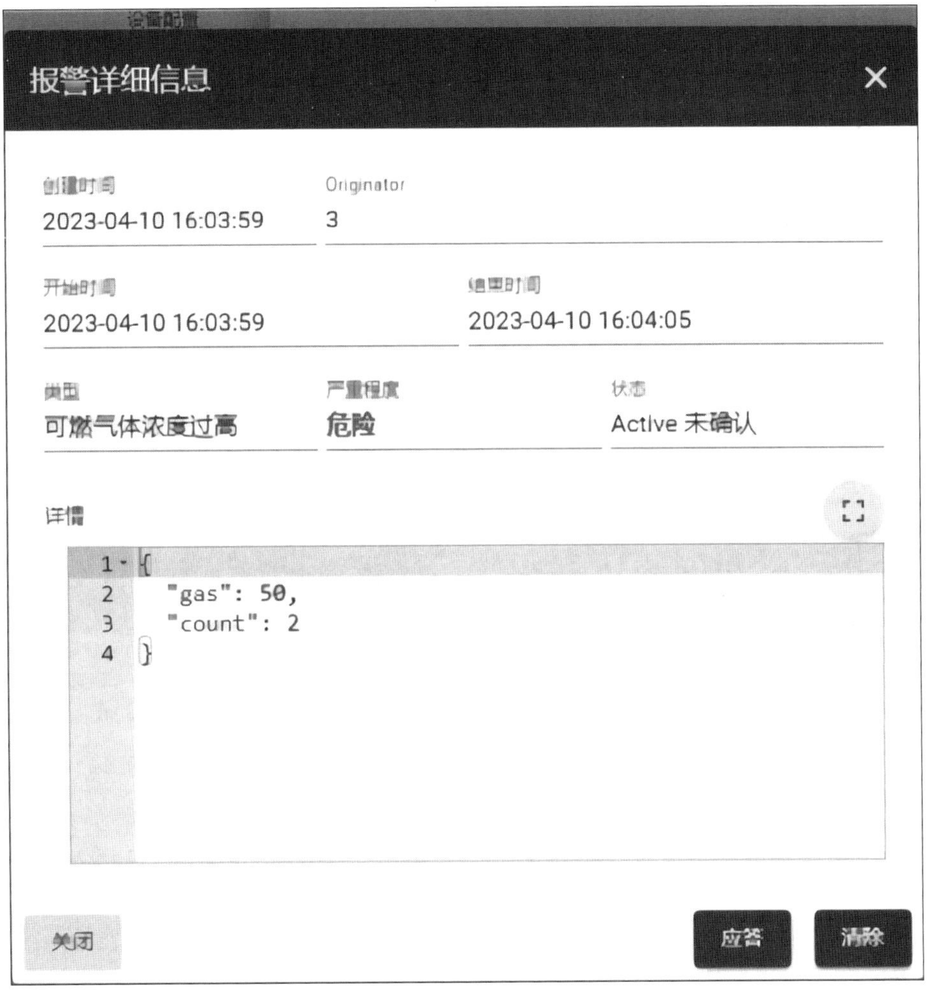

报警详细信息
创建时间
2023-04-10 16:03:59
Originator
3
开始时间
2023-04-10 16:03:59
结束时间
2023-04-10 16:04:05
类型
可燃气体浓度过高
严重程度
危险
状态
Active 未确认
详情
{
"gas": 50,
"count": 2
}
关闭
应答
清除

图 7 – 66

在 Modbus Slave 软件中设置可燃气体浓度为 30，设置界面如图 7－67 所示。

Modbus Slave - [Mbslave-inputregist.mbs]

File Edit Connection Setup Display View Window Help

ID = 3: F = 04

	Name	00000
0	光照	45
1	空气质量	39
2	火焰	2
3	可燃气	30
4		0
5		0
6		0
7		0
8		0
9		0

图 7－67

ThingsBoard 收到最新遥测数据后，最新告警信息展示“告警消除”，如图 7－68 所示。

已选择 1 telemetry unit

	最后更新时间	键名 ↑	价值
☐	2023-04-10 16:01:26	air quality	242
☑	2023-04-10 16:01:26	gas	30
☐	2023-04-10 16:01:26	illumination	248

图 7－68

步骤 2：火警告警策略设置

首先，创建火警监测规则节点，参考项目 4 中任务 1 的步骤创建一个火警监测规则链，将“script”规则节点的脚本修改为如下框所示的内容，即 msg. flame > 0 时返回为 True，进而驱动系统进行告警。各环节操作示例如图 7－69 ~ 图 7－71 所示。

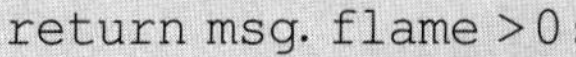

```
return msg.flame > 0;
```

添加规则链

名称 *

火警告警

调试模式

说明

取消　添加

图 7－69

图 7－70

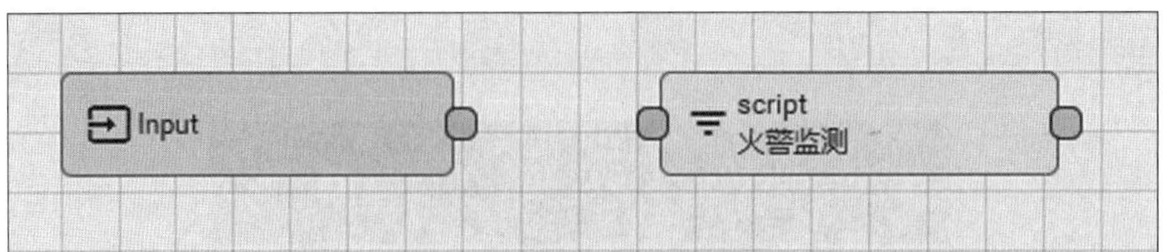

图 7－71

然后，创建告警规则节点，在规则链详情页中选择“动作”→“create alarm”规则节点，拖动至右侧编辑区，在弹出的规则节点配置中配置规则名称、规则脚本等信息。如果发布的火警监测值不在预期范围内（即前述步骤配置的过滤器脚本节点返回 True），则此节点将为消息发起方加载最新警报。“create alarm”规则脚本示例如下框中所示。完成脚本编辑后，进一步配置“script”规则节点到“create alarm”规则节点的链接，链接规则为“True”，配置过程的操作界面如图 7－72 所示。

添加规则节点: create alarm

名称 *
火警告警

调试模式

Alarm details builder

function Details(msg, metadata, msgType) {

整洁

```
var details = {};
if (metadata.prevAlarmDetails) {
    details = JSON.parse(metadata.prevAlarmDetails);
    //remove prevAlarmDetails from metadata
    delete metadata.prevAlarmDetails;
    //now metadata is the same as it comes IN this rule
        node
}

return details;
```

}

Test details function

Use message alarm data　Use dynamically change the severity of alarm

Alarm type *
火警警报

Alarm severity *
危险

Hint: use ${metadataKey} for value from metadata, $[messageKey] for value from message body

取消　添加

图 7－72

```
var details = {};
if(metadata.prevAlarmDetails){
    details = JSON.parse(metadata.prevAlarmDetails);
    //remove prevAlarmDetails from metadata
    delete metadata.prevAlarmDetails;
    //now metadata is the same as it comes IN this rule node
}
return details;
```

接着，创建告警消除规则节点，在规则链详情页中选择“动作”→“clear alarm”规则节点，拖动至右侧编辑区，在弹出的规则节点配置中配置规则名称、规则脚本等信息。如果发布的火警监测值在预设范围内（即前述步骤配置的过滤器脚本节点返回 False），则清除最新告警。“clear alarm”规则脚本样例如下框中所示，完成脚本编辑后，进一步配置“script”规则节点到“clear alarm”规则节点的链接，链接规则为“False”。配置操作过程的界面如图7-73所示，配置完成后如图7-74所示。

图7-73

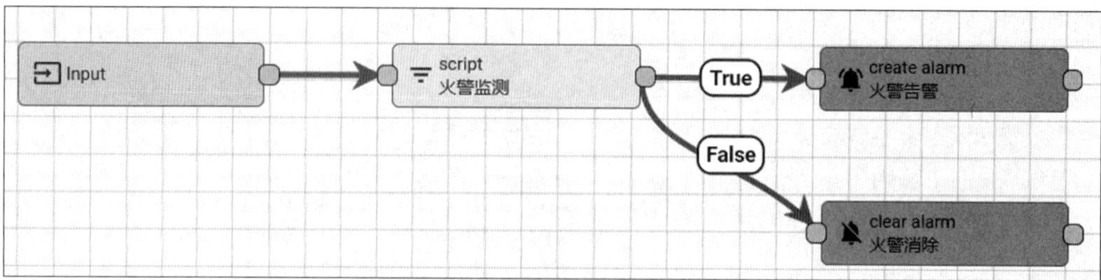

图 7－74

```
var details = {};
if(metadata.prevAlarmDetails){
    details = JSON.parse(metadata.prevAlarmDetails);
}
details.cleard_gas = msg.gas;
return details;
```

完成上述操作后，修改根规则链，参考项目 4 中任务 4 的步骤 4，添加“Rule Chain”节点，并将其连接到关联类型为 True 的“Filter Script”节点，在 rule chain 中输入规则节点名称，选择规则链为本任务步骤 2 中创建的火警告警规则链，操作示例的各环节界面如图 7－75～图 7－78 所示。

规则链库

创建时间 ↓	名称	是否根链
2023-04-11 12:01:54	温湿度异常告警	☐
2023-04-11 09:58:54	火警告警	☐
2023-04-10 12:12:30	可燃气体浓度异常告警	☐
2022-06-13 14:12:26	读取控制	☐
2022-01-24 21:58:01	温度差	☐
2022-01-24 21:54:11	温度计模拟器	☐
2022-01-19 21:35:28	Root Rule Chain	☑

Items per page: 10　1－7 of 7

图 7－75

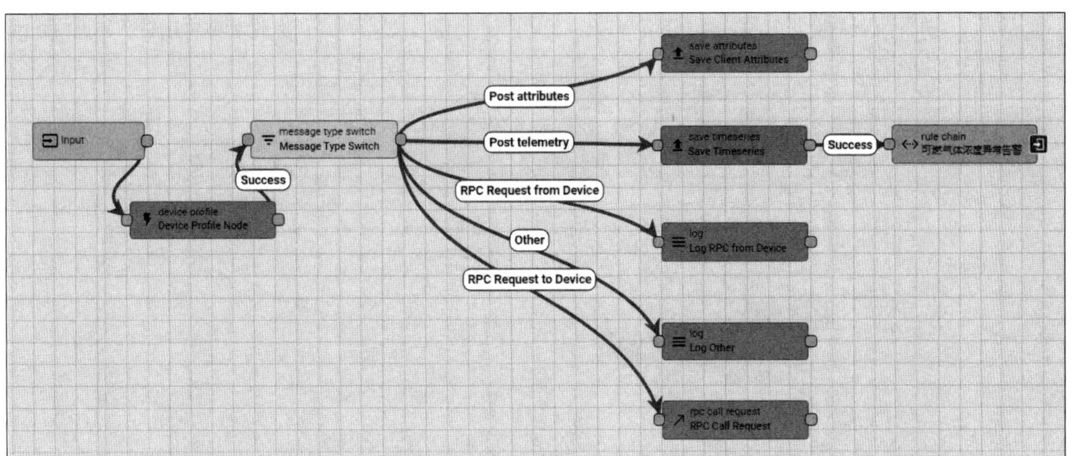

图 7 –76

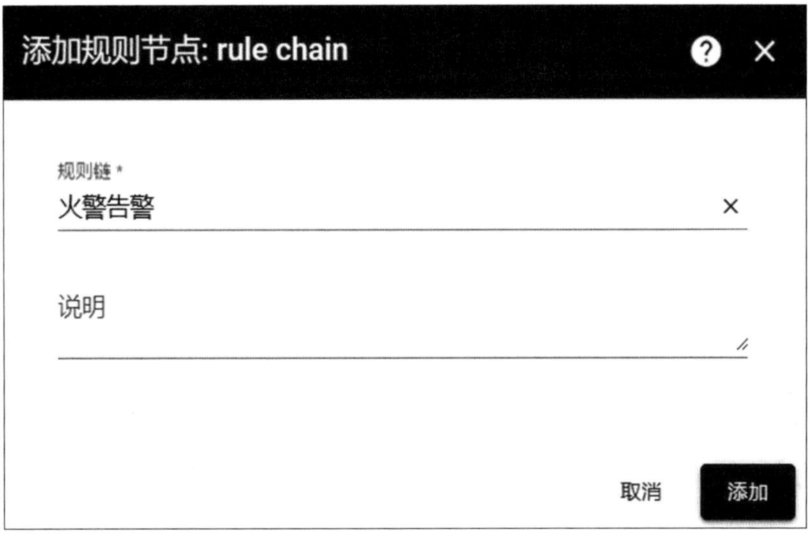

添加规则节点: rule chain

规则链 *

火警告警

说明

取消　添加

图 7 –77

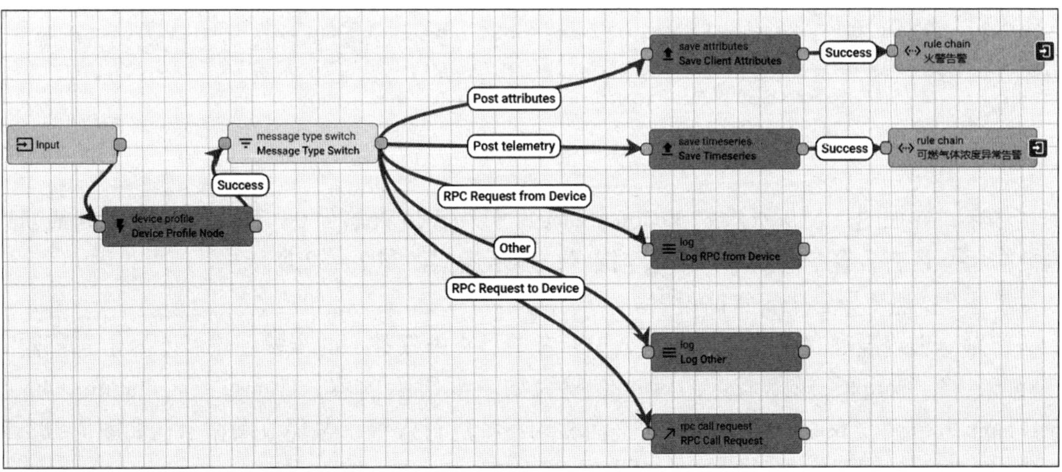

图 7 –78

最后，进行测试验证，在 Modbus Slave 软件中设置火焰为 1，设置界面如图 7－79 所示。

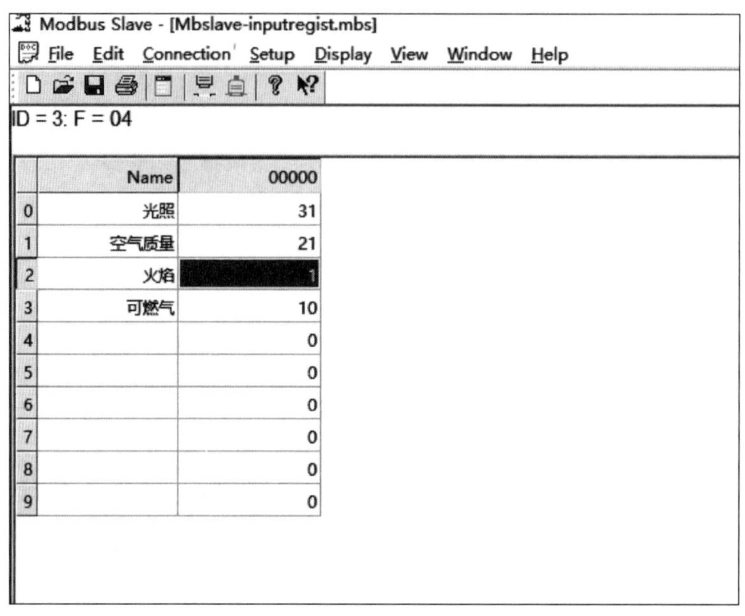

图 7－79

正常情况下，ThingsBoard 平台将收到最新遥测数据并进行展示，展示的实时监测数据和告警信息分别如图 7－80 和图 7－81 所示时，说明前述告警策略设置成功。

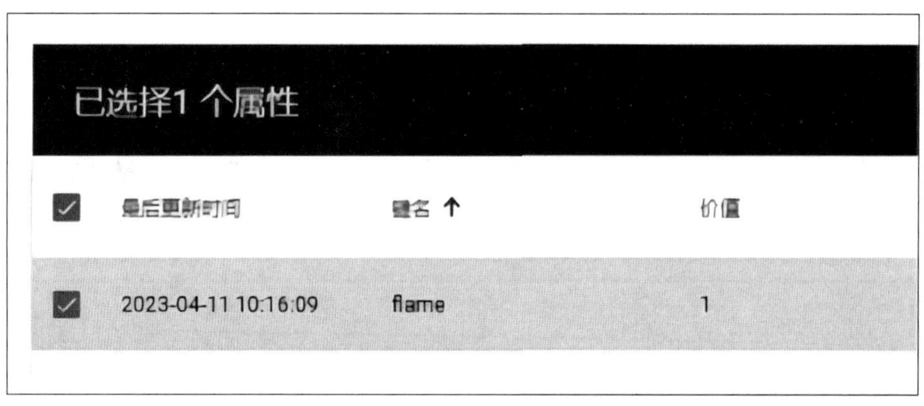

图 7－80

然后，在如图 7－79 所示的 Modbus Slave 软件中设置火焰为 0，ThingsBoard 收到最新遥测数据后，最新告警信息展示“告警消除”，显示示例如图 7－82 所示。

步骤 3：温度异常告警策略设置

首先，创建温度实时监测规则节点，参考项目 4 中任务 1 的步骤创建温度异常告警监测规则链，将“script”规则节点的脚本修改为如下框所示内容，即 msg. temperature >40 或 msg. temperature <=6 时返回为 True，进而驱动系统进行告警，各环节操作示例如图 7－83 和图 7－84 所示，配置完成后的界面如图 7－85 所示。

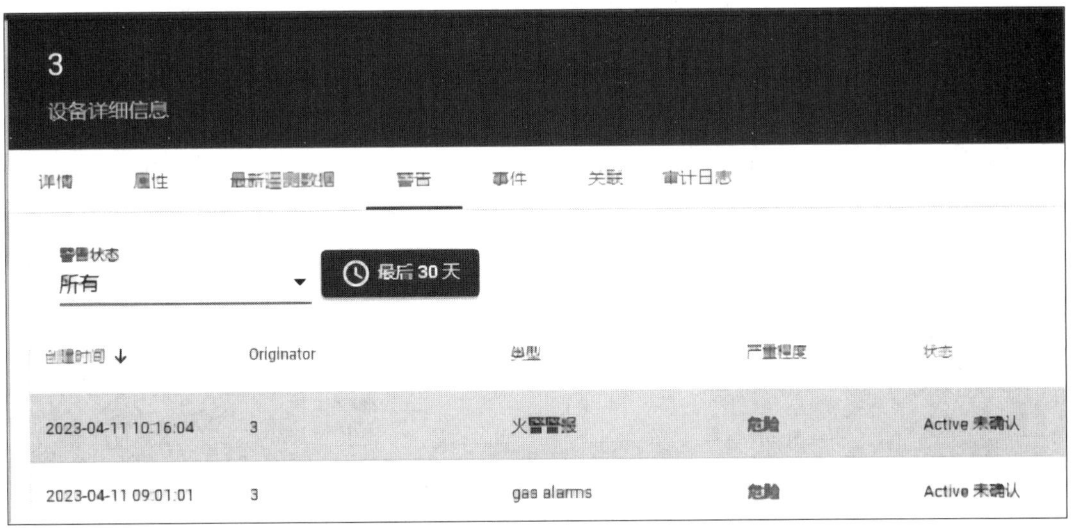

图 7－81

图 7－82

```
return msg.temperature > 40 || msg.temperature <= 6;
```

接着，创建告警规则节点，在规则链详情页中选择“动作”→“create alarm”规则节点，拖动至右侧编辑区，在弹出的规则节点配置中配置规则名称、规则脚本等信息。如果发布的温度数值不在预期范围内（即前述步骤配置的过滤器脚本节点返回 True），则此节点将为消息发起方加载最新警报，“create alarm”规则脚本样例如下框中所示，操作界面如图 7－86 所示，完成脚本编辑后，进一步配置“script”规则节点到“create alarm”规则节点的链接，链接规则为“True”。

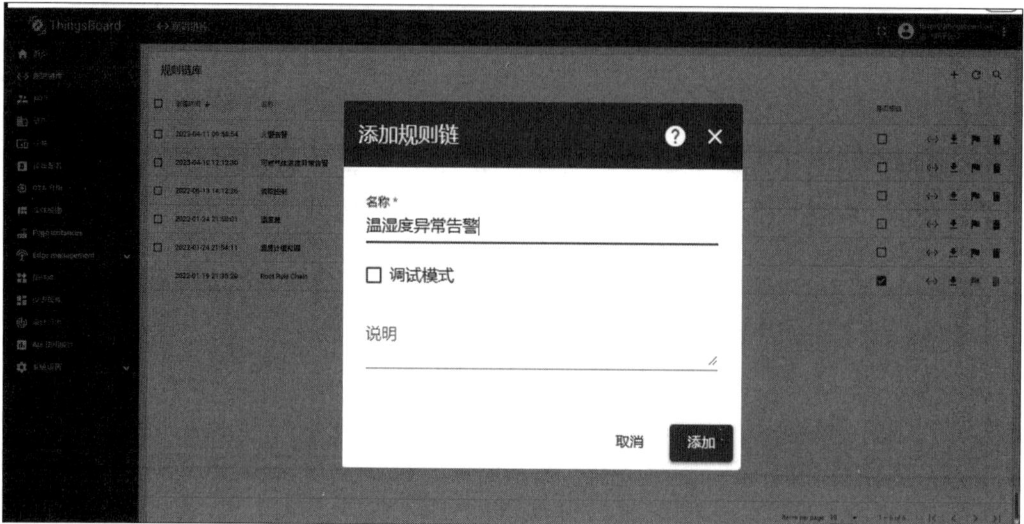

ThingsBoard
规则链库
添加规则链
名称 *
温湿度异常告警
调试模式
说明
取消
添加

图 7－83

添加规则节点: script
名称 *
温湿度实时监测
调试模式
Filter
function Filter(msg, metadata, msgType) {
整洁
1
return msg.temperature > 40 || msg.temperature <= 4 ||
msg.humidity > 60 || msg.humidity <=10;
}
Test filter function
说明
取消
添加

图 7－84

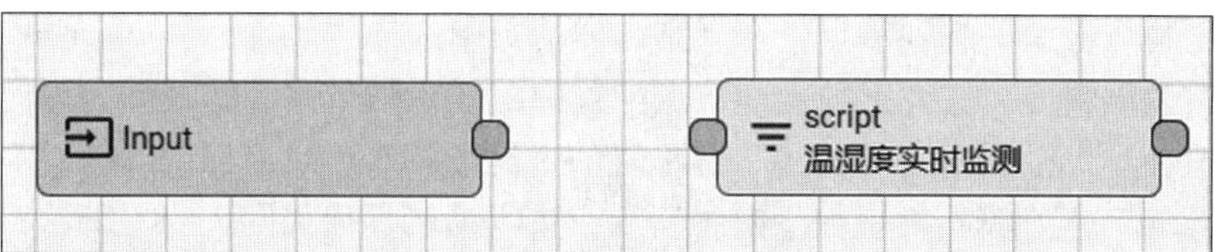

图 7 – 85

```
var details = {};
details.temperature = msg.temperature;
details.humidity = msg.humidity;
if(metadata.prevAlarmDetails){
    var prevDetails = JSON.parse(metadata.prevAlarmDetails);
    details.count = prevDetails.count + 1;
}else{
    details.count = 1;
}
return details;
```

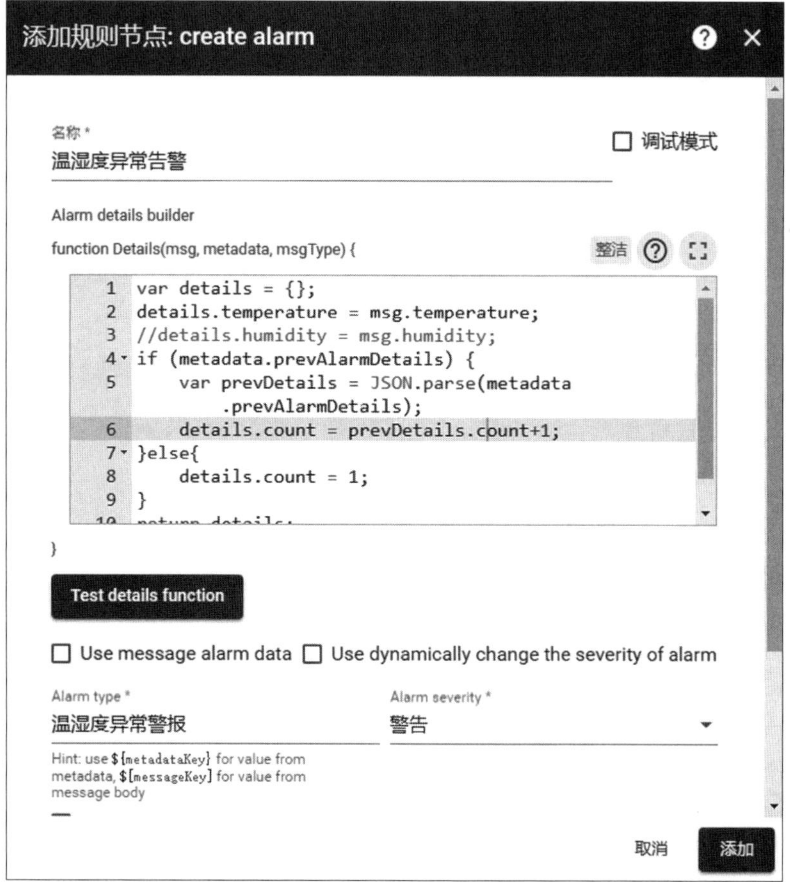

图 7 – 86

然后，创建告警消除规则节点，在规则链详情页中选择“动作”→“clear alarm”规则节点，拖动至右侧编辑区，在弹出的规则节点配置中配置规则名称、规则脚本等信息。如果发布的温度数值在预设范围内（即前述步骤配置的过滤器脚本节点返回 False），则清除最新告警。“clear alarm”规则脚本样例如下框中所示，脚本编辑界面如图 7－87 所示，完成脚本编辑后，进一步配置“script”规则节点到“clear alarm”规则节点的链接，链接规则为“False”，配置完成后的界面如图 7－88 所示。

```
var details = {};
if(metadata.prevAlarmDetails){
    details = JSON.parse(metadata.prevAlarmDetails);
}
details.cleard_temperature = msg.temperature;
details.cleard_humidity = msg.humidity;
return details;
```

图 7－87

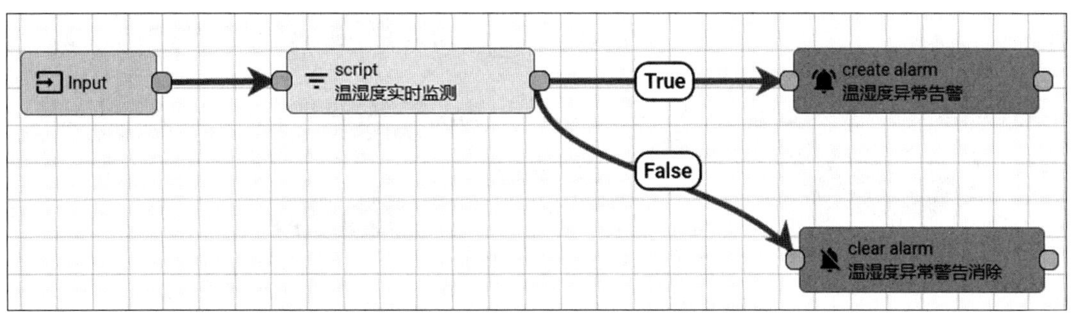

图 7－88

然后，修改根规则链，参考项目 4 中任务 4 的步骤 4，添加“Rule Chain”节点并将其链接到关联类型为 True 的“Filter Script”节点。在 rule chain 中输入规则节点名称，选择规则链为本任务步骤 3 中创建的温度异常告警规则链，各环节操作示例如图 7－89～图 7－91 所示，配置完成后如图 7－92 所示。

规则链库

创建时间 ↓	名称	是否根链
2023-04-11 12:01:54	温湿度异常告警	☐
2023-04-11 09:58:54	火警告警	☐
2023-04-10 12:12:30	可燃气体浓度异常告警	☐
2022-06-13 14:12:26	读取控制	☐
2022-01-24 21:58:01	温度差	☐
2022-01-24 21:54:11	温度计模拟器	☐
2022-01-19 21:35:28	Root Rule Chain	☑

Items per page: 10　1 – 7 of 7

图 7－89

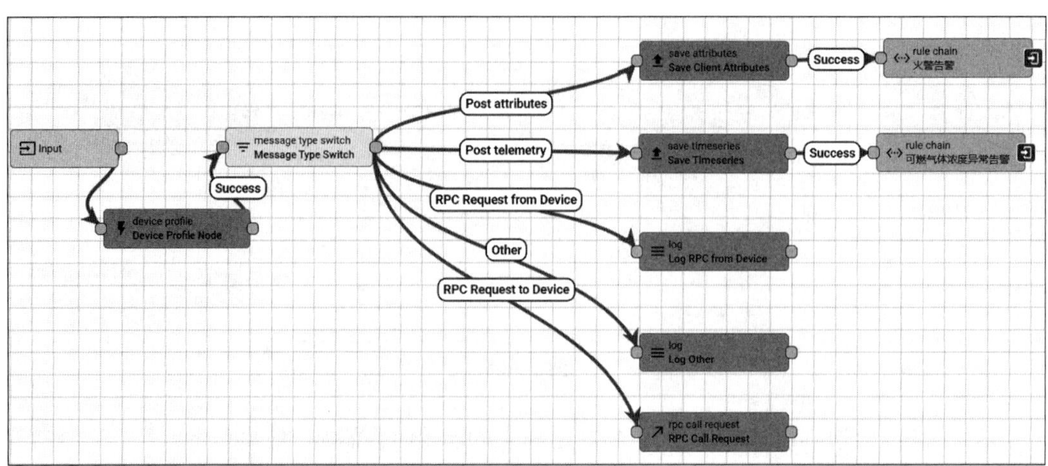

图 7－90

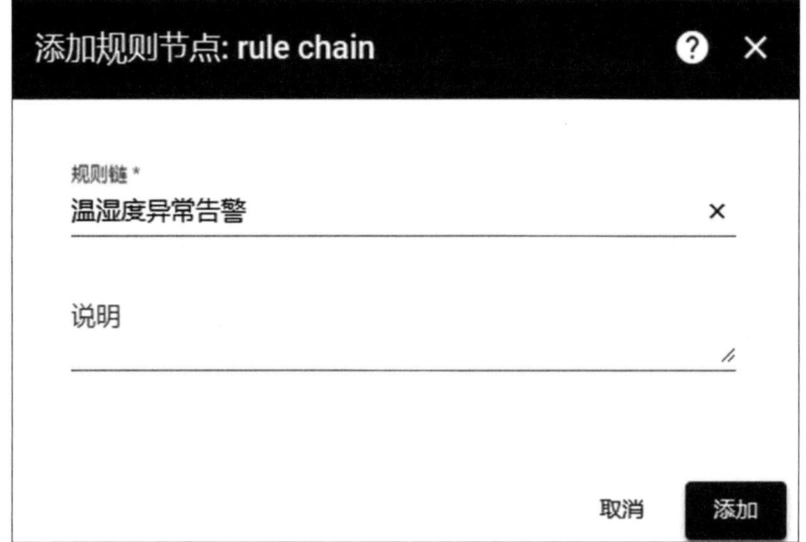

图 7－91

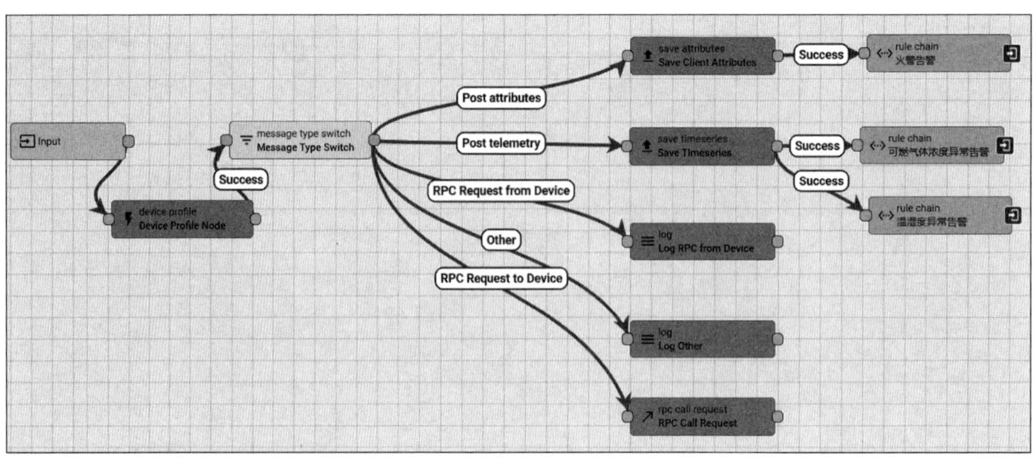

图 7－92

最后，进行测试验证，首先在如图 7－93 所示的 Modbus Slave 软件界面中，设置温度为“45”。

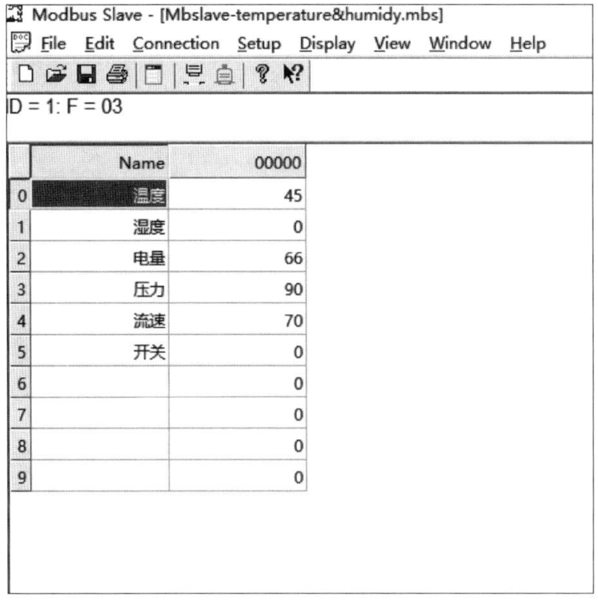

图 7－93

然后，观察 ThingsBoard 平台是否收到最新遥测数据，展示的实时监测数据和告警信息如图 7－94 和图 7－95 所示，说明前述告警策略设置成功。

1

设备详细信息

详情　属性　最新遥测数据　警告　事件　关联　审计日志

已选择 1 telemetry unit

	最后更新时间	键名 ↑	价值
☐	2023-04-11 12:22:51	batteryLevel	66
☐	2023-04-11 12:22:51	humidity	0
☐	2023-04-11 12:22:51	pressure	90
☑	2023-04-11 12:22:51	temperature °C	45
☐	2023-04-11 12:22:51	velocity	70

图 7－94

图 7－95

任务 7　可视化配置

可视化配置

本任务基于前述任务成果，进行数据可视化配置，对大棚环境和机房进行监控，并实现监控应用的发布。

步骤 1：创建智慧农场的资产信息

单击左侧的“资产”栏目，进入“资产”配置页面，在配置页面上单击“＋”按键，选择“添加新资产”选项。在弹出的资产添加页面，填写资产名称“大棚”和资产类型“农场”，操作界面如图 7－96 所示，填写完成后，单击“添加”按钮，大棚资产成功添加

添加资产

名称 *

大棚

资产类型 *

农场

标签

说明

取消　添加

图 7－96

后，资产列表页如图 7 – 97 所示，信息栏将出现刚添加的资产信息。按相同步骤操作，添加机房的农场资产信息，操作界面如图 7 – 98 所示，添加完成后，资产列表页如图 7 – 97 所示，表示农场的大棚和机房资产均成功添加。

资产　资产类型 全部

创建时间	名称	资产类型	标签	客户	公开
2023-04-19 17:20:45	机房	农场		Public	☑
2023-04-19 17:19:51	大棚	农场		Public	☑
2022-01-24 21:41:27	仓库A	仓库			☐
2022-01-19 21:36:45	Main_tb-ub20lts	TbServiceQueue			☐

图 7 – 97

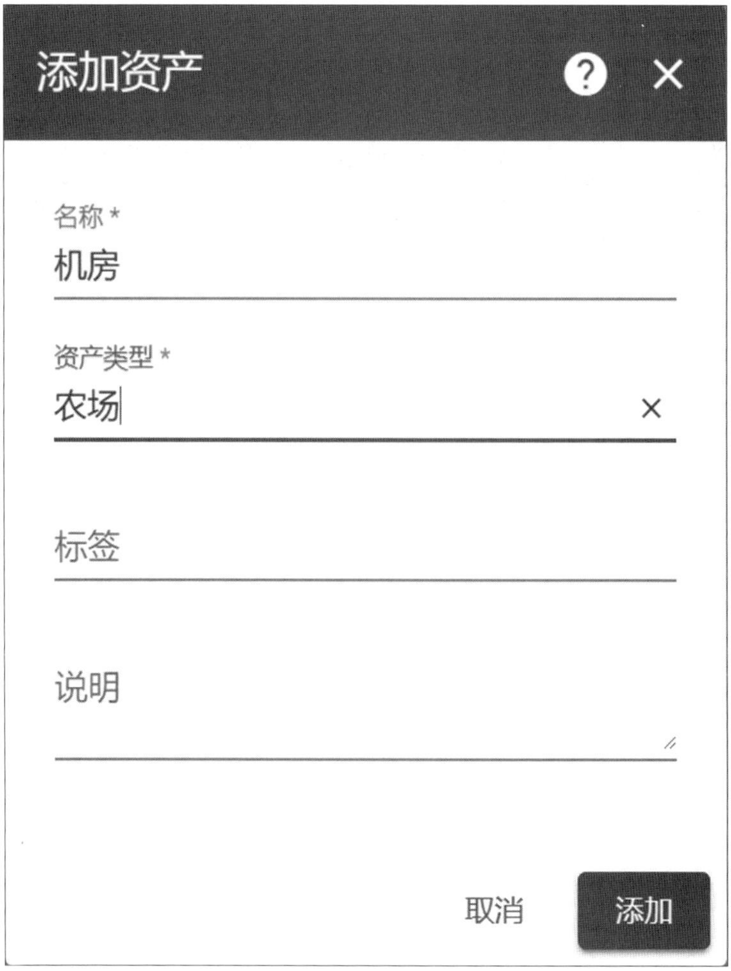

添加资产

名称 *
机房

资产类型 *
农场

标签

说明

取消　添加

图 7 – 98

步骤 2：定义资产和设备的关系

单击左侧的“资产”栏目，找到“大棚”的资产，单击后，进入如图 7－99 所示的“大棚”的资产详情页面，在资产详情页单击“关联”页签，并单击下方的“＋”按键，创建新的关联关系，在弹出的如图 7－100 所示的“添加关联”页面中，关联类型选择“Contains”，选择关联到实体，实体类型为“设备”，找到前述任务中自动创建的设备“1”，单击“添加”按钮，添加成功后如图 7－101 所示，表示已经成功创建了资产和设备的关联

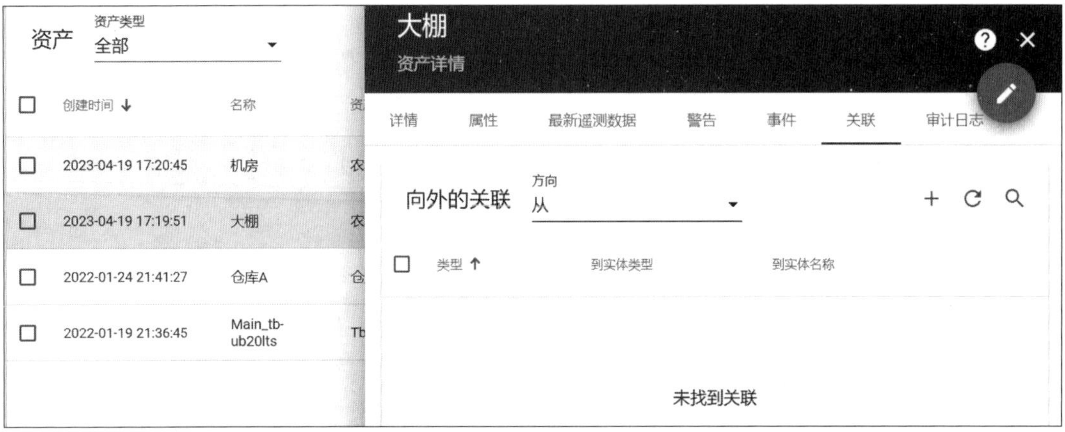

图 7－99

图 7－100

关系，即大棚和相关设备的关联关系。接着，进行同样步骤的操作，对机房和设备 2、3 进行关联，添加环节的操作界面如图 7－102 所示，操作成功后，显示如图 7－103 所示的信息。

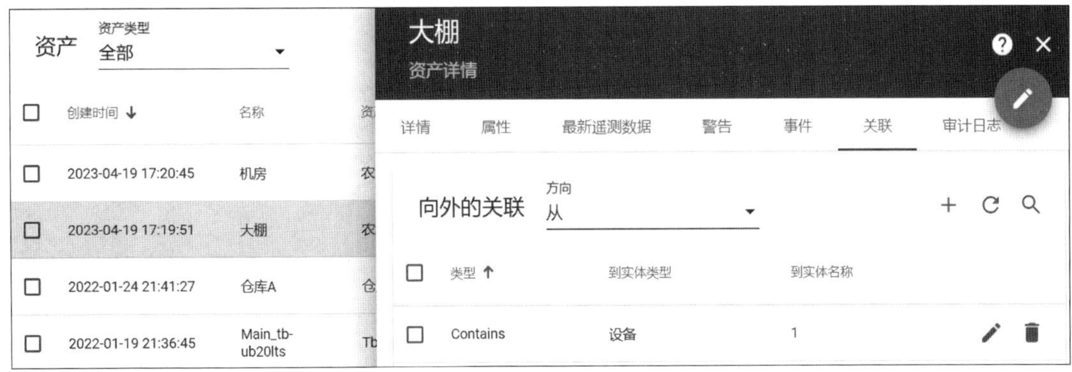

图 7－101

图 7－102

步骤 3：添加大棚环境监测仪表板

单击左侧“仪表板库”标签，在如图 7－104 所示的界面中，单击右上角“＋”按键，在弹出的对话框中单击“创建新的仪表板”按钮，在弹出的如图 7－105 所示的对话框中填写标题“智慧农场大棚监控”后，单击“添加”按钮，成功后，在仪表板库中可见到标题为“智慧农场大棚监控”的信息，界面如图 7－106 所示。

图 7－103

图 7－104

图 7－105

仪表板库

☐	创建时间 ↓	标题	分配给客户	公开
☐	2024-03-27 11:02:29	智慧农场大棚监控		☐

图 7 – 106

完成添加后，单击“打开仪表板”按键，进入如图 7 – 107 所示的仪表板详情页，在该界面中单击“添加新的部件”，在弹出的“选择部件包”界面中，如图 7 – 108 所示选择“Analogue gauges”部件，在弹出“选择部件”界面中，如图 7 – 109 所示选择“Temperature radial gauge”部件，在弹出的如图 7 – 110 所示的“添加部件”对话框中，进行添加实体的操作，首先单击“创建一个新的”按键，在如图 7 – 111 所示的界面中添加新实体别名，别名为“大棚环境监测”，筛选器类型选择“单个实体”，类型选择“设备”，设备选择“1”，最后单击“添加”按钮，回到“添加部件”界面，在该界面中选择具体要展示的信息，这里选择“temperature”，操作过程如图 7 – 112 所示，成功后界面如图 7 – 113 所示，至此，大棚实时温度监测的部件已成功添加。参考此步骤，添加相同部件，显示大棚的实时湿度信息，全部添加完成后，如图 7 – 113 所示。

图 7 – 107

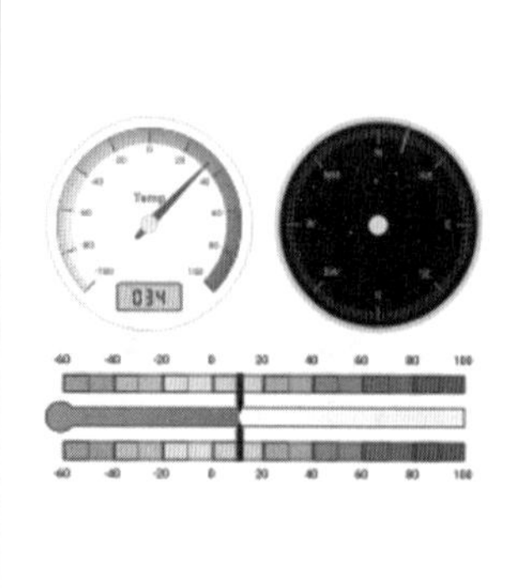

Analogue gauges

系统

Display temperature, humidity, speed, and other latest values on various analog gauge widgets.

图 7 – 108

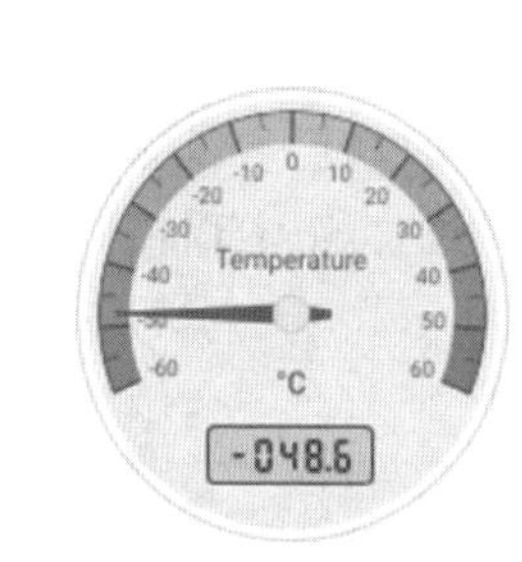

Temperature radial gauge

最新值

Preconfigured gauge to display temperature. Allows to configure temperature range, gradient colors and other settings.

图 7 – 109

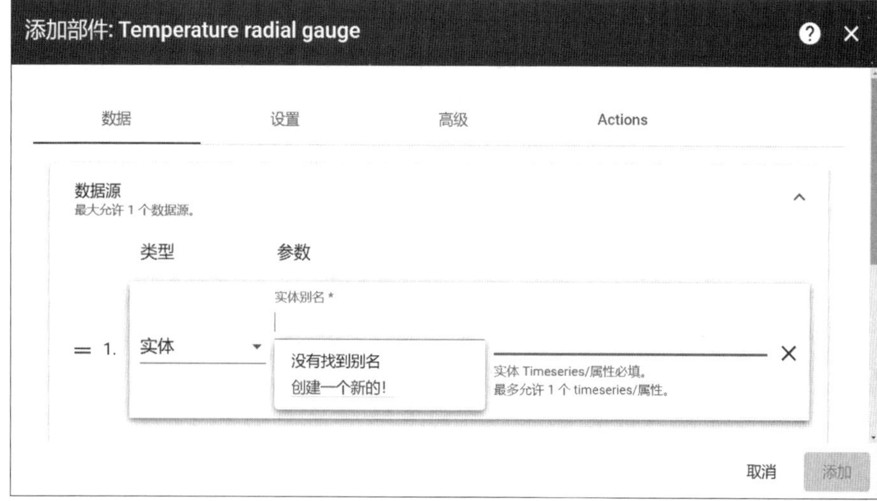

图 7 – 110

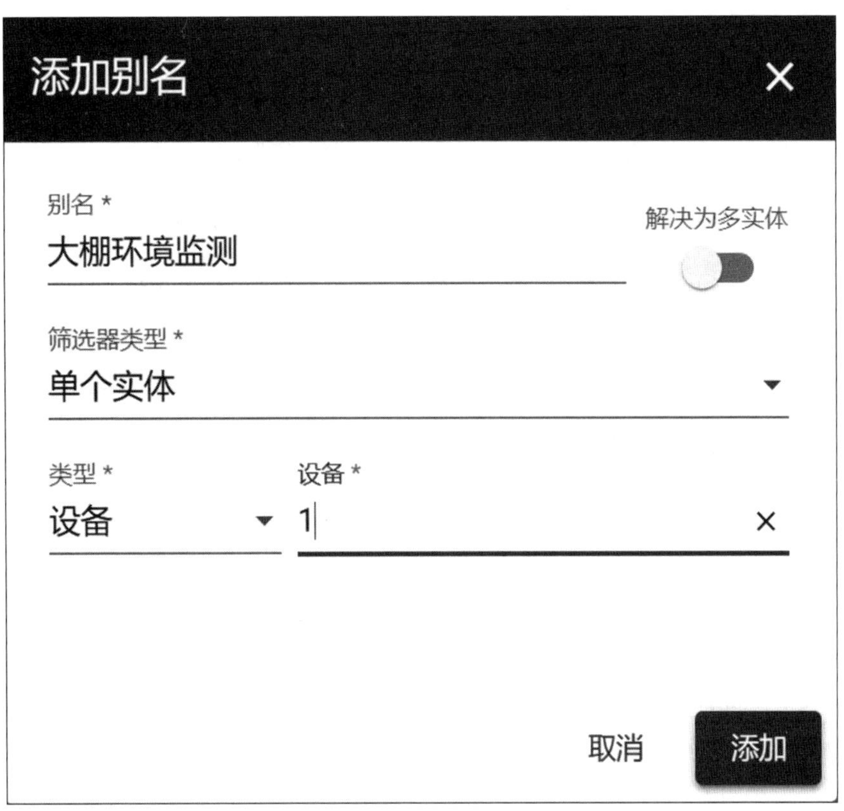
添加别名
别名 *
大棚环境监测
解决为多实体
筛选器类型 *
单个实体
类型 *
设备
设备 *
1
取消
添加

图 7－111

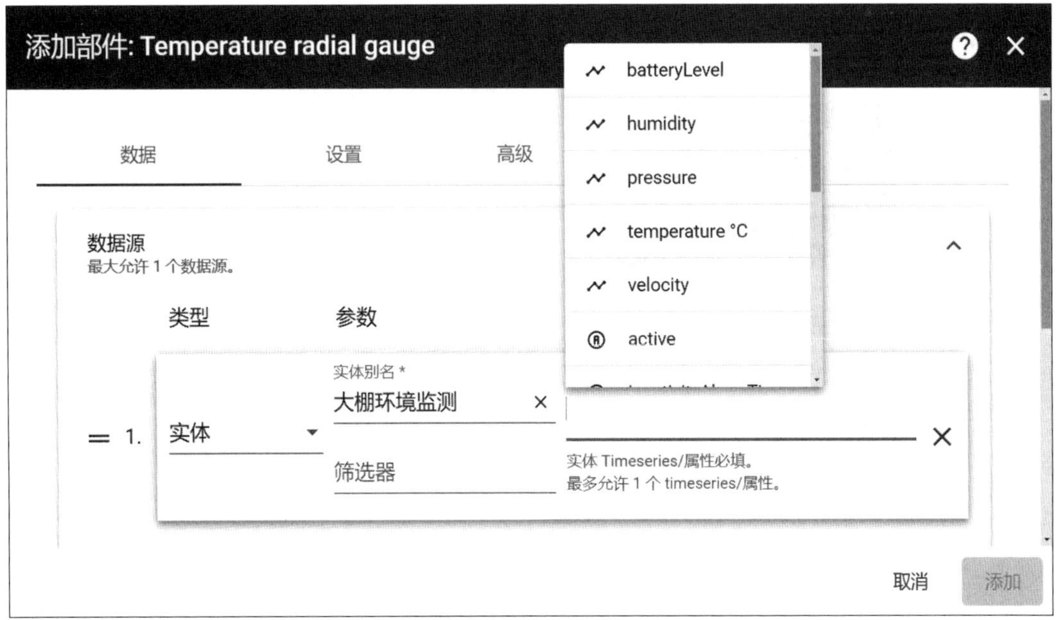
添加部件: Temperature radial gauge
数据
设置
高级
数据源
最大允许 1 个数据源。
类型
参数
实体别名 *
大棚环境监测
1.
实体
筛选器
batteryLevel
humidity
pressure
temperature °C
velocity
active
实体 Timeseries/属性必填。
最多允许 1 个 timeseries/属性。
取消
添加

图 7－112

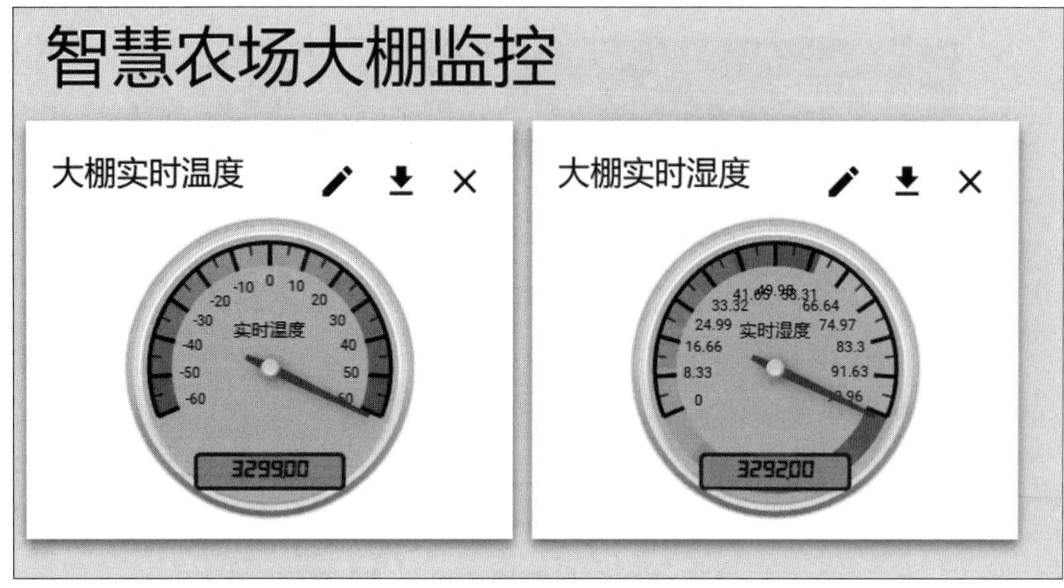

图 7－113

参照上述步骤，创建展示设备电量信息的新部件，在如图 7－114 所示的“选择部件包”界面选择“Digital gauges”部件包，在如图 7－115 所示的“Digital gauges：选择部件”界面，选择“Digital vertical bar”部件，在弹出的对话框中选择前述步骤创建好的“大棚环境监测”实体，从可选项中选择“batteryLevel”，操作结果如图 7－116 所示，在如图 7－117 所示的“高级”标签页，修改最大值和最小值，最后单击“添加”按钮，完成设备电量信息部件的添加。

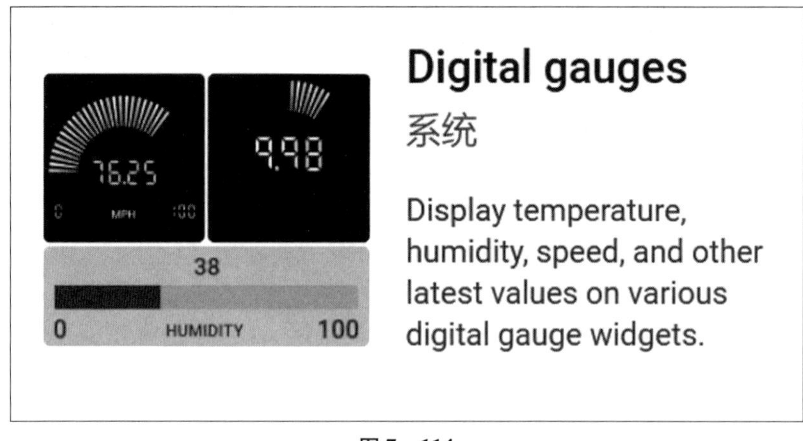

图 7－114

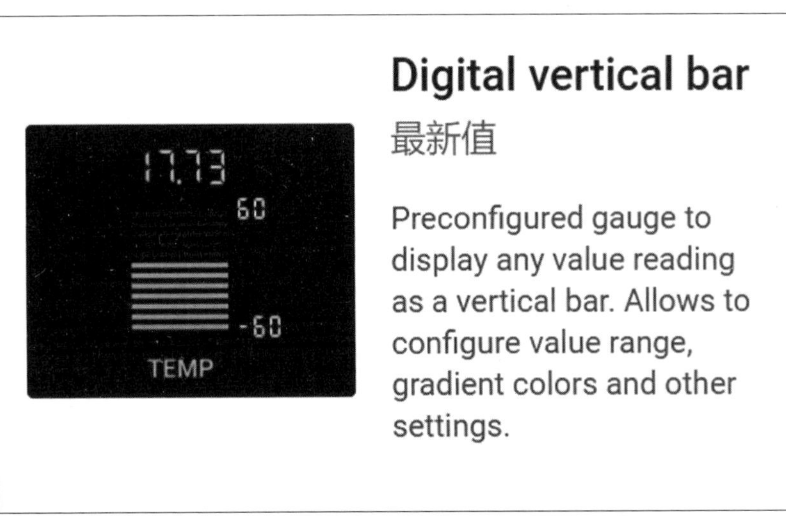

图7－115

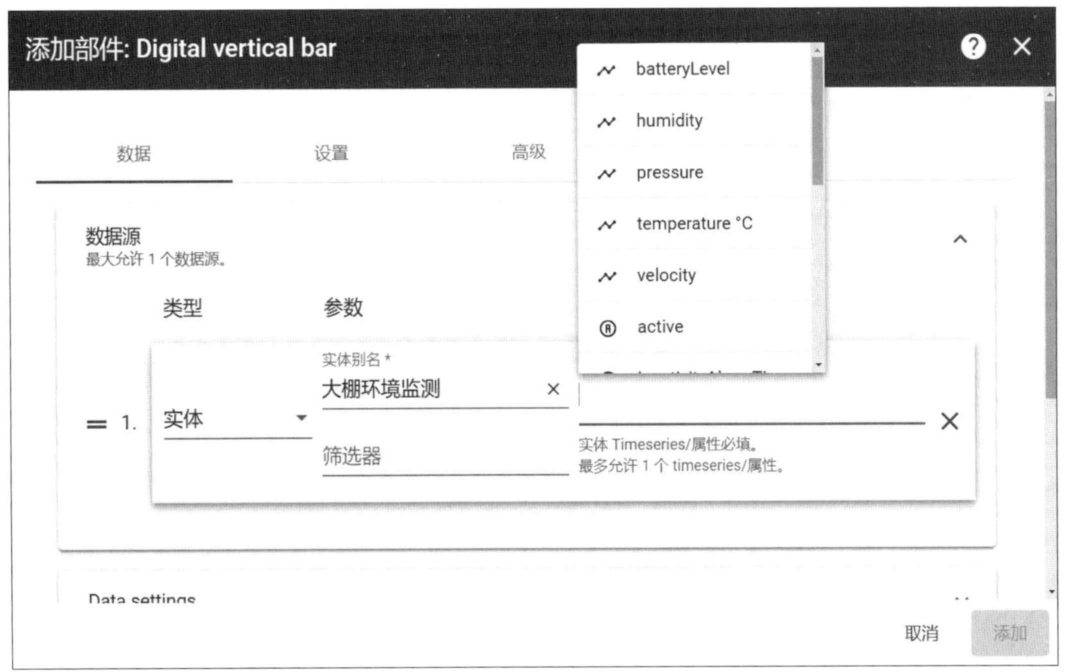

图7－116

参照上述步骤，创建展示温湿度、水流速度等时序变化信息的新部件，在如图7－118所示的“选择部件包”界面选择“Charts”部件包，在如图7－119所示的“Charts：选择部件”界面，选择“Timeseries Line Chart”部件，在弹出的对话框中选择前述步骤创建好的“大棚环境监测”实体，从可选项中选择“temperature”“humidity”“velocity”信息，操作示例如图7－120所示，最后单击“添加”按键，完成智慧农场大棚监控仪表盘的实现，结果如图7－121所示。参考上述步骤，在此基础上还可以添加农场设备能耗的时序信息图。

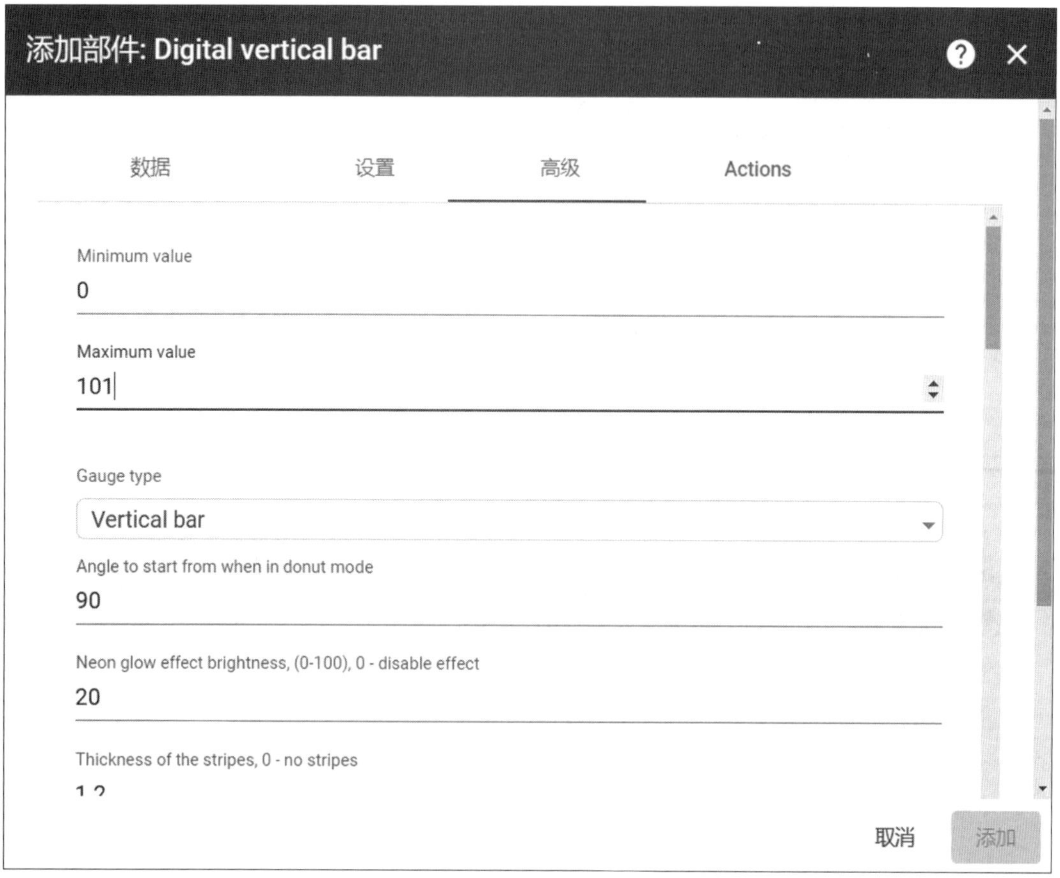

添加部件: Digital vertical bar
数据
设置
高级
Actions
Minimum value
0
Maximum value
101
Gauge type
Vertical bar
Angle to start from when in donut mode
90
Neon glow effect brightness, (0-100), 0 - disable effect
20
Thickness of the stripes, 0 - no stripes
取消
添加

图 7－117

Charts
系统
Display timeseries data using customizable line and bar charts. Use various pie charts to display latest values.

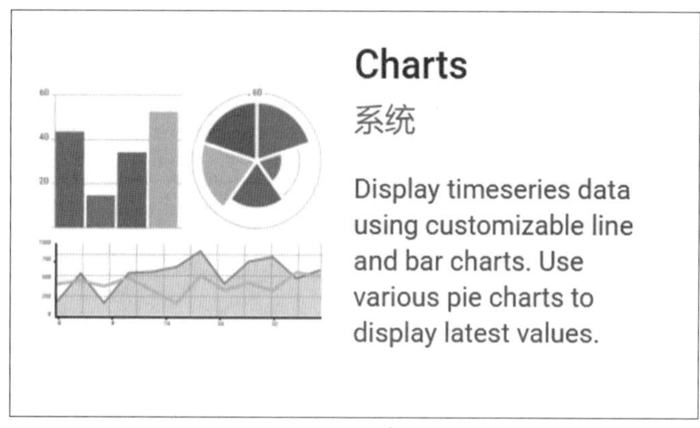

图 7－118

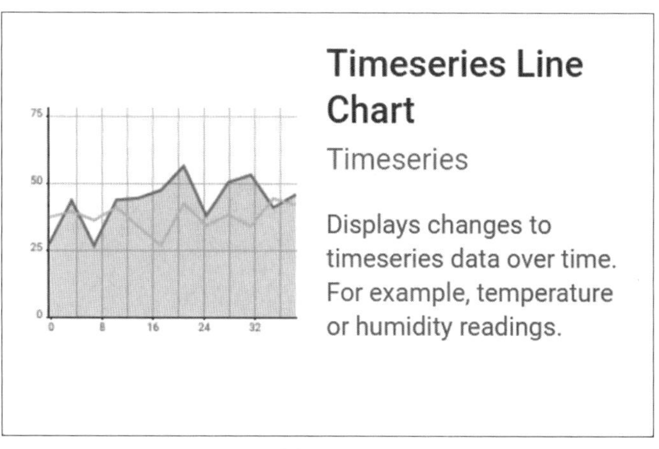

图7-119

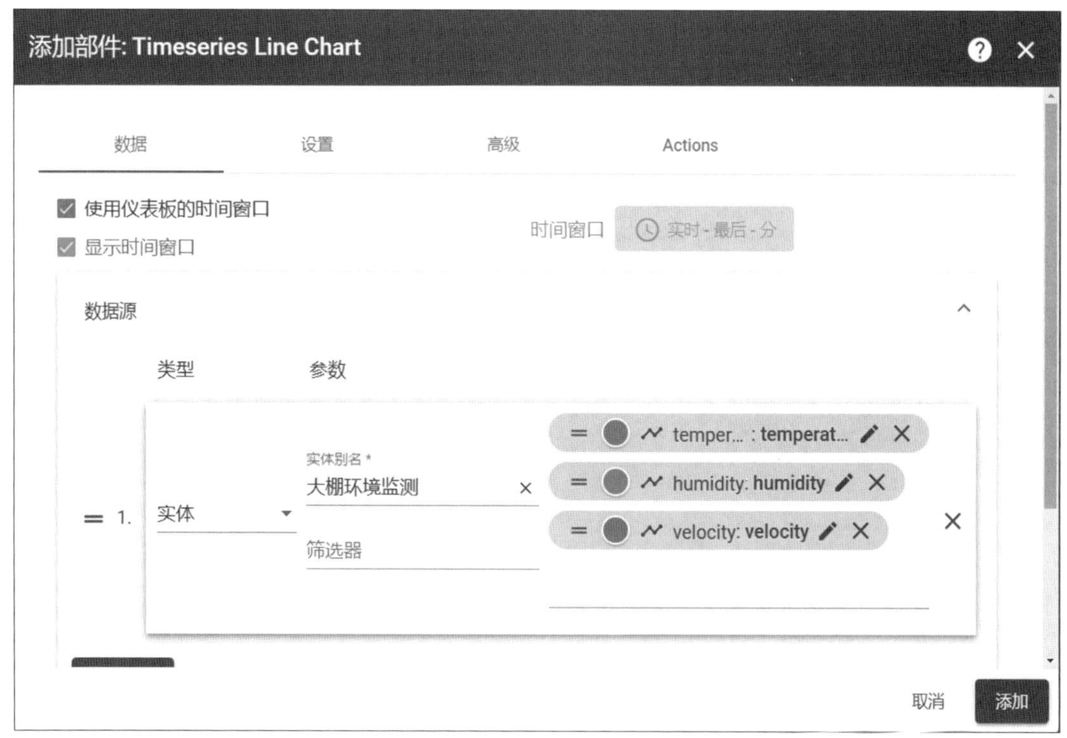

图7-120

步骤4：添加大棚机房监控仪表盘

参考本项目任务7的步骤3，创建“智慧农场机房监控”仪表板。创建成功后，进入仪表板编辑状态，单击右下角“创建新部件”按钮。在如图7-122所示的“选择部件包”页面，选择“Alarm widgets”标签，在如图7-123所示的“Alarm widgets：选择部件”界面中选择“Alarm table”部件，创建“机房环境监控”新实体，筛选器选择参考步骤3，基于设备2和3进行选择，在如图7-124所示的编辑界面修改标题为“告警信息”，添加成功后，出现如图7-125所示界面，可以看到当前系统的告警信息。

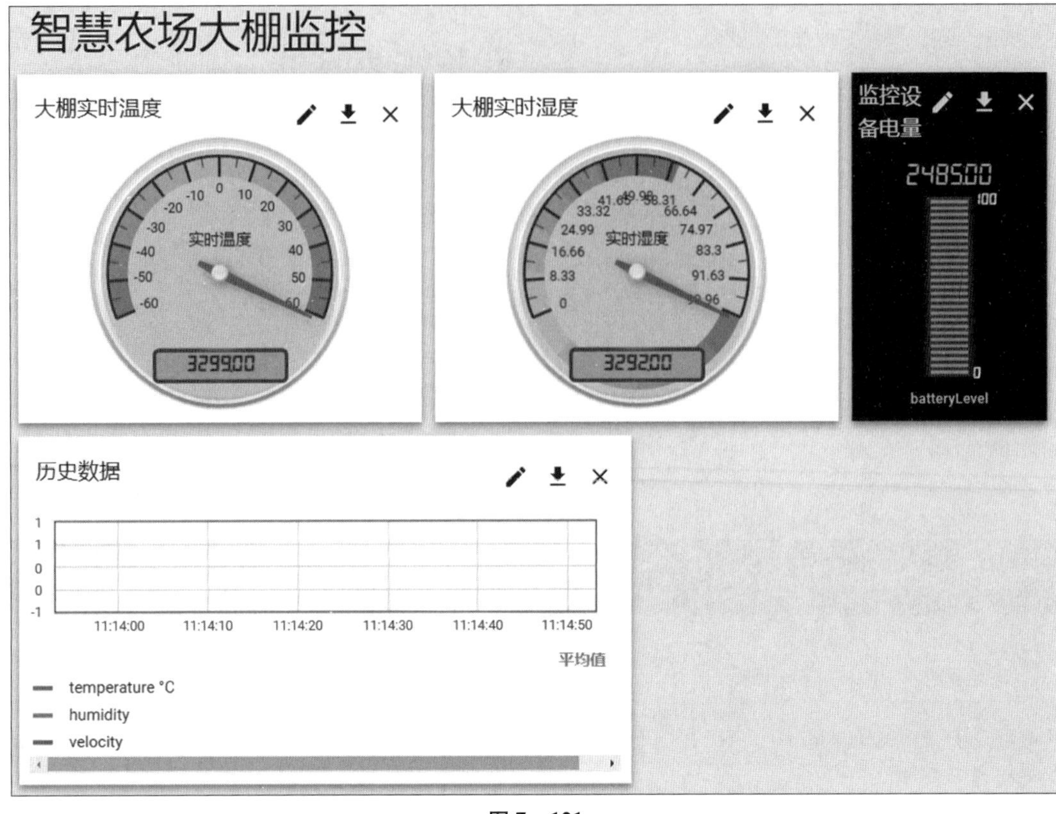

图 7－121

图 7－122

图 7－123

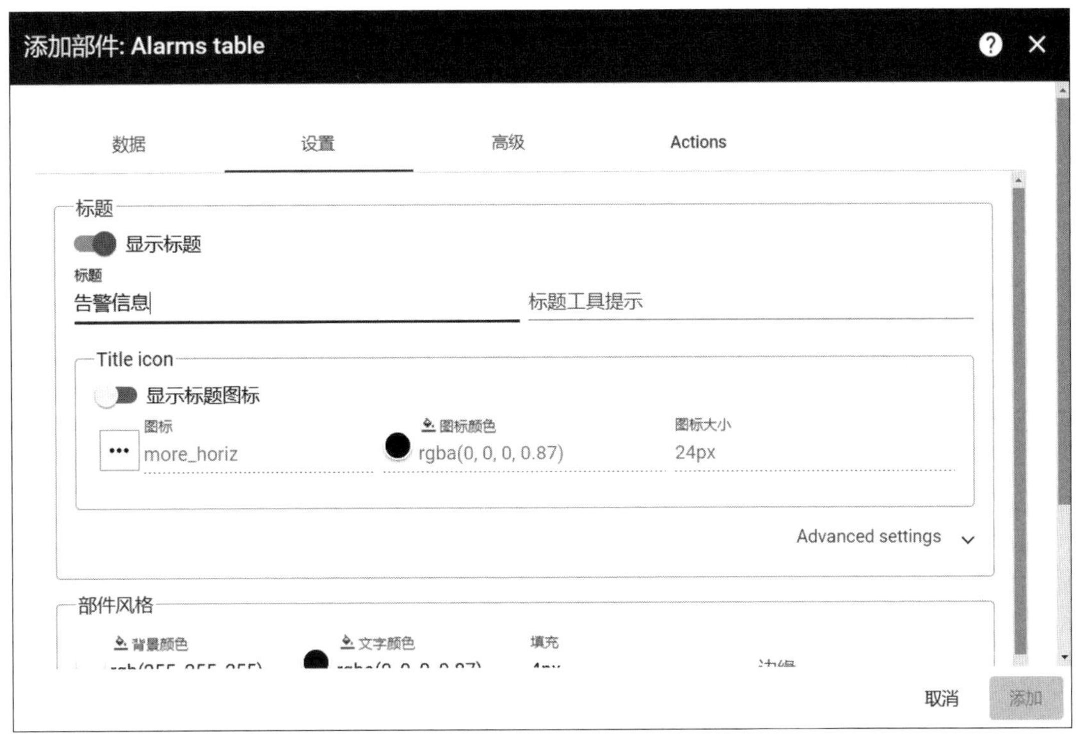

图 7 – 124

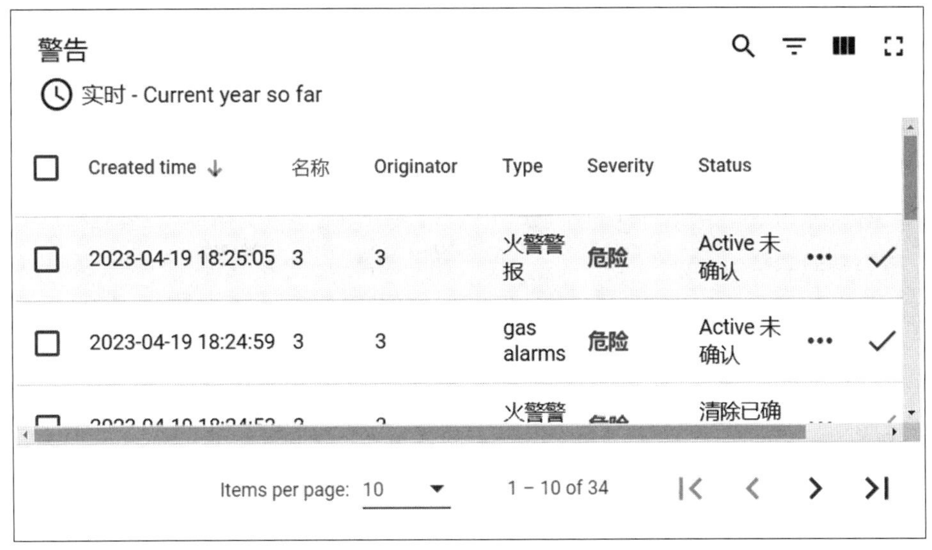

图 7 – 125

参考本项目任务 7 的步骤 3，在相应部件包中选择“Simple card”部件，在如图 7 – 126 所示的“添加部件：Simple card”界面，选择前述步骤创建的“机房环境监控”实体，选择“air quality”信息添加，出现如图 7 – 127 所示界面，完成机房空气质量的实时监测部件的添加，进而实现机房环境监控仪表盘的创建。

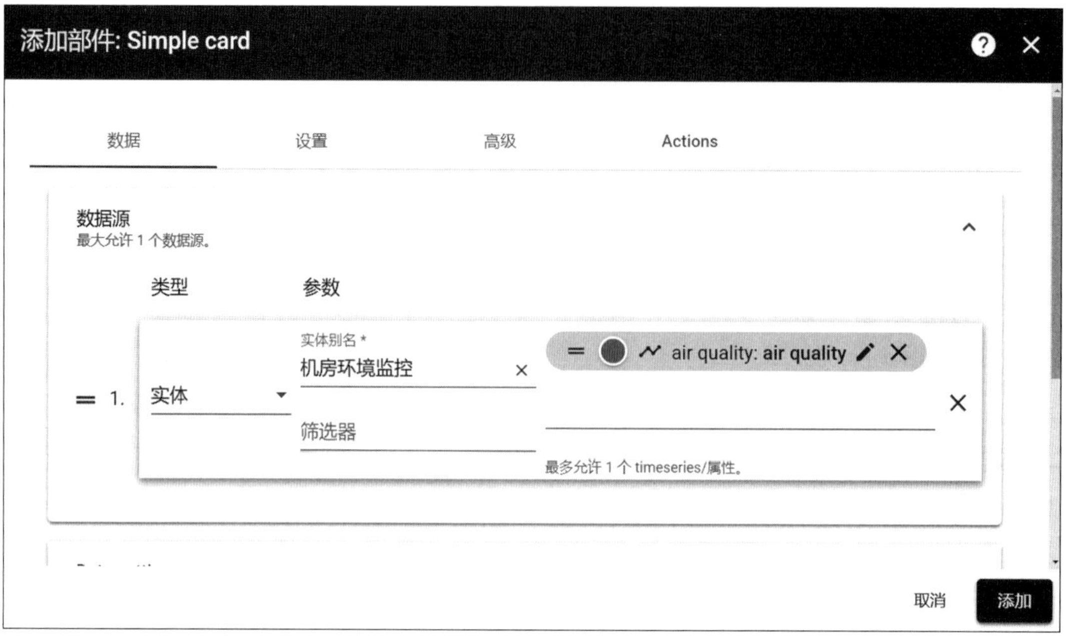

图 7－126

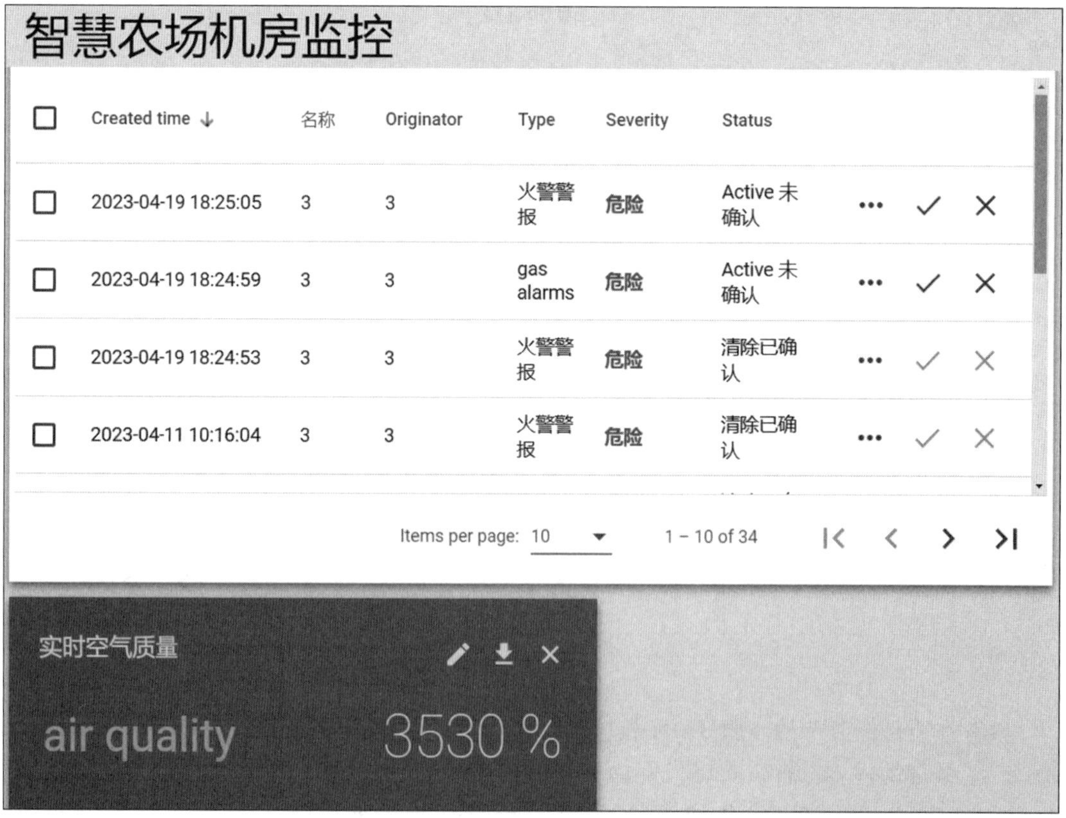

图 7－127

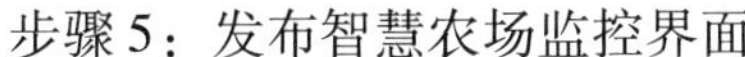

步骤5：发布智慧农场监控界面

完成前述步骤的操作后，智慧农场的可视化配置已经基本完成，通过本步骤的操作，将配置完成的界面发布，提供给生产者进行实际使用。

首先，单击左侧的“客户”标签，在如图7－128所示的界面中，单击“管理公共资产”按键，在“客户资产”管理界面单击“＋”按钮，在如图7－129所示的界面中为客户分配大棚、机房两类资产，分配成功后的界面如图7－130所示。然后，回到如图7－128所示的客户界面，单击“管理公共设备”按键，进入客户设备管理界面，单击“＋”按钮，在如图7－131所示的界面中将1，2，3设备分配给客户。最后，单击左侧“仪表板库”标签，选择“智慧机房监控”条目，在如图7－132所示的编辑界面，单击“仪表板设为公开”按钮，弹出如图7－133所示界面，复制网址后，单击“确定”按钮，在浏览器的地址栏中粘贴刚复制的网址，出现如图7－134所示界面，说明机房监控界面发布成功，参考上述步骤，将“智慧农场大棚环境监控”的界面设为公开，出现如图7－135所示画面，说明发布成功。

客户

创建时间 ↓	标题 ↑	电子邮件	国家	城市
2022-01-24 22:23:22	Public			

图7－128

图7－129

公共资产　资产类型 全部

	创建时间 ↓	名称	资产类型	标签
	2023-04-19 17:20:45	机房	农场	
	2023-04-19 17:19:51	大棚	农场	

图 7－130

将设备分配给客户

请选择要分配给客户的设备

1　2　3

实体列表

1

2

3

light1

light2

OPC-UA

图 7－131

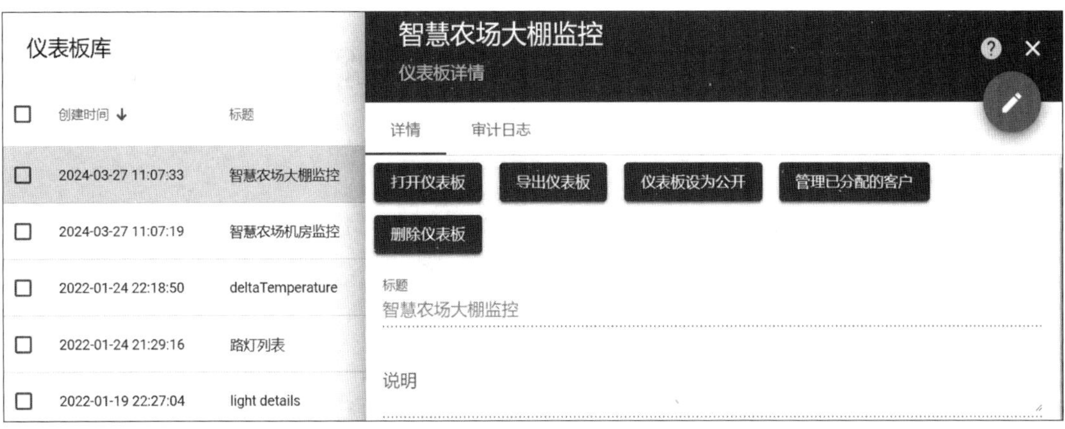

图 7－132

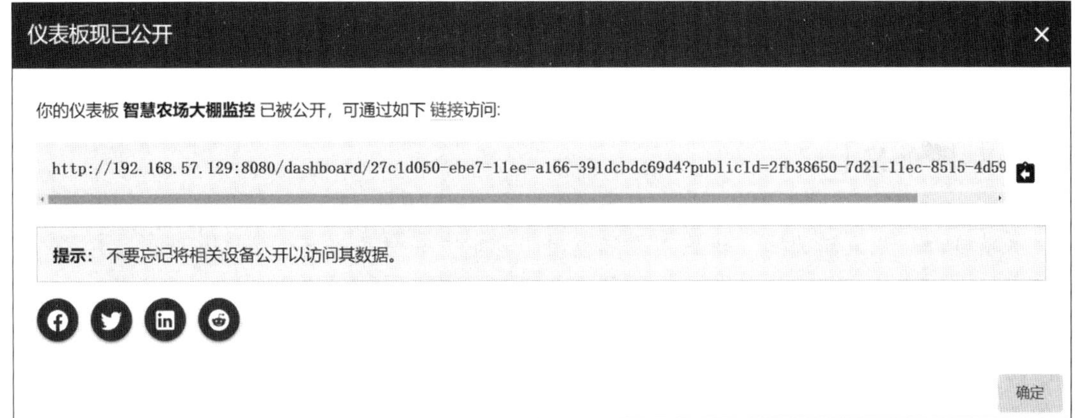

图 7－133

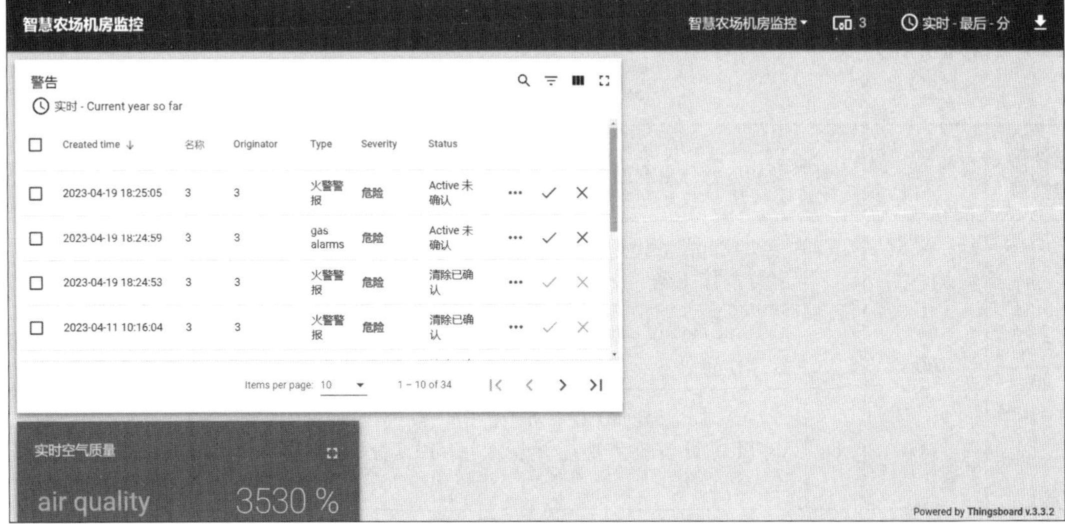

图 7－134

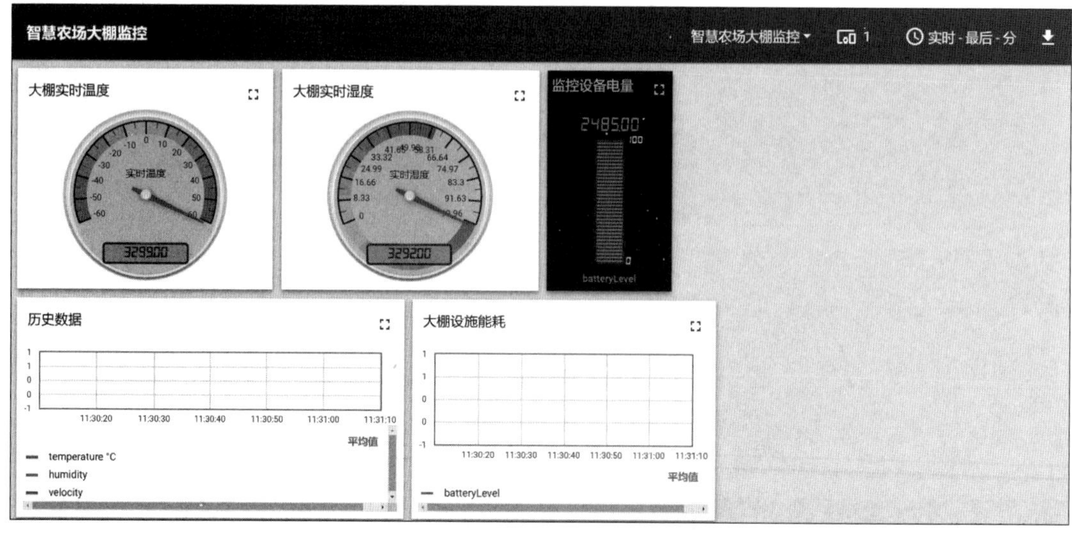

图 7-135

【项目小结】

本项目以智慧农场为例，讲解在实际应用场景中，如何基于网关将采集数据接入后台的应用系统，帮助读者在掌握了前述任务的设备接入、平台配置、数据处理等技能的基础上，进一步熟悉和掌握基于 ThingsBoard Gateway 网关实现外部设备通过 MQTT、Modbus、OPC UA 等不同协议接入 ThingsBoard 平台的技能，进而掌握物联网应用系统的设计和开发工作技能。

【项目评价】

项目评价表如表 7-1 所示。

表 7-1　项目评价表

评价类型	赋分	序号	评价指标	分值	得分			
					自评	组评	师评	拓展评价
职业能力	60	1	MQTT 消息代理服务器安装配置操作正确	5				
		2	ThingsBoard Gateway 安装配置操作正确	5				
		3	基于 ThingsBoard Gateway 和 MQTT 的设备接入功能开发配置操作正确	10				

续表

评价类型	赋分	序号	评价指标	分值	得分			
					自评	组评	师评	拓展评价
职业能力	60	4	基于 ThingsBoard Gateway 和 ModBus 的设备接入功能开发配置操作正确	10				
		5	基于 ThingsBoard Gateway 和 OPC UA 的设备接入功能开发配置操作正确	10				
		6	异常告警策略设置操作正确	10				
		7	多源信息可视化配置和功能开发操作正确	10				
职业素养	20	1	课前预习	10				
		2	遵守纪律	5				
		3	编程规范性	5				
劳动素养	10	1	工作过程记录	5				
		2	保持环境整洁卫生	5				
思政素养	10	1	完成思政素材学习	5				
		2	团结协作	5				
合计				100				

【巩固练习】

(1) 在本单元任务的基础上，实现基于 MQTT、Modbus 协议接入平台的数据可视化配置。

(2) 某工厂拟进行智能化改造，改造位置包括存放物料的仓库，生产车间和存放成品的仓库，其中，物料存放仓库要求可以远程监控仓库内的温湿度、光照、水浸、烟雾和火焰情况，发生漏水、烟雾和火灾时进行报警提示；生产车间要求可以远程监测设备用料信息，并对设备的温度和振动频率进行监测，当用料异常、温度过高、振动频率过高或过低等情况发生时，进行告警；成品存放仓库要求监测仓库内光照、有无人员在内、烟雾以及可燃气体的信息，当光照过低或出现其他异常时，进行告警。值班人员可以在办公室实时看到上述信息的变化情况，并对告警信息进行处理。根据上述提供的智能工厂项目需求，完成系统的部署、配置和开发。

参考文献

[1] Perry Lea. Internet of Things for Architects [M]. Birmingham: Packt Publishing Press, 2018.

[2] Dirk Slama, Frank Puhlmann, Jim Morrish. Enterprise IoT [M]. Sehastopol: O'Reilly Media Press, 2015.

[3] Adryan, Boris. Technical Foundations of IoT [M]. London: Artech House Publish Press, 2020.

[4] 孙昊. 物联网之魂：物联网协议与物联网操作系统 [M]. 北京：机械工业出版社，2019.

[5] ThingsBoard 中文网. ThingsBoard 文档. [EB/OL]. http://www. ithingsboard. com/docs/.

[6] Stephen Few. Information Dashboard Design [M]. Sebastopol: O'Reilly Media Press, 2006.

[7] Zhou Honbo. The Internet of Things in the Cloud [M]. Boca Raton: CRC Press, 2012.

[8] Wolfgang Mahnke, Stefan - Helmut Leitner, Matthias Damm. OPC Unified Architecture [M]. Berlin: Springer Press, 2008.